Markus Dickerhof

Ein neues Konzept für das bedarfsgerechte Informations- und Wissensmanagement in Unternehmenskooperationen der Multimaterial-Mikrosystemtechnik

Schriftenreihe des

Instituts für Angewandte Informatik / Automatisierungstechnik

an der Universität Karlsruhe (TH)

Band 27

Eine Übersicht über alle bisher in dieser Schriftenreihe erschienenen Bände finden Sie am Ende des Buchs.

Ein neues Konzept für das bedarfsgerechte Informations- und Wissensmanagement in Unternehmenskooperationen der Multimaterial-Mikrosystemtechnik

von

Markus Dickerhof

universitätsverlag karlsruhe

Dissertation, Universität Karlsruhe (TH)
Fakultät für Maschinenbau, 2008

Impressum

Universitätsverlag Karlsruhe
c/o Universitätsbibliothek
Straße am Forum 2
D-76131 Karlsruhe
www.uvka.de

Universitätsverlag Karlsruhe 2009
Print on Demand

ISSN: 1614-5267
ISBN: 978-3-86644-371-6

Vorwort

Die vorliegende Arbeit entstand während meiner Tätigkeit am Institut für Angewandte Informatik des Forschungszentrums Karlsruhe.

Für die Möglichkeit, an der spannenden Schnittstelle zwischen Technologie, Informationstechnik und Organisationsentwicklung forschen zu können sowie für die Übernahme der Betreuung meiner Arbeit möchte ich herzlich Herrn Prof. Georg Bretthauer danken. Auch nach Abschluss des Verbundprojekts MikroWebFab, in dessen Kontext diese Arbeit durchgeführt wurde, eröffnete er mir die Möglichkeit, die Koordination der dabei entstandenen Unternehmenskooperation fortzuführen. Weiterhin danke ich Herrn Prof. Volker Saile für die Übernahme des Korreferats.

Mein besonderer Dank gilt Herrn Ulrich Gengenbach, der mir als Gesamtkoordinator des Verbundprojekts MikroWebFab die Freiräume schuf, als verantwortlichem Teilprojektkoordinator für die Kooperationsentwicklung die organisatorischen Randbedingungen für die Informations- und Wissensinfrastruktur der entstehenden Kooperation klein- und mittelständischer Unternehmen zu entwickeln. Besonders danke ich auch meinen Kollegen Andreas Schmidt, Klaus Bittner, Anna Parusel und Carsten Binnig sowie den vielen studentischen Mitarbeitern und Diplomanden, ohne die eine Umsetzung der im Rahmen der vorliegenden Arbeit entwickelten Teilkonzepte und Werkzeuge nicht möglich gewesen wäre.

Für die wertvollen Diskussionen zu organisatorischen und unternehmerischen Fragen, danke ich allen beteiligten Verbundprojektpartnern, die sich weit über das übliche Maß hinaus persönlich für das Gelingen des Projekts engagiert haben. Mein Dank gilt den Partnern des Dienstleistungsteams im Projekt, namentlich den Herren Reinhard Arlt (Infor Business Solutions GmbH), Tim Kolvenbach (PeCon GmbH), Friedemann Reim (Infoman AG) und Josef Gentischer (ACR GmbH) für die vielen interessanten bilateralen und gemeinsamen Diskussionen über die vorgeschlagenen Konzepte. Mein Dank gilt besonders auch den Vertretern der Technologiepartner, die sich trotz starker Einbindung in ihre Unternehmen (zumeist in ihrer Eigenschaft als Geschäftsführer oder Fertigungsleiter) immer wieder die Zeit für Gespräche und Diskussionen in teilweise mehrtätigen Workshops genommen haben. Namentlich möchte ich mich hier bei den Herren Uwe Brenk (I-Sys Automationstechnik), Dirk Enderlein, Axel Bartos und Johannes Herrnsdorf (HL Planartechnik), Norbert Merz und Karl Harter (E. Reiner GmbH&Co KG), Günter Müller (MicroCoat Biotechnologie GmbH), Armin Barnert und Andreas Radtke (HE-Hybrid GmbH) und Wolfgang Schmutz (ACR GmbH) für ihre Geduld und ihren unternehmerischen Rat bedanken.

Mein herzlichster Dank gilt nicht zuletzt meinen Eltern, meiner Frau und meinen Kindern dafür, dass sie viel Verständnis und Geduld für die zeitintensive Entwicklung der Konzepte, deren Umsetzung und nicht zuletzt der im Rahmen in dieser Arbeit entstandenen Zusammenfassung aufbrachten.

Karlsruhe, im März 2009

Markus Dickerhof

Inhaltsverzeichnis

Abbildungsverzeichnis

Tabellenverzeichnis

Abkürzungsverzeichnis

AKV	Aufgaben Kompetenzen und Verantwortlichkeiten
B2B	Business to Business
BPR	Business Process Reengineering
BPEL	Business Process Execution Language
BPML	Business Process Markup Language
CAD/CAM	Computer Added Design/ Computer Added Manufacturing
CIM	Computer Integrated Manufacturing
CORBA	Common Object Request Broker Architecture
CSCW	Computer Supported Cooperative work
CSMA	Carrier Sense Multiple Access
DCOM	Distributed Component Object Model
DTP	Distributed Transaction Processing
DV	Datenverarbeitung
EAI	Enterprise Application Integration
ebXML	Electronic Business XML
EDI	Electronic Data Interface
EDIFact	Electronic Data Interchange For Administration, Commerce and Transport
EJB	Enterprise Java Beans
EPK	Ereignisorientierte Prozessketten
ERP	Enterprise Resource Planning system
GU	Generalunternehmer
gXML	Guidline XML
IRC	Internet Relay Chat
ISDN	Integrated Services Digital Network
IT	Informationstechnik
IuW	Informations- und Wissensmanagement
J2EE	Java Platform, Enterprise Edition
KMU	Kleine und mittelständische Unternehmen
LIGA	Lithografie Galvanik Abformung
MEMO	Multi Perspective Enterprise Modelling
MEMS	Mikro Elektromechanische Systeme
MES	Manufacturing Executive System
MOM	Message Oriented Middleware

MST	Mikrosystemtechnik
ORB	Object Request Broker
PDML	Process Definition Markup Language
PDM	Produktdatenmanagement
RDA	Remote Data Access
RMI	Remote Method Invocation
RPC	Remote Procedure Call
RUP	Rational Unified Process
SCOR	Supply Chain Operations Reference
SGML	Standard Generalized Markup Language
Si	Silizium
SOA	Serviceorientierte Architektur
SOAP	Simple Open Access Protocol
UDDI	Universal Discovery Description and Inventory
UML	Unified Markup Language
WDSL	Web Services Description Language
XML	eXtended Markup Language

1 Einleitung

1.1 Bedeutung der Arbeit

Die Mikrosystemtechnik (MST) gehört unumstritten zu den wichtigen Schlüsseltechnologien des einundzwanzigsten Jahrhunderts. In Europa wird ein Mikrosystem als ein intelligentes miniaturisiertes System mit Sensorik, Datenverarbeitung und / oder Aktorik definiert [TSCH99]. Immer mehr auf mikrosystemtechnischen Funktionselementen basierende Anwendungen dringen in alltägliche Bereiche wie Automobil, Konsumgüterindustrie, Kommunikationstechnik, Medizintechnik oder auch Bioanalytik vor. Zunehmend werden sie dort auch die Rolle eines Integrators für unterschiedliche Technologien übernehmen. MST-Funktionselemente zeichnen sich somit durch die Verknüpfung zweier oder mehrerer elektrischer, mechanischer, optischer, chemischer, biologischer, magnetischer oder andere Eigenschaften aus. Dieser, heute oft als „Convergence of Technologies" bezeichnete Trend wird eine Nutzung neuer Effekte z.B. der Nano- oder Biotechnologie zukünftig oft erst ermöglichen.

In erster Näherung lassen sich Mikrosysteme technisch in mikroelektronische, mikrooptische, mikrofluidische und mikromechanische Komponenten unterteilen. In Deutschland, aber auch in anderen Ländern Europas ist die MST dabei stark auf mikroelektromechanische Systeme (MEMS) in Siliziumtechnologie ausgerichtet. Die umsatzstärksten Anwendungen auf der Basis solcher Silizium (Si) MEMS Komponenten finden sich dabei heute im Bereich der Computertechnologien (z.B. Schreib- Leseköpfe für Festplatten oder Tintenstrahl-Druckköpfen für Drucker) und des Automobilbaus (z.B. Inertialsensoren für Aufprall- oder Überschlagsdetektion oder Neigungssensoren für die elektronische Handbremse), allesamt Märkte mit extrem hohen Stückzahlen und Prozesstechnologien für größte Serien. Dennoch nimmt die breite Anwendung der MEMS Technologien bislang –verglichen mit den Umsatzzahlen der auf der gleichen technologischen Basis basierenden Mikroelektronik- noch eine untergeordnete Rolle ein. Erst mit den oben genannten neuen Anwendungsfeldern der Mikrosystemtechnik ist ein weiteres Aufholen der MEMS absehbar. Aufgrund der weltweiten Dominanz von Silizium als Träger für mikroelektromechanische Komponenten wird der MEMS-Begriff darüber hinaus hinsichtlich der Fertigungstechniken zumeist mit wenigen, aus der Mikroelektronik eingeführten Lithografietechniken gleichgesetzt. Gerade in Europa etablieren sich „anforderungsgetrieben" neben den Si-basierenden MEMS-Systemen zunehmend auch Mikrosystemanwendungen auf Basis anderer Materialien. Dabei nutzen diese oft als „Multimaterial-Mikrosystemtechnik" bezeichneten Mikrosystemtechniken analog zur

Silizium-Mikrosystemtechnik meist eine Erfolgsstrategie, die konsequent auf der kontinuierlichen Miniaturisierung makrotechnologischer Fertigungsverfahren beruht.

Beginnend von der Feinwerktechnik über verschiedenste lithographische Techniken bis zu den Replikationstechniken mit Strukturen im mehrstelligen Mikrometerbereich entwickeln sich darüber hinaus die technischen Möglichkeiten der Mikrosystem-Technologien immer mehr hin zum unteren Ende des für die MST spezifizierten Größenbereichs von $100nm < x < 100\mu m$ [EHRF01].

Gleichzeitig hat die Globalisierung der Märkte einen drastischen Wandel auch der Kernaktivitäten Entwicklung, Produktion und Vertrieb in den Unternehmen impliziert. Begriffe aus der aktuellen Forschung zu innovationsbezogenen Themen wie „Collaborative Innovation" (ungefähr durch „Gemeinsame Innovationsprozesse" übersetzbar) [ZEID00] und „Knowledge based Society" (entspricht dem Begriff "wissensbasierte Gesellschaft") zeigen den Beginn einer noch stärker auf Aufgabenverteilung und auf Wissen, Analyse und Simulation von Produkten, Prozessen und Märkten basierten industriellen Entwicklung und Produktionsära an. Ferner deuten sie aber auch die Abkehr von den bisher klar geltenden Regeln und Dogmen des unternehmerischen Wettbewerbs [FLAS06] an. Es bilden sich neue Organisationsformen, in denen aufgrund des Kostendrucks immer öfter sogar Konkurrenten zusammenarbeiten, um auf der Basis einer definierten Aufgabenverteilung gemeinsam Entwicklungen durchzuführen oder gar gemeinsam Märkte zu erschließen.

Als Konsequenz des technischen und ökonomischen Wandels eröffnen sich damit auch für mittelständische Unternehmen zunehmend Chancen, in der Wertschöpfungskette dieser Zukunftsbranche eine stärkere Rolle zu übernehmen. Die Herstellung von Multimaterial-Mikrosystemen mit ihren Produktions-Zielgrößen im Klein-, Mittel- und niedrigem Großserienbereich können von ihnen finanziell gehandhabt werden, so dass sie zunehmend neben den investitionsintensiven, auf größte Serien ausgerichteten, Si-basierten Mikro-Herstellungsprozessen großer Konzerne eine wichtige Rolle für die neuen Anwendungen spielen können. Dazu benötigen die Unternehmen aber geeignete, neue und effektive Mechanismen zur Zusammenarbeit und eine „Kooperationskultur", die den Anforderungen einer sehr engen, nicht nur auftragsbezogenen Zusammenarbeit entsprechen.

Neben den organisatorischen und produktionsspezifischen Hürden ist noch ein weiterer Faktor für den Erfolg der Multimaterial-MST entscheidend, der gerade von den KMU noch weit besser als heute beherrscht werden muss: Ein wesentliches Erfolgskriterium für die MST ist in Anbetracht der erwähnten wachsenden Anforderungen an Systemintegration und Interdisziplinarität in Zukunft das aktive Management des anwendungsbezogenen und fertigungstechnischen Wissens über unterschiedlichste Fertigungs- und Fachdisziplinen. Das daraus resultierende *Informations- und Wissensmanagement* muss einen durchgängigen Ansatz von der Informationsakquisition über die Verarbeitung von Informationen hin zu einer bedarfsgerechten Informations- und Wissenspräsentation bieten.

Neue innovative Ideen und Produkte erfordern mit zunehmender Komplexität der Randbedingungen und Anforderungen anderer Schlüsseltechnologien gerade in der MST vom Anwendungsentwickler und vom Fertiger ein viel tieferes Verständnis der Abhängigkeiten zwischen technologischen Möglichkeiten und Anwendungsanforderungen als bisher vorhanden. Das gilt umso mehr, als das dazu notwendige Wissen auch heute immer noch zumeist in impliziter Form in den Köpfen der Mitarbeiter gespeichert ist und mit zunehmender Mobilität der Mitarbeiter dem Unternehmen verloren gehen kann.

Die daraus resultierende, unzureichende Dokumentation des mikrosystemtechnischen Wissens lässt sich folgendermaßen begründen: Anders als in der seit vielen Jahrzehnten oft in großen Stückzahlen etablierten „Makrosystemtechnik" mit ihrer normierten Begriffswelt konnten sich in der Mikrosystemtechnik, in der Kürze der Zeit und der sich immer noch stark verändernden Reife der Technologien, Normen aufgrund der Komplexität der Zusammenhänge nur in wenigen Teilbereichen und für wenige gut bekannte Aspekte etablieren. Ein ganzheitlicher Ansatz, der zunächst - ggf. auf einer höheren Abstraktionsebene - eine Vergleichbarkeit von Technologien entlang einer Anforderung aufzeigt, wurde bislang noch nicht vorgestellt.

Die voranstehende Aussage gilt auf der technologischen Seite bereits für das Verständnis der Zusammenhänge zwischen einzelnen Fertigungsschritten und noch viel mehr für das Verständnis komplexer Zusammenhänge und Randbedingungen innerhalb und zwischen Verfahren oder Technologien, die bislang vor allem am konkreten Produkt orientiert, entlang der Mechanismen des Qualitätsmanagement gelöst wurden und damit nur sehr eingeschränkt auf andere Anforderungen übertragbar sind. Hinzu kommt die bisher nur implizit in Form von Gestaltungsregeln gelöste Frage der Abbildung von Anwendungsanforderungen auf die technischen Randbedingungen bzw. umgekehrt die Notwendigkeit einer realistischen Einschätzung technischer Möglichkeiten. Für die Multimaterial-MST kommen dabei noch zusätzliche, aus der Möglichkeit einer weitgehend freien Materialwahl resultierende, fertigungsbeeinflussende Freiheitsgrade hinzu. Der Lösungsraum einer gesuchten Anwendung zeichnet sich damit - bedingt durch die Vielfalt an möglichen Material-, Prozess-, Design- und Herstellungskombinationen - durch eine hohe Anzahl unterschiedlicher, zum Teil komplexer Fertigungsprozessketten aus.

Klein- und mittelständische produzierende Unternehmen der Mikrosystemtechnik-Branche können, bislang die Komplexität der Mikrosystemtechnikentwicklung und -fertigung in der Regel weder organisatorisch noch technisch handhaben. Sie spezialisieren sich meist nur auf einige Mikrofertigungstechnologen und können aus diesem Grund den Kunden bis dato nur einzelne Prozessschritte anbieten. Es fehlt ihnen in vielen Fällen am notwendigen prozessschrittübergreifenden „Know-how" und oft auch am zusätzlichen Branchenwissen, das sie als Systemanbieter zusätzlich erlangen müssten. Oft schafft diese Leistung selbst eine einzelne, auf Systemintegration spezialisierte Organisation wie ein Großkonzern nur mit hohem Aufwand.

Praktisch gar nicht können dies jedoch die bisherigen, meist mehr oder weniger lose verbundenen, temporäre Formen von KMU-Kooperationen leisten. Sie scheitern in der Regel an der zeitlichen Befristung und an der Zweckgebundenheit ihrer Zusammenarbeit. Ungeklärte juristische Fragestellungen wie die Sicherung des individuellen und die Verwertung des gemeinsam erarbeiteten geistigen Eigentums verhindern zumeist einen ausreichenden, breiten Informations- und Wissensaustausch. Fehlende oder ungeeignete organisatorische Strukturen außerhalb des bereits gemeinsam bearbeiteten Fertigungsprozesses verhindern darüber hinaus eine strategische Beschäftigung mit Fragen des Vertriebs oder des Marketings bzw. der Identifikation weiterführender Themenfelder.

1.2 Darstellung des Entwicklungstandes

Das in der vorliegenden Arbeit erstmals vorgestellte Konzept einer intelligenten Wissensverarbeitung für mittelständische Unternehmen der Mikrosystemtechnik schlägt einen neuartigen, interdisziplinären über rein informationstechnische oder organisationale Methoden hinausgehenden Ansatz für Unternehmensnetzwerke der Mikrosystemtechnik vor.

Aus der voranstehend beschriebenen Problematik lassen sich folgende Schwerpunkte für die Darstellung des Entwicklungsstands ableiten:

- Für den operativen Teil der Kooperation ist zunächst der Stand der Entwicklung von Unternehmensnetzwerken und Kooperationsmodellen zu untersuchen (Abs. 1.2.1und 1.2.2). Ein besonderer Schwerpunkt der Analyse liegt dabei auf ablauforganisatorischen Prozessen (Abs. 1.2.3) die für den operativen Betrieb von Bedeutung sind.
- Informationstechnisch ist eine Betrachtung des Stands der Entwicklung bei Konzepten und Werkzeuge zur Unterstützung operativer Prozesse zwischen KMU Netzwerken naheliegend. Dazu zählt neben dem Wissensmanagement (Abs. 1.2.4) in verteilten

Teams, die Betrachtung des Entwicklungsstands im Bereich der Kommunikation (Abs. 1.2.5) sowie Informationssystemen zur verteilten Zusammenarbeit (Kap. 1.2.6). Insbesondere spielt auch der Aspekt der Systemintegration an den Schnittstellen zwischen den Unternehmen und innerhalb der Unternehmen (Anbindung an die betriebliche Informations- und Kommunikationsinfrastruktur) eine wichtige Rolle (Abs. 1.2.7).

- Die Betrachtung des Stands der Forschung im Bereich des Vertrauensmanagements in Kooperationen (Abs. 1.2.7) bildet einen wichtigen, - weil auf das Design des Gesamtsystems indirekt stark Einfluss nehmenden - Abschluss der Untersuchungen zum Stand der Entwicklung für ein bedarfsgerechtes Szenario.

1.2.1 Unternehmensnetzwerke

Sydow [SYDO06] beschreibt Unternehmensnetzwerke als eine koordinierte Zusammenarbeit zwischen mehreren rechtlich selbstständigen Unternehmen. Branchenspezifische Einflüsse, Intensitätsgrad der Kooperation und strategische Ausrichtung haben hierbei einen wesentlichen Einfluss auf den notwendigen Umfang und die Art der Zusammenarbeit. Folgende Merkmale ermöglichen eine grobe Klassifizierung des Netzwerkprofils (Anhang 7.3.1):

- Unterscheidung nach Kooperationszweck: Dienstleistungsnetzwerke, Entwicklungsnetzwerke, Produktionsnetzwerke
- Unterscheidung nach Kooperationsdauer: Temporäre Netzwerke vs. langfristige Kooperationen
- Unterscheidung nach Kooperationstyp: Hierarchisches Netze vs. dezentrale Organisationen.

Die Verwendung des Begriffs „Unternehmensnetzwerk" ist in Wissenschaft und Industrie vielfältig belegt. Im Folgenden wird der Ausdruck im Hinblick auf die voranstehenden Grundmerkmale weiter präzisiert, da die genaue Abgrenzung des Kooperationstyps maßgeblich Strategie und Werkzeuge zu deren Umsetzung beeinflusst [Dick06].

Eine nicht veröffentlichte Literaturanalyse im Rahmen des BMBF Projekts MikroWebFab sowie eine durchgeführte Bewertung von virtuellen Unternehmen im Bereich der Makrotechnologien [SAL104] zeigt, dass bislang vor allem zeitlich befristete Kooperationen mit einer spezifischen Aufgabenstellung wissenschaftlich untersucht wurden. Zumeist lag der Schwerpunkt der Kooperationen auf der Bearbeitung von unternehmensübergreifenden Fertigungsaufgaben. Ende der neunziger Jahre kam in diesem Zusammenhang der Begriff des „virtuellen Unternehmens" auf. Mit der Erweiterung der Inhalte und zunehmenden Differenzierung in den letzten Jahren wurde der Begriff zunehmend durch den Ausdruck „Unternehmenskooperation“ abgelöst, wobei auch der temporäre Charakter des virtuellen Unternehmens etwas an Bedeutung verlor.

Aufgrund der in Kapitel 2 bedeutsamen Unterscheidung zwischen Formen temporärer Zusammenarbeit in Unternehmenskooperationen und einer auf eine nachhaltige Zusammenarbeit angelegten Kooperation sollen beide Begriffe näher erläutert werden:

1.2.1.1 Virtuelle Unternehmen

Das aus dem Lateinischen stammende Wort ‚virtuell' bedeutet „nicht wirklich, scheinbar, der Anlage nach als Möglichkeit vorhanden“ [BRÜT99]. Wird ein Objekt solchermaßen als virtuell bezeichnet, so muss es über bestimmte Eigenschaften charakterisiert werden.

Die wissenschaftlichen Arbeiten zum Begriff des virtuellen Unternehmens lassen sich grob in die zwei folgenden Gruppen unterscheiden:

- Arbeiten zur Beschreibung der Eigenschaften / von Lösungsvorschlägen im Zusammenhang mit der „räumlichen Verteilung“
- Arbeiten zu den Eigenschaften einer zeitlich befristeten Zusammenarbeit und ihren Einflüssen auf die Organisation

Der Aspekt der räumlichen Verteilung findet sich zumeist im Zusammenhang mit der Informationsbereitstellung und dem vertikalen Informationsfluss im und zwischen Unternehmen wieder, auf die in Abs. 1.2.5 noch eingegangen werden soll. Die Literatur zum Begriffs „virtuelles Unternehmen“ geht zumeist auf den zweiten Aspekt der temporären Zusammenarbeit rechtlich selbstständiger Unternehmen ein. Die Bearbeitung des Themas erfolgte dabei vor allem in den frühen Phasen der wissenschaftlichen Untersuchung des Themas unter der Prämisse, gemeinsam eine klar umrissene, zeitlich befristete Aufgabe zu lösen [SCHU98].

Für das virtuelle Unternehmen gibt Scholz [SCH094] ein Schema mit den vier Merkmalen an:

- konstituierende Charakteristika,
- fehlende physikalische Attribute,
- spezielle Zusatzspezifikationen und
- Nutzeffekte.

Daraus resultieren folgende Anforderungen an ein virtuelles Unternehmen [WEIS02].

- Charakteristisches Merkmal ist ein massiver Einsatz von Informations- und Kommunikationstechnologien zur Unterstützung inner- bzw. zwischenbetrieblicher Koordination und zur Kompensation fehlender zentraler Managementfunktionen des Unternehmens.

- Charakteristisch für die Zusammenarbeit in einem virtuellen Unternehmen ist zumeist deren zeitliche Befristung. Das virtuelle Unternehmen hat einen klar definierbaren „Lebenszyklus" der dem Erreichen eines gemeinsamen Ziels - zumeist der Bearbeitung eines Auftrags - dient. Es ist durchaus möglich, dass das gleiche Konsortium sich häufig zu einer solchen bedarfsorientierten Zusammenarbeit zusammenfindet und sich daraus eine „dynamisch rekonfigurierende", dauerhaftere Zusammenarbeit entwickelt.

- Aktivitäten von mehreren Parteien werden zielbewusst koordiniert, so dass unter Einsatz verschiedenster Ressourcen und Kompetenzen eine Wertschöpfungskette entsteht. Für die Vorgehensweise werden Regeln aufgestellt und der Organisationsrahmen ist geprägt von bestimmten Aufbau- und Ablaufstrukturen.

- Die fehlenden physikalischen Attribute müssen durch Zusatzspezifikationen ausgeglichen werden. Für ein virtuelles Unternehmen sind als Attribute dabei vor allem eine dezentrale und meist dynamische Struktur anzuführen, wodurch eine räumliche und zeitliche Entkopplung arbeitsteiliger Prozesse erfolgt. Es entsteht eine besondere interorganisationale Organisationsform, die die einzelnen Firmen verbindet und die Risiken, Kosten und gegebenenfalls Investitionen umlegt. Zum Ausgleich der räumlichen Distanz und der Vereinfachung der Abstimmung werden eine gute technische Infrastruktur und der extensive Einsatz von Informations- und Kommunikationstechnik benötigt.

- Ausgeprägte Vertrauensbeziehungen zwischen den eigenständigen Firmen sind notwendig und ersetzen umfangreiche Verträge untereinander, wobei besondere Schnittstellen die Zusammenarbeit regeln. Nicht nur die Zusammenarbeit innerhalb des Netzwerkes, auch das geschlossene Auftreten nach außen hin muss ein Merkmal des gemeinsamen Unternehmens sein, um die Kunden nicht zu verunsichern, sondern ihr Vertrauen zu gewinnen.

Lebenszyklen von virtuellen Unternehmen

Faisst [FAIS98] unterteilt den Lebenszyklus der Zusammenarbeit in einem zeitlich beschränkten virtuellen Unternehmen in fünf einzelne Phasen.

- Identifikationsphase

In der Identifikationsphase werden, von einem einzelnen Unternehmen oder –im Falle eines bereits bestehenden Informationsaustauschs – von einer Gruppe von Partnern - die Marktchancen der Anfrage identifiziert und sämtlichen Kosten im Rahmen einer Vorschaurechnung näherungsweise kalkuliert. Es wird im Falle einer Entscheidung zu Gunsten der Projektdurchführung des Projekts die Umsetzungs- und ggf. die Vermarktungsstrategie definiert. Das Ergebnis bildet der zumeist ein Geschäftsplan.

- Anbahnungsphase

In der Anbahnungsphase sind vor allem der oder die Initiatoren einer Kooperation tätig. Neben der Prüfung der Realisierungsalternativen ist die Suche nach geeigneten Partnern die schwierigste Aufgabe in dieser Phase. Die Partner müssen von der Strategie und dem Businessplan überzeugt werden.

- Vereinbarungsphase

In der Vereinbarungsphase kommt es zu Vertragsverhandlungen zwischen den vorbestimmten Partnern. Hierbei wird auch die Kooperationsarchitektur beschrieben. Die Formulierung von Grobzielen, Leistungen, Kosten und Zeit müssen in einem Meilensteinplan verankert werden.

- Operative Phase

In der operativen Phase kommt es zur eigentlichen Durchführung der geplanten Leistung und den damit verbundenen Aufgaben.

- Auflösungsphase

Mit der Vollendung der Aufgaben bzw. der Leistungserbringung kann das Kooperationsunternehmen beendet sein. Es besteht die Option einer Rekonfiguration unter denselben oder ähnlichen Bedingungen.

Inwieweit die voranstehend aufgeführten Phasen bzw. deren Abfolge auch auf langfristige Kooperationsnetzwerke übertragbar sind, ist wissenschaftlich bislang noch nicht untersucht. Ist bei projektorientiert arbeitenden Netzen wie dem virtuellen Unternehmen die Aufgabe der Kooperation klar umrissen, so ist bei Unternehmenskooperationen die Aufgabenstellung deutlich unschärfer und damit der Weg zum Kooperationsziel und auch der Zeitpunkt der Beendigung der Kooperation weniger eindeutig festgelegt.

Im Rahmen der Konzeption einer MST-Unternehmenskooperation wird daher auch zu untersuchen sein, wie die Entwicklungsschritte für eine solche Kooperation aussehen könnten und inwieweit die Entwicklungsphasen der Kooperation Einfluss auf die jeweils bereitzustellende Softwareinfrastruktur nehmen.

Virtuelle Wertschöpfungskette

Die Vorteile der virtuellen Fertigung für das beteiligte Einzelunternehmen beruhen gleich auf mehreren vertrieblichen und strategischen Aspekten mit dem Ziel einer Fokussierung der beteiligten Partner auf ihre Kernkompetenzen. In Einzelnen sind das[BRÜT99]:

- Erzielung von Größeneffekten, um auch große Kundenaufträge bedienen zu können
- Verbreiterung der Angebotspalette
- Vermeidung von Transaktionskosten, deshalb möglichst wenig vertragliches Regelwerk
- Flexibilität, um schnell auf Marktchancen reagieren zu können.

In den letzten Jahren wurde der Begriff des Virtuellen Unternehmens um den Begriff der „virtuellen Wertschöpfungskette“ erweitert [WEIS02]. Bei der virtuellen Wertschöpfungskette ist zunächst kein materieller Güterfluss vorhanden. Die Information, die bei der Wertschöpfungskette bis dato als unterstützendes Element verstanden wird, bildet nun die eigentliche Basis, die den Wert für den Kunden erzeugt.

Stand bislang das zu fertigende Gut (Bauteil oder Produkt) im Vordergrund, wandelt sich das Verständnis des virtuellen Unternehmensbegriffs inzwischen hin zum Handel mit dem Wissen über das Produkt, auch wenn es noch nicht gefertigt wird. Ein solches virtuelles Produkt ermöglicht einem Kunden, Eigenschaften eines Produktes zu erfahren, obwohl das Objekt noch nicht vorhanden ist. Das Produkt basiert auf aktuellen Kundenbedürfnissen, wird gemeinsam mit dem Kunden entwickelt und zu einem späteren Zeitpunkt real erzeugt.

Ziel einer solchen Zusammenarbeit ist die Optimierung einer Wertschöpfungskette durch Einbringen von Kernkompetenzen sowie die Teilung von Risiko, Kosten und Wissen der einzelnen Partner. Damit geht die virtuelle Wertschöpfungskette bereits über den klassischen virtuellen Unternehmensansatz hinaus.

Auch bei der virtuellen Wertschöpfungskette bleibt jedoch die Beschränkung des Kooperationszwecks auf den Bereich der Fertigung erhalten.

1.2.1.2 Verallgemeinerter Kooperationsbegriff für nachhaltigere Formen der Zusammenarbeit

Picot beschreibt in seinem Buchbeitrag „Organisationsformen der Wirtschaft“ [PICO93] schon Anfang der 90er Jahre Grundtypen der Kooperation von Unternehmen, die stellvertretend für viele spätere, speziellere Ausprägungen von Kooperationsformen stehen. Er klassifiziert Unternehmensformen als Funktion aus einer zunehmenden „Spezifität der

Aufgabenstellung“ der Zusammenarbeit und der Komplexität bzw. der Veränderlichkeit der von der Kooperation zu bearbeitenden Aufgabenstellungen. Die voranstehende Einordnung wurde später noch von vielen anderen Autoren modifiziert bzw. es wurden Organisationsformen in sie „hineininterpretiert“, die nicht mit der ursprünglichen Intention korrelierten, wie z.B. der Vergleich von informationstechnischen Konzepten anstelle von Kooperationstypen.

Im Folgenden werden die vier von Picot vorgeschlagenen Grundtypen „Markt“, „Hierarchie“, „Strategisches Netz“ und „Clan“ kurz vorgestellt (vgl. auch Abbildung 1-1).

- Typ 1: Marktplatz

Beim Marktplatz besteht der Zweck des Netzwerks darin, standardisierte Produkte und Dienstleistungen, die einem geringen technologischen Veränderungsgrad unterliegen, am Markt anzubieten. Von Einzelfällen abgesehen, ist die Zusammenarbeit zwischen den Einzelunternehmen und damit der Abstimmungs- und Koordinationsaufwand gering. Außer einer Koordination für Messeauftritte, Web-Präsenz etc. existiert keine feste Aufgabenverteilung. Alle Firmen haben Kundenkontakt. Auf Grund der vergleichsweise geringen Beziehung der Mitglieder untereinander können an diesem Netzwerktyp auch konkurrierende Unternehmen teilnehmen. Es werden aber auch wenige Synergien durch die Zusammenarbeit erschlossen. Ein Beispiel für einen Markt in der Mikrosystemtechnik ist der IVAM Fachverband für Mikrotechnik e.V..

- Typ 2 Hierarchisches Netzwerk

Ziel eines hierarchischen Netzwerks ist es, in einer wenig veränderlichen Technologie hochspezifizierte Aufgabenstellungen zu lösen. In einem solchen Fall lässt sich das Netzwerk ähnlich wie die Abteilungen eines Einzelunternehmens hierarchisch organisieren. Es gibt einen festen Koordinator. Die anderen Partner sind Unterauftragnehmer. Damit sind die Rollen zwischen den Partnern eindeutig festgelegt und die Beziehungen weitgehend hierarchisch organisiert, d.h. ein Queraustausch von Know-how und Kompetenzen ist nicht notwendig. Beispiele hierfür sind die Generalunternehmer/ Subunternehmerbeziehungen in der Automobilzulieferindustrie. Auch die im voranstehenden Absatz diskutierten „Virtuellen Unternehmen“ entsprechen zumeist dem Typus des hierarchischen Netzwerks.

- Typ 3: Strategisches Netz (Strategische Allianz)

Das Ziel strategischer Netze ist es, eine Klasse von Produkten oder Dienstleistungen mit hohem Veränderungsgrad am Markt anzubieten. Das Angebot kann sich in vielen Fällen bedingt durch die technologische Weiterentwicklung innerhalb bestimmter Grenzen ändern. Dazu sind weitergehende Absprachen zwischen den Firmen notwendig.

Das Know-how der Einzelunternehmen gewinnt daher an Bedeutung und muss zwischen den Firmen ausgetauscht werden. Es werden Rahmenverträge abgeschlossen, die Rollen und Beziehungen zwischen den Partnerunternehmen festlegen. Es gibt keine Hierarchie sondern einen Systemführer, der das Gesamtprojekt koordiniert. Dabei existieren jedoch auch vielfältige Beziehungen zwischen den anderen Partnern. Über eine Dachorganisation hält die - schon deutlich enger als die bisher genannten Netzwerke zusammenarbeitende – Unternehmenskooperation den Kundenkontakt und ist als Ganzes für die Erbringung der Leistung verantwortlich. Alle Kooperationspartner sind für den Kunden nach außen sichtbar und demonstrieren ihre Kompetenz. Es ist offensichtlich bzw. wird bewusst kommuniziert, dass das Produkt bzw. die Dienstleistung ein Gemeinschaftsergebnis ist. Ein prominentes Beispiel für ein strategisches Netz ist das Airbus-Konsortium.

- Typ 4: Clanartige Unternehmenskooperation

Ziel dieses Kooperationstyps ist es, hoch spezifizierte Produkte und Dienstleistungen bei sich stark ändernder Technologie am Markt anzubieten. Eine enge Zusammenarbeit und der Austausch von Wissen zwischen den Partnerunternehmen sind zur Lösung der Aufgabenstellungen notwendig. Hinzu kommt jedoch noch, dass auch die Rolle des (formalen und realen) Systemführers nicht mehr festgelegt ist. Theoretisch können alle Kooperationsmitglieder je nach Projekt, Kompetenz und Ressourcen die Rolle des Koordinators annehmen.
Auch hier werden die Kompetenzen der Partner offen nach außen kommuniziert, eine Dachorganisation koordiniert den Auftritt am Markt und übernimmt das Projektmanagement und die unternehmensübergreifenden Vertriebsaktivitäten. Der Clan ist bestimmt durch ein hohes Maß an Vertrauen, gegenseitiger Kooperation und auch einem bestimmten Maß an kurzfristiger Uneigennützigkeit. Solch ein „unternehmerischer Altruismus" begründet sich allerdings immer mittelfristig in einer intendierten positiven Nutzenbilanz für jeden einzelnen Partner.

Organisatorisch zeichnet sich der Clan gegenüber der sehr stark auf einer Funktionsaufteilung beruhenden Organisation hierarchischer Netzwerke durch eine „self contained"[1]- Gliederung aus.

Der Clan-Ansatz erscheint auf den ersten Blick befremdlich bzw. überholt. Der Clan war jedoch über viele Jahrtausende die dominierende, weil erfolgreichste Form des Zusammenle-

[1] Der Begriff „self contained" wird von [ROBE91] und [SCHE02] zur Beschreibung von Organisationseinheiten verwendet, die jeweils für sich funktional integriert, d.h. bzgl. der Ausführung einer Aufgabe bis auf die Koordination übergeordneter Aufgabenstellungen oder der Strategie unabhängig sind.

bens und der Arbeitsteilung in einer Gruppe (Großfamilie oder auch Horde) [SIMO99], bevor die damit verbundene, selbst auf der familiären Ebene arbeitsteilige Form des Zusammenlebens und -arbeitens mit zunehmender Technisierung von der Individualisierung abgelöst wurde. Explizit als Clan bezeichnete Beispiele für den Typ clanartiger Unternehmenskooperationen aus der industriellen Gegenwart sind in der Literatur bislang noch nicht bekannt. Am ehesten können Strukturen, wie sie in familiär geführten Unternehmen oder in Konzernen in weitgehendem Familienbesitz anzutreffen sind, mit einer clanartigen Struktur verglichen werden.

Abbildung 1-1 fasst die voranstehend beschriebene Einordnung der Netzwerke hinsichtlich der Spezifität und der Veränderlichkeit der bearbeiteten Aufgaben zusammen und stellt die einzelnen Teilansätze zueinander in Relation.

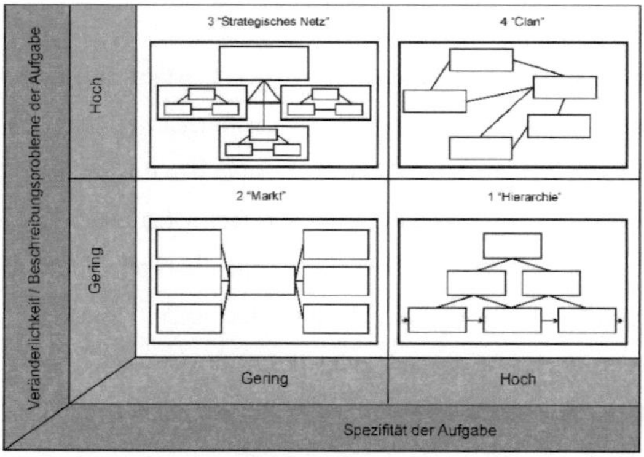

Abbildung 1-1 Einordnung von Netzwerken [PICO93]

Scheer [SCHE02] geht davon aus, dass aufgrund der hohen Änderungen des unternehmerischen Umfeldes (Globalisierung der Märkte, Entwicklung der Technik, politische Entwicklungen) die Organisationsformen von strategischen Netzen und (den von ihm primär betrachtetem innerbetrieblichen) Clans an Bedeutung gewinnen werden.

1.2.1.3 Einordnung von KMU-Unternehmensnetzwerken in Deutschland

Basierend auf einer Befragung des Forschungszentrums Karlsruhe wurde eine Matrix zur Bewertung charakteristischer Eigenschaften von Unternehmensnetzwerken entwickelt [SAL204], mit deren Hilfe jedes untersuchte Unternehmensnetzwerk einer der voranstehend genannten Kooperationsformen zugeordnet werden kann. Folgende Schlüsselparameter wurden abgefragt:

- Netzwerkzusammenstellung: Handelt es sich um einen weitgehend geschlossenen (stabilen) Kreis von Partnern?
- Koordinationsrichtung: Wird das Netzwerk zentral/hierarchisch oder dezentral/arbeitsteilig koordiniert?
- Kooperationsrichtung: Handelt es sich um eine vertikale Kooperation mit klaren Spezifikationen?
- Dauer: Ist die Kooperation auf eine langfristige Zusammenarbeit ausgerichtet?
- Flexibilität: Wie breit ist die Kooperation hinsichtlich ihrer Zielmärkte und Kompetenzen aufgestellt?
- Bindungsintensität: Wie hoch ist die Identifikation der Partner mit dem Netzwerk?
- Märkte: Werden spezielle Branchen/Marktnischen bedient, wird der Zielmarkt vom Kooperationsführer vorgegeben?
- Vertrauensbedarf: Ist die Aufgabe so klar zu definieren, dass die Partner auf der Basis klarer Vorgaben zusammenarbeiten können oder besteht ein Bedarf an gemeinsamer „kreativer" Entwicklungsarbeit?

Anhand der voranstehenden Schlüsselfragen wurden verschiedene Unternehmensnetzwerke aus dem Bereich der Makrotechnologien befragt und den voranstehend oben genannten Kooperationstypen zugeordnet. Der Vergleich ergab zum einen, dass eine starre Einordnung eines Netzwerks oder einer Kooperation zu einer Netzwerkform sehr selten ist. Zum anderen zeigte er, dass Unternehmenskooperationen bislang vor allem in etablierten Branchen mit klaren Randbedingungen anzutreffen sind.

Eine Auflistung bekannter Beispiele für virtuelle Unternehmen in Deutschland, sowie eine tabellarische Auswertung der Befragung der Unternehmen ist in Anhang 7.3.3 zusammengestellt.

Mikrosystemtechnik Kooperationen

Aus dem Bereich der Mikrosystemtechnik sind bislang keine Unternehmensnetzwerke bekannt, die gemeinsam am Markt Entwicklungs- und Fertigungsdienstleistungen anbieten. Dennoch gibt es eine Reihe von Netzwerken und Verbänden innerhalb der Mikrosystemtechnik, die eine Plattform für ein gemeinsames Auftreten oder das Angebot der einzelnen Partner bieten. Zumeist ist die Aufgabenstellung primär marketing- oder ausbildungsorientiert. Die Plattformen sind daher dem „Marktplatz" Gedanken zugeordnet:

- Der bereits erwähnte Verein IVAM in Dortmund stellt den Prototyp einer Marktplatzlösung im Sinne des Business to Business (B2B) und auch das größte europäische

MST-Netzwerk dar. Anfang 2008 sind 185 Unternehmen sowie 73 Institute aus 12 Ländern in Europa, Asien und den USA Mitglied bei IVAM. IVAM versteht sich als kommunikative Brücke zwischen Anbietern und Anwendern „von Hightech en miniature“. Daraus leiten sich die Schwerpunktaktivitäten Technologiemarketing, Lobbyarbeit und internationale Netzwerkarbeit ab.

- Die Bayerische Innovations- und Kooperationsinitiative BAIKEM wird unter aktiver Mitwirkung von Firmen und wissenschaftlichen Instituten schrittweise zu einem Kooperationsnetzwerk entwickelt, in dem sich potenzielle Kooperationspartner entsprechend ihren eigenen Markt- und Technologieinteressen finden.

- Die MST.Factory aus Dortmund ist ein Teil des Dortmund-Project zur Unterstützung des Strukturwandels in Nordrhein-Westfalen. Neben Netzwerkaktivitäten wird u.a. durch die Bereitstellung von Infrastruktur (Gebäude, Reinraum, lokale Vernetzung) Gründern und kleineren Technologieunternehmen Hilfe in der Art eines Technologieparks angeboten.

- Auf europäischer Ebene existiert ein Beispiel, das nahe an die strategischen Netzwerke mit einer primär fertigungsorientierten Ausrichtung heranreicht. Die „Europractice“-Initiative bietet für den Bereich der Silizium-basierten MEMS und der Mikroelektronik ein Rahmenwerk, innerhalb dessen die beteiligten Unternehmen ihre Fertigungskapazitäten oder auch nur Fertigungsanlagen als „Factory Services“ – d.h. als reine Fertigungsdienstleistungen- anbieten können. Hinzu kommen Anbieter von Design-Services, die Anwendungsentwicklungsdienstleistungen und andere Beratungsleistungen anbieten. Dabei handelt es sich zumeist um Universitäten, Anbieter von Simulationssoftware sowie andere Dienstleistungsanbieter. Eine zentrale Koordinationsstelle koordiniert die partnerübergreifenden Projekte administrativ. Aufgrund des starken Förderprogramm-Charakters der Projekte lässt sich Europractice allerdings nur sehr eingeschränkt als Beispiel für ein Unternehmensnetzwerk betrachten.

- In den USA hat „Mems Exchange“ als ein weiterer Vertreter des „Factory“-Ansatzes zum Ziel, durch eine Bündelung gemeinsamer Fertigungskapazitäten über einen „trusted intermediary“ (entspricht einem Bürgen) den vereinfachten Zugang des Kunden aus dem Bereich der Siliziumtechnik zu realisieren. Aktivitäten wie die gemeinsame Bearbeitung von realen Projekten innerhalb dieses Verbundes sind aber bislang nicht bekannt.

Vor allem die beiden letzteren Netzwerke verfügen zum Teil – zumindest theoretisch - über Ansätze und Werkzeuge zur Unterstützung des unternehmensübergreifenden Entwicklungs- und vor allem auch Fertigungsprozesses. Die Aussage „zumindest theoretisch" relativiert dabei die Erwartungen an die beiden Netzwerke, da bislang keine industriellen Projekte bekannt sind, die zumindest für den außerhalb des Förderrahmens von den Konsortien bearbeitet worden sind.

1.2.2 Unternehmensorganisation

Für eine Unternehmenskooperation ist, genauso wie für ein Einzelunternehmen, die Organisation ein Mittel zum Erreichen des Unternehmensziels. Organisationsentwicklung für eine Unternehmenskooperation heißt, eine Organisationsform zu finden, die deren Stärken (breites Know-how-, Technologieportfolio, Flexibilität etc.) hervorhebt und die Schwächen wie z.B. mangelnden disziplinarischen Durchgriff unwesentlich macht. In erster Näherung wird bei der Entwicklung der Organisation zwischen der Aufbau- und der Ablauforganisation unterschieden, auf die aufgrund ihrer Bedeutung für den Aufbau einer Unternehmenskooperation im Folgenden näher eingegangen wird.

1.2.2.1 Aufbauorganisation

Aus der – den Anforderungen des Geschäftsfeldes angepassten - Wahl der Aufbauorganisation heraus resultieren die Aufgaben, Kompetenzen und Verantwortlichkeiten (AKV) jedes Partners und jeder einzelnen Person in der Kooperation. Ihre Definition hat wesentlichen Einfluss auf die Ausbildung von Informationsströmen und auf die Rollenverteilung in einer Kooperation.

Zweck der Aufbauorganisation ist es, eine sinnvolle arbeitsteilige Gliederung und Ordnung der betrieblichen Handlungsprozesse durch die Bildung und Verteilung von Aufgaben (Stellen) zu erreichen [KOSI68]. Die Aufbauorganisation nimmt dann an Bedeutung zu, wenn Umfang (Auftragslage) und Intensität (Grad der Zusammenarbeit) eine größere Arbeitsteiligkeit erfordern. Sinnvoll ist die Arbeitsteilung aber nur dann, wenn durch die entstehenden Schnittstellen möglichst geringe Nachteile erstens für die Arbeitsqualität und zweitens für deren Effizienz entstehen.

In einer Unternehmenskooperation ist der disziplinarische Durchgriff - anders als im Einzelunternehmen - bei der Bearbeitung von Aufträgen nicht möglich. Wesentliche organisatorische Funktionen sind ausschließlich bei den Partnern angesiedelt und damit nicht in direktem

Zugriff der Koordination. Die daraus zunächst resultierende Barriere ist ein wichtiger Aspekt, den das Informations- und Wissensmanagement zu adressieren hat.

Rollen und Akteure

Gerade wegen der voranstehend aufgeführten Einschränkungen ist es notwendig, innerhalb der Unternehmenskooperation die Arbeitsteilung entlang der Aufgabenfelder zu strukturieren. Dazu bietet sich die Verwendung und Definition von Rollen an, die zunächst die Kompetenzen und erforderlichen Fähigkeiten, die zur Durchführung einer Aufgabe bzw. zum Management einer Organisationseinheit notwendig sind, definieren. Mit der Zuordnung von „Akteuren" wird jeder Rolle eine oder mehrere Organisationen bzw. Personen zugeordnet. Die Trennung zwischen Rollen und Akteuren, wie sie z.B. aus Softwareansätzen bekannt ist, hilft einerseits bei der Beschreibung der Kernaufgaben im Unternehmen und erleichtert andererseits die Entscheidung darüber, wer in der Kooperation über die notwendigen Kompetenzen und Verantwortlichkeiten zur Durchführung der Aufgabe verfügt.

In den für die MST typischen Anwendungsfeldern wie der Biotechnologie, Automotive oder auch Haushaltsgüter erfordern die Regelwerke zur Qualitätsdokumentation eine klare Zuordnung der Aufgaben, Kompetenzen und der Verantwortung. Sie sind ein wesentlicher Bestandteil von projektorientierten Vorgehensmodellen, auf die im weiteren Verlauf des Kapitels noch eingegangen wird. Für die spätere Konzeption der Informations- und Wissensmanagement-Infrastruktur ist die Definition von Rollen und Akteuren gerade bei der Bereitstellung der für die verteilte Zusammenarbeit notwendigen Infrastrukturdienstleistungen ebenfalls von großer Bedeutung.

Weitere aufbauorganisatorische Aspekte

Aus den spezifischen, an die jeweilige Rechtsform der Kooperation bzw. den regulatorischen Rahmenbedingungen des Entwicklungsprodukt (z.B. DIN Normen, Medizinproduktegesetz oder Anforderungen der Federal Drug Administration in den USA) gebundenen Pflichten z.B. zur Dokumentation ergeben sich weitere Anforderungen an eine Zusammenarbeit in der Unternehmenskooperation. Die darin festgelegten Regeln bestimmen neben der Art und Weise wie Daten zu Entwicklungsprozessen gesammelt werden, auch die Methodik der Erfassung und Speicherung von Informationen und Wissen einer Kooperation mit. Eine Auflistung möglicher Rechtsformen einer Aufbauorganisation finden sich in Anhang 7.3.4.

1.2.2.2 Ablauforganisation

Der Begriff der Ablauforganisation bezeichnet die Abwicklung derjenigen Kernprozesse im Unternehmen, die einem immer wiederholenden Muster folgen. Die Ablauforganisation ist ein wichtiges Managementwerkzeug zur Strukturierung der Vorgehensweise sowohl innerhalb von Unternehmen als auch zwischen Unternehmen. Viele Abläufe auf operativer Ebene lassen sich in Form von Geschäftsprozessen strukturieren.

Geschäftsprozesse, Umgestaltung von Geschäftsprozessen

Unter einem Geschäftsprozess versteht die Wissenschaft die Abwicklung derjenigen Kernprozesse im Unternehmen, die immer wiederholenden Muster folgen. Die prozessuale Sicht auf unternehmensinterne Abläufe (=Geschäftsprozesse) hat sich seit Ende der 90er Jahre auch in der Organisationsentwicklung mittelständischer Unternehmen durchgesetzt.

Die Definition von Geschäftsprozessen erlaubt eine Auflösung von Unternehmensabläufen dergestalt, dass logische Einheiten klar herausgearbeitet werden können. Den Einheiten lassen sich wiederum Rollen zuordnen. Engelmann definiert den Begriff Geschäftsprozess wie folgt [ENGE95]: „Ein Prozess ist eine spezifisch zeitlich und räumlich angeordnete Menge von Aktivitäten, die zueinander in einer Leistungsbeziehung stehen".

Ein Geschäftsprozess hat einen definierten Eingang (Input) und einen definierten Ausgang (Output). Dabei kann zwischen primärem und sekundärem Input und Output unterschieden werden. Der primäre Input stößt die eigentliche Verarbeitung im Prozess an; der primäre Output ist das dabei entstehende Ergebnis des Prozesses. Sekundäre Inputs und Outputs entsprechen Interaktionen mit der Prozess-Außenwelt, die im Verlauf der Verarbeitung eines primären Inputs anfallen. Im Kontext des Wissensmanagements für komplexe Mikrosystemtechnikprozesse wird der Aspekt noch bei der Modellierung der Eigenschaften von Prozessschritten von Bedeutung sein (Abs. 4.2). Durch die prozessorientierte Strukturierung von Kooperationsprozessen eröffnet sich zudem die Möglichkeit, Abläufe durch Werkzeuge sowie den zu einem Geschäftsprozess zugehörigen Workflow selbst als auch die Bearbeitung von Teilaufgaben innerhalb des Workflows zu unterstützen.

Im Folgenden soll auf einige Aspekte der Geschäftsprozessmodellierung eingegangen werden, die für die Charakterisierung und Typisierung der zu definierenden Prozesse wichtig sein werden.

Prozessausgrenzung

Bei der Prozessausgrenzung wird die Frage geklärt, was zu einem bestimmten Prozess gehört (Abgrenzung des Prozesses zu seiner Umwelt).

Prozessgrenzen in interfunktionalen Unternehmensprozessen sind entlang von Funktionen organisiert und strukturieren den Weg zur Umsetzung der Kernaufgaben. Tabelle 1-1 fasst die Zuordnung von Funktionsbereichen zu Prozessgrenzen zusammen:

Funktionsbereich	Prozessgrenzen
Fertigung	Beschaffung bis Auslieferung
Produktentwicklung	Entwurf bis Prototyp
Verkauf	Interessent bis Auftrag
Auftragsabwicklung	Auftrag bis Zahlung
Kundendienst	Anfrage bis Problemlösung

Tabelle 1-1 Prozessgrenzen der Funktionsbereiche einer Organisation [Enge95]

Eine radikale Position hierzu vertreten Kaplan und Murdock [KAPL91], die ausschließlich die drei elementaren Kernprozesse Produktentwicklung, Auftragsakquisition und – abwicklung (Vertrieb), und Logistik betrachten. Für die Entwicklung einer Unternehmenskooperation bietet sich außerdem eine Unterscheidung der Prozesse nach den Funktionen der Kooperation an, wobei diese Prozesse selbst wiederum aus Kern-, Support und Managementprozessen bestehen [SCHL02]:

Prozesszerlegung

Im Rahmen der Prozesszerlegung werden durch die Prozessausgrenzung Prozesse in Subprozesse unterteilt, um den Ablauf in dem Prozess genauer zu beschreiben. Die entsprechenden Gliederungskriterien und die Gliederungstiefe sind dabei situativ zu definieren.

Um eine „Überorganisation" der Abläufe in einem Unternehmen zu vermeiden, ist es sinnvoll, die Prozesse zu priorisieren. Hier unterscheidet man zunächst nach Kernprozessen, und Support- und Managementprozessen. Nach Kaplan / Murdock[2] [KAPL91] bilden sich:

- Kernprozesse aus der Verknüpfung von Aktivitäten, Entscheidungen, Informationen und Materialflüssen, die zusammen den Wettbewerbsvorteil eines Unternehmens aus-

[2] Kaplan / Murdock gelten zusammen mit Hammer / Champy als Väter des „Business Process Reengineering", das als eine der wesentlichsten - wenn auch in Bezug auf die Unternehmensstrukturen radikalsten - Managementmethoden der letzten Jahrzehnte angesehen werden kann.

machen. Kernprozesse beziehen sich direkt auf die Produkte/Dienstleistungen eines Unternehmens

- Supportprozesse unterstützen die Kernprozesse im Unternehmen, erzeugen selbst aber keinen direkten Kundennutzen. Ein typischer Supportprozess ist beispielsweise die Instandhaltung.
- Managementprozesse unterstützen den Prozess von der Zielbildung über die Problemanalyse bis hin zur Entscheidungsfindung.

Wissenschaftliche Arbeiten sowohl aus dem Bereich der Wirtschaftswissenschaften als auch der Informatik beschäftigen sich bereits seit Mitte der 90er Jahre vermehrt mit den Möglichkeiten, die die Modellbildung von Geschäftsprozessen im Kontext von Informationssystemen bietet [ENDL04].

Prozessreorganisation

Die intensive Auseinandersetzung mit Unternehmensprozessen macht im Unternehmen wie auch in einer Kooperation Sinn, lässt sich doch durch Zerlegung bzw. Reorganisation der Prozesse zum einen die Komplexität organisch gewachsener Prozesse deutlich reduzieren und durch eine bessere Strukturierung die im Prozess zu lösenden Aufgaben im Sinne einer Arbeitsteiligkeit „taylorisieren" [FORS06]. In der Organisationsentwicklung kommt hier insbesondere dem Ansatz des Business Process Reengineering (BPR) eine hohe Bedeutung zu. Beim BPR findet weit mehr als bei der Geschäftsprozessoptimierung ein radikales Überdenken der bisherigen Geschäftsprozesse des Unternehmens im Hinblick auf die strategischen Unternehmensziele statt. Das BPR zielt dabei sehr stark auf die Kundenorientierung des Unternehmens. Lieferanten des primären Prozesseingangs sowie die Adressaten des primären Prozessausgangs werden dabei immer als Kunden betrachtet. Der Begriff der Kundenbeziehung im Sinne des BPR orientiert sich dabei nicht immer nur an einer extraorganisationalen Geschäftsbeziehung, sondern umfasst, wenn ein Prozess den primären Prozessausgang für eine unternehmensinterne Stelle liefert, auch unternehmensinterne Auftraggeber [SCHN99]. Im Rahmen des BPR wird dabei nach verschiedenen Prozesskategorien unterschieden. Die Klassifizierung erfolgt zum Einen organisationalen Kriterien und zum Anderen nach der Häufigkeit des Auftretens (vgl. auch Anhang 7.3.5).

1.2.3 Projektmanagement im Produktentwicklungsprozess

Neben wohldefinierten Prozessen und einer klar definierbaren Organisationsstruktur wie z.B. dem Angebotserstellungsprozess finden sich in Organisationen auch Prozesse, die sich den Methoden einer starren Prozessorientierung entziehen. So enthält der Entwicklungsgeschäftsprozess neben starr strukturierten, regelbasierten Elementen oft auch noch Entscheidungselemente, die ein Projekt innerhalb der vorgegebenen Ablaufregeln beeinflussen können und daher eine offene Strategie der Informations- und Wissensbereitstellung erfordern.

Die Prozessorientierung heutiger Unternehmenskooperationen unterstützt die Entscheidungsstellen dabei oft lediglich durch Bereitstellung von standardisierten Vorgehensweisen auf Managementebene. Im Folgenden soll näher auf Vorgehensmodelle zur Abwicklung solcher semistrukturierter Prozesse [NORT98] eingegangen werden

1.2.3.1 Projektmanagementsysteme

Unter einem „Projektmanagementsystem“ ist zunächst kein softwaregetriebener Ansatz zu verstehen. Vielmehr handelt es sich primär um Leitlinien zur erfolgreichen Realisierung von Projekten. Die DIN 69904 "Projektmanagementsysteme / Elemente und Strukturen" erläutert den Begriff diesbezüglich sehr ausführlich [BECH05]. Als wesentliche Eigenschaften eines Projektmanagementsystems nennt die DIN:

- Flexibilität als Fähigkeit, sich an neue oder veränderte Bedingungen anzupassen,
- Universalität als möglichst umfassende Nutzbarkeit,
- Modularität als Voraussetzung für die Möglichkeit zum stufenweisen Aufbau und der Adaptierbarkeit
- Kompatibilität mit dem Umfeld, in dem das System eingesetzt wird
- Transparenz der Abläufe und Zusammenhänge
- Prävention als Arbeitsprinzip im Gegensatz zu Reaktion.

1.2.3.2 Projektvorgehensmodelle

Es gibt eine Vielzahl von unterschiedlichen Projektvorgehensmodellen im Bereich der Produktentwicklung. Sie unterscheiden sich nach Chroust [CHRO92] durch:

- ihren Detaillierungsgrad: Die Modellierungstiefe reicht hier vom stark abstrahierenden Boehm´schen Spiralmodell [BOEH86] über das Wasserfall-Phasenmodell bis hin zu detailliert ausgearbeiteten Modellen wie V-Modell XT [RAUH03], Hermes oder das im angelsächsischen Raum weit verbreitete PRINCE II Modell (Projects In Controlled Environments) [KOEH06].

- Die Sequentialisierungs-Reihenfolge der Entwicklungsschritte: Vom linearen Durchlauf bis zu komplexen iterativen Ansätzen wie bei Spiralmodell oder dem Rational Unified Process (RUP) der Firma Rational [KRUC00], die diesen Ansatz durch eine umfangreiche Softwarefamilie unterstützt

- Die Berücksichtigung der begleitenden Prozesse: Dies erfolgt im Sinne einer Projektmanagementmethodik. Hier sind vor allem das V-Modell, das Wasserfallmodell und auch PRINCEII zu nennen.

Modelle zur Unterstützung von Entwicklungsprojekten

Von den voranstehend genannten soll im Folgenden im Vorgriff auf die weitere Ausarbeitung nur auf das Spiralmodell von Boehm näher eingegangen werden. Eine kurze Zusammenfassung von Informationen zu den beiden wichtigsten anderen in Deutschlang und Europa gebräuchlichen Vorgehensmodellen, dem PRINCE II Modell und dem V-Modell können in Anhang 7.3.6 nachgelesen werden

- Spiralmodell der Softwareentwicklung

Das von B.W. Boehm entwickelte Spiralmodell [BOEH88] stellt einen organisatorischen Rahmen für die Softwareerstellung dar und ist eine Weiterentwicklung des Wasserfallmodells des gleichen Wissenschaftlers. Während des Prozesses der Softwareentwicklung wird ein aus vier Phasen bestehender Zyklus mehrmals durchlaufen. Diese Vorgehensweise wird als eine in vier Quadranten unterteilte Spirale dargestellt (vgl. Abbildung 1-2). Primäres Ziel des Ansatzes ist es, Risiken frühzeitig zu erkennen und zu vermeiden.

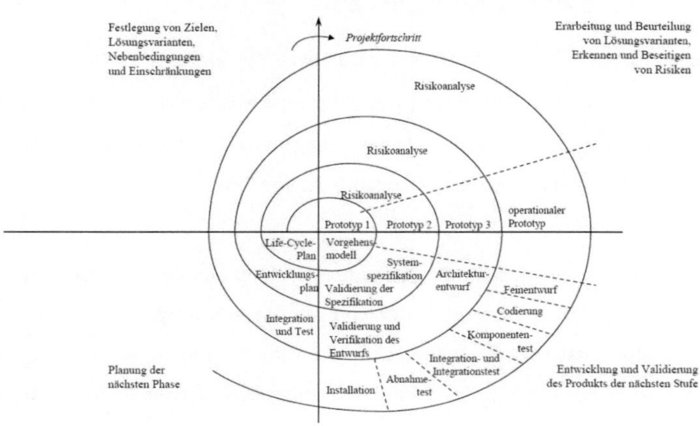

Abbildung 1-2 Spiralmodell der Softwareentwicklung nach Böhm [BOEH88]

Die erste der vier Phasen besteht aus der Festlegung der spezifischen Ziele des Zyklus bzw. des Teilproduktes, das im jeweiligen Zyklus erstellt werden soll. Außerdem findet eine Suche nach alternativen Möglichkeiten der Realisierung statt. Randbedingungen, die bei den Alternativen zu beachten sind, werden identifiziert.

Die zweite Phase umfasst die Evaluierung der Alternativen unter Berücksichtigung der Ziele und Randbedingungen. Bestehende Risiken sollen hierbei durch wirtschaftliche Strategien reduziert werden.

Im dritten Schritt erfolgt die Festlegung der Vorgehensweise bzw. des Prozessmodells und unter Rücksichtnahme auf Risiken die eigentliche Entwicklung der Software.

Die Planung des vierten Zyklus wird in der letzten Phase vorgenommen. Zusätzlich findet eine Überprüfung (Review) der drei erfolgten Phasen statt und das Einverständnis über den Plan für den nächsten Zyklus wird hergestellt. Sind alle vier Phasen durchlaufen, folgt der nächste Zyklus.

Die Spirale wird während der Softwareentwicklung von innen nach außen durchlaufen. Der dabei entstehende Winkel zeigt den Entwicklungsfortschritt des Zyklus an, der Radius der Spirale repräsentiert die kumulierten Kosten der Entwicklung. Ziel ist es daher auch, die Spirale so eng wie möglich zu halten.

Zu den Vorteilen des Modells gehören vor allem die Überprüfung und Reaktion auf Risiken der Entwicklung. Hiermit verbunden ist auch eine hohe Flexibilität, da die Planung zyklusweise erfolgt. Für kleine Entwicklungsprojekte ist das Modell jedoch weniger geeignet, da der Managementaufwand für Planungen zu hoch ist [BERZ96].

- Vorgehensmethodik für den Makro-Maschinenbau nach Pahl/Beitz

Im Makrobereich hat sich bei der Betrachtung des Produktentwicklungsprozesses das von Pahl/Beitz [PAHL06] vorgeschlagene Produktentwicklungsmodell durchgesetzt, das den Produktentwicklungsprozess in die folgenden Prozessphasen gliedert:

Aufgabe klären

Beim Produktentwicklungsprozess beginnt die Produktentwicklung mit der Aufstellung eines Lastenheftes durch den Kunden, in dem die Anforderungen (Aussehen, gesetzliche Bestimmungen, Verbrauch u. ä.) an das neue Produkt beschrieben werden. Ist das Lastenheft erstellt, werden die technischen Möglichkeiten, das Produkt zu realisieren, auf funktionaler Ebene untersucht. Es entsteht ein Pflichtenheft für die Entwicklung. Im Falle von Divergenzen zwischen Lasten- und Pflichtenheft müssen die beiden gemeinsam abgeglichen werden, bevor mit der Auftragserteilung die eigentliche Produktentwicklung begonnen wird.

Konzeptphase

In der Konzeptphase wird die Produktfunktion in Teilfunktionen zerlegt. Eine solche Vorgehensweise erlaubt gerade in verteilt arbeitenden Teams eine arbeitsteilige Bearbeitung von Teilaufgabenstellungen. Für die Unterfunktionen gibt es oft entweder auf unterschiedlichen physikalischen Effekten basierende Lösungen oder es lässt sich eine Lösung mit unterschiedlichen Makrotechnologien herstellen. Durch die Verknüpfung der unterschiedlichen Prinzipien entstehen Lösungsvarianten. Nach der Bewertung der Varianten ergibt sich die Wirkstruktur. In dieser Phase wird oft noch nicht konstruiert sondern abstrakt auf der Basis von Prozessparametern, Gestaltungsregeln oder auch Funktionsdiagrammen abgewogen, um schnell und systematisch viele mögliche Lösungsmöglichkeiten zu finden.

Entwurfsphase

In der Entwurfsphase erfolgt zuerst eine grobmaßstäbliche Anordnung der Funktionsbausteine. Nach durchgeführten Überlegungen und Berechnungen wird der Erstentwurf zu einem maßstäblichen Feinentwurf verfeinert.

Ausarbeitungsphase

In der Ausarbeitungsphase werden die nötigen Fertigungsunterlagen erstellt. Liegen die Zeichnungen der Einzelteile vor, werden Teile angefertigt und getestet, um Fehler und Probleme zu finden. Anhand der erstellten Fehlerprotokolle wird das Produkt überarbeitet, das Lastenheft angepasst. Wenn notwendig, werden weitere Prototypen angefertigt. Mit einer Nullserie wird geprüft, ob alle Hilfsmittel wie Werkzeuge und Vorrichtungen für eine Serienfertigung tauglich sind.

Markteinführung

Das Produkt muss auf den Markt gebracht werden. Nach dem Produktlebenszyklus endet mit dem fertigen Produkt die Entwicklungsperiode und die Markteinführung findet statt. Im Regelfall werden aber schon während der finalen Prototypenphase die ersten Schritte der Markteinführung durchgeführt.

Die modellhafte Vorgehensweise nach Pahl/Breitz für den Makro-Maschinenbau gilt mit Einschränkungen auch für mikrosystemtechnische Anwendungen (vgl. Abs. 2.4.2)

Spezialisierte Projektmanagementansätze für den informations- und wissensintensiven Entwicklungsprozess in der Mikrosystemtechnik sind bislang noch wenig analysiert worden. Im Folgenden sollen zwei Ansätze vorgestellt werden:

- „Pretzel“-Modell (Institut für Mikrosystemtechnik, Uni Siegen)

  Eines der bekanntesten Vorgehensmodelle zu MST-Entwicklungsmethodiken stammt aus dem Umfeld der Si-MST ist das „Pretzel“-Modell (vgl. Ab-bildung 1-3) der Uni Siegen, in dem ein Konzept zur Integration des Verhaltens (das sog. „Behav-iour“ Model) in den MEMS Design-Prozess vorgeschlagen wird. Der Ansatz der Uni Siegen basiert auf Datenbanken, in den Informationen zu Werkzeugen, Gestaltungsprinzipien, Materialien und Silizium-Prozessschritten so in den Entwicklungsprozess integriert werden, dass ein iterativer Verbesserungsprozess im Design von MEMS Systeme möglich wird [WAGE03]. Indem die „Schlingen“ des „Pretzel“-Modells mehrfach durchlaufen werden, kann man das Modell auch als eine Erweiterung des Boehm´schen Spiralmodells hin zu einer parallelen Entwicklung von Prozess und Anwendung ansehen. Das „Pretzel“-Modell zeigt damit eine prinzipielle Lösung für die in der Mikrobranche notwendige parallele Entwicklung von Anwendungen und Prozessen auf. Im Gegensatz zur Multimaterial-Mikrosystemtechnik bezieht sich der Begriff „Prozessentwicklung“ allerdings auf die Optimierung eines bestimmten Designs unter Berücksichtigung gegebener, aufgrund der eingeschränkten Prozess- und Materialauswahl, stark eingeschränkter technologischer Parameter.

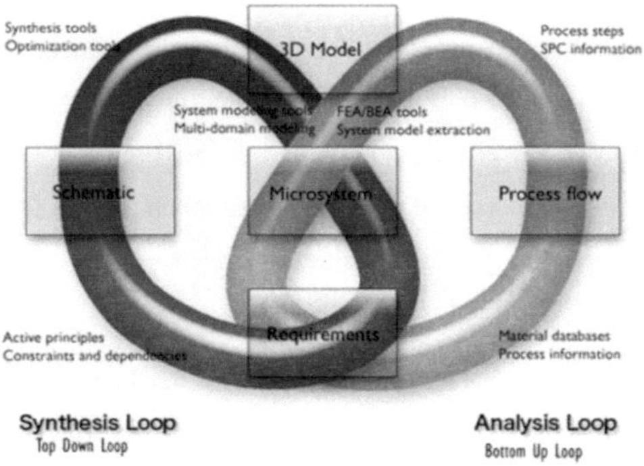

Abbildung 1-3 „Pretzel“-Modell der Uni Siegen [INTE06]

- µPEP

  Im Bereich der Multimaterial-Systeme schlagen Marz und Albers von der Uni Karlsruhe ein Prozessvorgehensmodell für die Entwicklung werkzeuggebundener Mikrosysteme – unter Modifizierung des „Pretzel“ - Modells - vor [MARZ05].

Der Ansatz bildet für das spezielle Anwendungsfeld der zerspanenden Mikrostrukturierungstechniken die Verknüpfung aus Anforderungen an die Anwendung heraus gut ab und strukturiert die Anforderungen in Form von Konstruktionsregeln zu geometrischen Grundformen. Jedoch werden andere wichtige Aspekte wie Einflüsse unterschiedlicher Materialien auf die Produkteigenschaften, die Komplexität der Technologieauswahl und der Fertigungsverfahren nicht explizit betrachtet, so dass der Ansatz auf das konkrete Anwendungsfeld beschränkt bleiben muss.

1.2.4 Wissen und Wissensmanagement in Unternehmen und Kooperationen

In den letzten Jahren hat es einen technologisch-ökonomischen Paradigmenwechsel von der reinen, organisatorische Abläufe automatisierenden Informationstechnik hin zur „Bewirtschaftung von Wissen", d.h. zum aktiven Umgang mit dem geistigen Kapital eines Unternehmens gegeben. Die immer stärker werdende Notwendigkeit permanenter Veränderungen von Unternehmen mit dem Ziel, sich schneller anpassen und Produktionsprozesse besser koordinieren zu können, ist schon seit langem ein Thema in der Forschung, oft auch in diesem Kontext unter dem Begriff des "Organisational Learning" subsummiert [NONA95].

Der Ansatz des „Organisational Learning" gewinnt umso mehr an Bedeutung, wenn es sich um das Wissensmanagement in Technologien handelt, bei denen das Wissen über Zusammenhänge und Abhängigkeiten noch nicht ganzheitlich strukturiert bzw. dokumentiert werden kann. Wissensmanagement spielt damit insbesondere im Bereich der „Hoch- oder Systemtechnologien" eine große Rolle, da bei solchen Technologien ein intensiver Austausch von Informationen im Projektteam gerade in den frühen Phasen des Produktentwicklungsprozesses - insbesondere in der Vertriebs- und Entwicklungsphase - eine grundlegende Rolle spielt.

Während der frühen Phase des Produktentwicklungsprozesses werden nicht nur die wesentlichen Eigenschaften und die gewünschte Qualität des Produktes festgelegt, sondern auch der Großteil der Kosten bestimmt, die während des gesamten Produktlebenszyklus entstehen. Daraus resultiert die Entwicklungszeit, die bis zu 60% der gesamten Auftragszeit betragen kann. Die Zielsetzung, alle drei Faktoren zu optimieren führt unweigerlich zu einer Zielkonkurrenz hinsichtlich der Optimierungsstrategie.

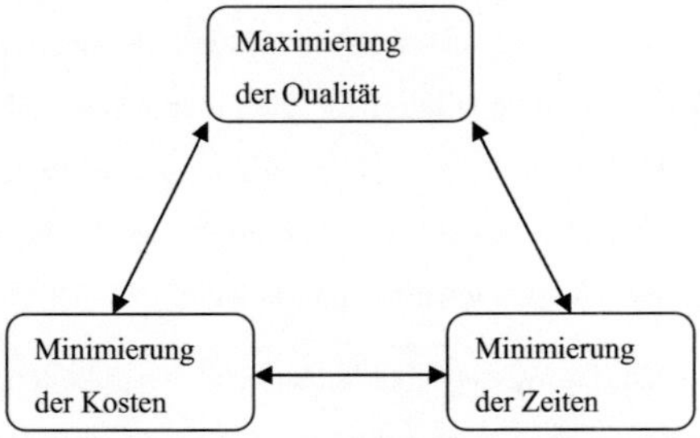

Abbildung 1-4 Konkurrenz der betrieblichen Ziele [FUES01]

Die als „Konkurrenz der betrieblichen Ziele" bezeichnete Wechselwirkung zwischen Minimierung der Kosten, Minimierung der Zeiten und Maximierung der Qualität (Abbildung 1-4) ist symptomatisch für Neu- oder Anpassungsentwicklungen im Bereich der Mikrosystemtechnik, auf die sich die vorliegende Arbeit bezieht [FUES01].

Wissen liegt darüber hinaus nicht immer in expliziter Form vor. Vielmehr liegt gerade bei komplexen Zusammenhängen „Fachwissen“, d.h. das Wissen über Zusammenhänge und Abhängigkeiten z.B. von Prozessschritten nur in impliziter Form vor [POLA58]. Weitere Information zum Aspekt des impliziten und expliziten Wissens sind in Anhang 7.3.10 zusammengefasst.

1.2.4.1 Explizites versus implizites Wissen – die Wissensspirale

Wissen kann explizierbar sein bzw. werden, wenn es aus Informationen besteht, die kategorisierbar, verbalisierbar, abrufbar und damit auch speicherbar sind. Solches Wissen ist z.B. in technischen Handbüchern und Verfahrens-/Qualitätsdokumentationen enthalten und lässt sich formal, das heißt in grammatikalischen Sätzen, mathematischen Ausdrücken, technischen Daten und dergleichen artikulieren. Explizites Wissen kann problemlos von einem Menschen zum anderen weitergegeben werden, aber auch mit Datenverarbeitungswerkzeugen bearbeitet, elektronisch weitergegeben, in Datenbanken abgelegt und wieder abgerufen werden.

Zeitliche und räumliche Umstände, deren Veränderung den relativen Wissensvorsprung des Individuums ständig neu festlegt, machen aus dem expliziten Wissen implizites Wissen. Unter „implizitem Wissen“ wird dabei solches Wissen definiert, das nicht bewusst angeeignet wird. Oft zeigt sich das implizite Wissen nur in gewohnheitsmäßigen Vorgehensweisen, die intuitiv und kontextsensitiv angewandt werden. Die dem Vorgehen zugrundeliegenden Erfahrungen werden als Wissen gar nicht mehr bewusst und entziehen sich daher auch dem formalen sprachlichen Ausdruck. Das implizite Wissen ist tief verankert in der Tätigkeit und der Erfahrung des Einzelnen sowie in seinen Idealen, Werten und Gefühlen. Hierunter fallen auch schwer fassbare Faktoren wie persönliche Überzeugungen, Perspektiven, Ahnungen, Einfälle und Intuition. Explizites Wissen ist somit zumeist nur die „Spitze eines Eisbergs“, das implizit vorhandene Wissen nimmt einen weit größeren und oft auch wichtigeren Platz ein.

Wissen kennt dabei zwei Dimensionen: Zum einen das Wissen über 'technische' Fertigkeiten, die mit dem Begriff "Know-how" recht gut wiedergegeben werden können. Und zum anderen kognitive (also auf Erkenntnissen beruhende) Fertigkeiten, die unsere Wirklichkeitsauffassung (was ist) und unsere Zukunftsvision (was sein sollte) widerspiegelt.

Der subjektive und intuitive Charakter des impliziten Wissens steht einer direkten systematischen und logischen Bearbeitung und Weitergabe von erworbenem Wissen im Wege. Es kann nur vage, z.B. durch Metaphern, Analogien oder Modelle explizit gemacht werden – Wissen wird „geschaffen“.

Prozesse der Wissensschaffung im Unternehmen

Dem Prozess der „Wissensschaffung“ kommt eine maßgebliche Rolle im Wissensmanagement eines Unternehmens zu. Wissensschaffung findet auf drei Ebenen statt: auf individueller, auf Gruppen- und auf Organisationsebene. Bezogen auf die Interaktionsform bedeutet dies, dass es nicht nur zu einem Austausch zwischen implizitem und explizitem Wissen auf gleicher Ebene kommen muss, sondern auch zwischen dem Einzelnen und der Organisation.

Nach Nonaka und Takeuchi [NONA95] lassen sich die in Abbildung 1-5 dargestellten vier Hauptprozesse

- Sozialisieren
- Externaliseren
- Kombinieren
- Internalisieren

als wesentliche Elemente der Wissensumwandlung bzw. Wissensschaffung festhalten. Die Wissensschaffung im Unternehmen lässt sich damit – in einer direkten Analogie zum Entwicklungsprozess nach Boehm – als ein Spiralprozess beschreiben, der ausgehend von der individuellen Ebene immer mehr Interaktionsgemeinschaften erfasst und die Grenzen von Sektionen, Abteilungen und sogar Unternehmen überschreiten kann.

Die Umwandlung vom impliziten Wissen zu explizitem Wissen und wieder zurück in implizites Wissen erfolgt dabei über die vier Umwandlungsformen Sozialisation, Externalisierung, Kombination und Internalisierung. Im Hinblick auf die bedarfsorientierte Informationsbereitstellung in der Unternehmenskooperation (wie auch im Einzelunternehmen) ist dieser Aspekt sehr wichtig. Mit ihm wird erreicht, dass relevante Informationen und Wissen im ausgetauscht werden. Wissen wird in nahezu allen Unternehmensbereichen generiert, die Beschäftigung mit dem Thema Wissensmanagement im Unternehmen findet dabei aber sowohl im Vergleich zwi-

Abbildung 1-5 Modifizierte Wissensspirale in Anlehnung an Nonaka / Takeuchi [NONA95]

schen den Unternehmen als auch hinsichtlich der einzelnen Unternehmensbereiche unterschiedlich intensiv statt. (Anhang 7.3.7).

1.2.4.2 Modellierung und Präsentation von Wissen

Wissensbasierte Methoden sind in der Informatik ein Gegenstand intensiver Forschung. Der Bogen der zu bearbeitenden Themenfelder spannt sich von Fragen der wissensbasierten Präsentation von Wissen durch semantische Modelle, bei denen die Strukturierung selbst bereits Wissenselemente enthält (u.a. Ontologien, Topic Maps bzw. deren Integration in anwendungsnahe Technologien wie dem Semantic Web) bis zu Fragestellungen der Interpretation z.B. vorstrukturierter Informationen (Kognitionsgebiete wie Case Based Reasoning oder auch Methoden der künstlichen Intelligenz) reicht. Hinzu kommen Ansätze aus der Modellierung von Wissen über Abhängigkeiten durch grafische Modellierungswerkzeuge und –netze. Es lassen sich mehrere Ansätze auf die Fragestellungen eines Entwicklers von Mikrosystemen transformieren, auf die in Absatz 2.4.2 noch näher eingegangen wird. Aus der dortigen Erörterung lässt sich erkennen, dass sich für Bereich der Interpretation von Wissen in der MST interessante Anwendungsfelder erschließen.

Ontologien als Form der Wissenspräsentation

Technisches Fertigungswissen kann in erster Näherung mit dem Wissen über Einflussfaktoren auf den einzelnen Prozessschritt und Wissen über die Zusammenhänge zwischen Prozessschritten gleichgesetzt werden. Zur Strukturierung des prozessschrittspezifischen Wissens eignen sich u.a. Ontologien, die eine spezielle, auf Ausdrücken und Relationen basierende Ausprägung zur Präsentation von Wissen darstellen. Im informationstechnischen Sinn steht der Ontologiebegriff für die Definition solcher grundsätzlichen Ausdrücke und Relationen einschließlich des Vokabulars eines Themengebiets, wie auch für die Regeln, um Erweiterungen zum Wortschatz zu definieren. Voß kategorisiert ontologische Modellierungselemente wie folgt [V0SS03]:

- Auswahl der relevanten Konzepte / Definition der Konzepte
- Gruppierung nach Gebieten
- Terminologische Kontrolle, Begriffsvereinbarung
- Strukturierung und Anordnung der Konzepte in Hierarchien
- Bildung von definierten Verknüpfungen zwischen Begriffen (Relationen). Relationen selbst sind wiederBegriffe, die Bestandteil weiterer Relationen sein können
- Regeln als logische Aussagen über Begriffe und Relationen. Einige Regeln können auch implizit in Relationen enthalten sein.

Allgemein lassen sich Regeln im Wissensmanagement weniger leicht veranschaulichen und begreifbar machen als Begriffe und Relationen. Aufgrund ihrer Komplexität lässt sich die Auswirkung ihrer Änderung auf das Gesamtsystem nur schwer abschätzen. Im Bereich des Makro-Maschinenbaus wurden bereits in den neunziger Jahren im Kontext der Entwicklung von Lösungen zum Design von regelbasierten oder adaptiven Controllern auch Lösungen für die Modellierung von komplexen technischen Systemen (z.B. das ROSA Verfahren) vorgestellt [KRAB95]. Für den Bereich der Mikrosystemtechnik sind bislang keine standardisierten Vorgehensmodelle zur (computergestützten) Formulierung von Regeln bekannt.

Die Konzeption und Nutzung von Ontologien zur allgemeingültigen Modellierung von mikrosystemtechnischen Verfahren und Prozessen ist eines der Kernthemen des in Kapitel 4.2 vorgestellten Ansatzes zur Entwicklung eines Softwarewerkzeugs zur Strukturierung des Wissens in einer verteilten Kooperation der Mikrosystemtechnik.

Ausprägungen von Ontologien

Es werden drei Typen von Ontologien unterschieden, und zwar:

- Lightweight-Ontologien beinhalten Konzepte, Taxonomien und Beziehungen zwischen Konzepten und Eigenschaften [STAA04].
- Heavyweight-Ontologien sind eine Erweiterung von Lightweight-Ontologien und fügen den Konzepten bzw Taxonomien Axiome und Einschränkungen hinzu, wodurch die beabsichtigte Bedeutung einzelner Aussagen innerhalb der Ontologie klarer wird [STAA04].
- Metaontologien dienen zur Formulierung / Entwicklung von Ontologien. Die Metaontologie definiert eine Sprache mittels der Ontologien formuliert werden können. Durch die Verwendung von Metaontologien können verschiedene Ontologien ineinander überführt (transformiert) werden. Metaontonlogien erleichtern so zum Beispiel die Transformation eines Teilbereichs einer Ontologie auf ein anderes Themenfeld [JEUS04].

1.2.4.3 Beschreibung von Mikrosystemtechnik-Fertigungswissen

In der Literatur finden sich verschiedene Ansätze zur Beschreibung von Mikrosystemtechnik-Fertigungswissen, zumeist für den Bereich der Mikroelektronik und der ebenfalls Si-basierten MEMS-Technologie. Einige wenige Ansätze beschäftigten sich bisher mit der Multimaterial-Mikrosystemtechnik.

In der Mikroelektronik und in der MEMS-Technologie sind Gestaltungsregeln („Design Rules“) als Werkzeug und auch als Wissensbasis für den Einsatz in der Layoutgenerierung von kundenspezifischen Aufträgen weit verbreitet. Dabei hat der Entwickler die Möglichkeit, z.B. die Geometrien der einzelnen Transistoren und der Leitungen zu bestimmen und zu optimieren. Die Optimierung erfolgt unter Berücksichtigung der Fertigung in Form von geometrischen und elektrischen Gestaltungsregeln.

Solche Regeln berücksichtigen dabei allerdings nicht die technologiespezifischen fertigungstechnischen Parameter, d.h. eine direkte Ableitung von Fertigungsparametern aus den Design-Rules ist nicht möglich. Auch lassen sich keine direkten Rückschlüsse auf limitierende Herstellungsfaktoren schließen. Am Markt haben sich im MEMS-Bereich die drei Fertigungsdesign- und Entwicklungswerkzeuge Coventorware, Intellisuite und SoftMEMS zur Modellierung und Konsistenzprüfung durchgesetzt (Anhang 7.3.6).

Allen voranstehend aufgeführten Werkzeugen gemeinsam ist ihre Ausrichtung auf Silizium als Basismaterial sowie der empirische Ansatz. Damit sind die Werkzeuge beschränkt auf ein Trägermaterial, wenige Verfahren bzw. Verfahrenskombinationen aus dem Silizium-Technologie Umfeld [Rich06]. Die Nutzung der Datenbankbibliotheken ist für die deutlich höhere Anzahl möglicher Material- und Technologiekombinationen sowie durch die hohe Zahl möglicher Verfahrenskombinationen eines interdisziplinär zusammenarbeitenden Unternehmensverbundes der Multimaterial-MST nicht direkt verwendbar. Alle voranstehend genannten Ansätze sind durch die Beschränkung auf Silizium als Werkstoff, sowie die Beschränkung auf Anwendungsszenarien hinreichend für MEMS-Prozesse, für einen Einsatz in der Multimaterial-MST aber nicht ausreichend.

Ansätze zur Beschreibung von Wissen in der Multimaterial-Mikrosystemtechnik

Im Bereich der zu betrachtenden Multimaterial-MST konnte bislang kein Produkt bzw. auch kein vollständiger Beschreibungsansatz identifiziert werden. Am Forschungszentrum Karlsruhe wurden bereits Mitte der neunziger Jahre erste Arbeiten zur Analyse der technologischen Zusammenhänge in der Multimaterial-MST durchgeführt.

- Buchberger beschreibt einen Ansatz zur objektorientierten Modellierung von Fertigungswissen [BUCH97] für den LIGA Prozess, in dem er insbesondere auf den Aspekt der geometrischen Gestaltungsregeln eingeht. Nicht berücksichtigt wird jedoch die gegenseitige Beeinflussung der das Produkt/den Fertigungsprozess näher charakterisierenden Aspekte.

- Huber [HUBE97] greift in seinem „mehrstufigen Planungsansatz für die Mikrosystemfertigung“ sehr stark aus der Sicht der Vorgehensmodellierung für die Fertigungsplanung, (z.B. die für den LIGA Prozess typische Fragestellung der Ausbeuteanalyse oder Fragen der Projektsteuerung) die Aufgabenstellung des Strukturierens von Fertigungswissen auf. In diesem Kontext führt er ein sehr stark vereinfachtes Referenzmodell für die MST-Fertigung ein, das auf einem dreistufigen Ansatz der Charakterisierung der prinzipiellen Geometrieform, der Werkstoffklasse und des Aufbaus des zu fertigenden MST-Produkts beruht. Die Betrachtung einzelner Geometriemerkmale oder technologischer Daten im Sinne von Prozessparametern ist dabei nicht das Ziel des Ansatzes. Von den voranstehend genannten Ansätzen entspricht der Ansatz dennoch am ehesten den strukturierenden Prinzipien von Ontologien.

- Lessmöllmann [LESM92] beschreibt den Einfluss des Fertigungsprozesses (Technologie und Montageprozesse) auf die Produktgestalt und stellt Gestaltungsregeln analog zu den Design Rules der Mikroelektronik vor. Wesentliche Einschränkung des Vorgehensmodells ist die Reduktion der Komplexität auf eine Verfahrenskombination aus Lithographie, Galvanik und verschiedenen Abformungsprozessen (z.B. den LIGA-Prozess).

- Für den Bereich der Mikro-Handhabungstechnik wurde von Lohse an der Uni Nottingham ein auf Ontologien basierender Ansatz vorgestellt, der ein Funktions-Verhaltensmodell in Form strukturierter Informationen zu verfügbaren Maschinen und Regeln zur Entscheidungsunterstützung zur Verfügung stellt [LOHS05].

- Auch die bereits vorgestellten Arbeiten der Universität Siegen im Bereich der Si-MEMS basieren teilweise auf Ontologien zur Strukturierung von Wissen über Fertigungsprozesse und Regeln zur Beschreibung der Abhängigkeiten zwischen Prozessschritten bzw. dem Produktverhalten. Für den Bereich der Si-Mikrosystemtechnik schlägt Wagener [WAGE02] einen XML-basierten Ansatz namens PDML (Process Description Markup Language) vor, der das Datenformat in der Entwicklungsumgebung von PRINCE darstellt. Im EU Projekt „Process Management and Design System for Microsystem Technologies“ [PROM04] wurde das bereits erwähnte „Pretzel“-Model um eine Vorgehensmethodik für die Prozessentwicklung und –steuerung von MEMS- und Mikroelektroniksystemen erweitert. Auf der Ebene des Projektmanagements beschreibt Ortloff [ORTL06] ein Vorgehensmodell für einen systematischen Entwicklungsansatz Si-basierter MEMS Systeme, der im Wesentlichen auf dem PRINCE II Vorgehensmodell, dem „Pretzel“- Modell und einer Infrastruktur zum Management des MST-Produktentwicklungsprozesses beruht. Die Projektergebnisse bildeten die Grundlage des von der Firma Process Relations seit dem Jahre 2007 am Markt angebotenen Werkzeugs XperiDesk. Für die vorliegende Arbeit ist das Werkzeug auch dahingehend von Interesse, da es auch Aspekte des Projektmanagements in einem Ansatz für die Mikrotechnologien – wenn auch für den Bereich der Si-basierten Technologien - berücksichtigt.

- Daneben gibt es nur wenige bekannte, primär auf wissenschaftliche und didaktische Fragestellungen ausgerichtete Arbeiten. Zu nennen ist hier insbesondere das Projekt Transtec [PRIE04], bei dem es um die multimediale Aufbereitung von Lerninhalten der Mikrotechnik unter Nutzung einer Prozesswissensmanagementsoftware geht. Der Schwerpunkt der Arbeiten lag im Transtec Projekt allerdings weniger auf der prozessnahen Beschreibung der Technologien als auf der breitendidaktischen Vermittlung des Fachgebiets der Mikrosystemtechnik.

1.2.4.4 Beschreibung von organisatorischem Wissen - Geschäftsprozessmodellierungs- und Beschreibungssprachen

Neben dem Fachwissen eines Unternehmens spielen die organisatorischen Zusammenhänge eine große Rolle. Informationstechnisch wurde die ganzheitliche Modellierung von Aufbau- und Ablauforganisation schon bereits Anfang der 90er Jahre wissenschaftlich untersucht. Bis hierhin zurück reichen Bestrebungen einen Standard zu schaffen. Ähnlich der Modellierung von Produktdaten befinden sich auch die äquivalenten informationstechnischen Ansätze im Bereich der Beschreibung und Modellierung von Geschäftsprozessen daher immer noch in einer sehr frühen Phase [KLIN06]. Die Strukturierung von Geschäftsprozessen ist trotz der Schwächen im Bereich der Entwicklung von auf einheitlichen Standards aufbauenden Methoden und Werkzeuge ein wesentlicher Bestandteil sowohl der organisatorischen als auch der informationstechnischen Betrachtung von Unternehmensprozessen.

In den betriebswirtschaftlichen Disziplinen wie der Wirtschaftsinformatik finden Geschäftsprozesse deshalb ihre Entsprechung in Modellen zur Beschreibung von Abläufen und Abhängigkeiten. Sie ermöglichen die Strukturierung von Abläufen mit dem Zweck einer Auflösung der Gesamtthematik in kleinere modulare Pakete und dienen als Leitfaden für alle Prozessbeteiligte.

Prozessmodellierung als Methode der Beschreibung von Wissen über Prozesszusammenhänge

Die Zahl der Standards auf dem Gebiet der Geschäftsprozessmodellierung ist kaum überschaubar, auch wenn die Vielzahl der Lösungsvarianten syntaktisch oft sehr ähnlich ist. Die „Unübersichtlichkeit" liegt vor allem an der bislang mangelnden Zusammenarbeit der großen Interessengruppen, der Workflow Management Coalition [WFMC06], der Object Management Group (OMG) [OMG06] und der „Organisation for the Advancement of Structured Information Stands" (OASIS) [OASI06] [ENDL04]. Die Business Process Management Inititative [BPMI06] ist inzwischen in der Object Management Group aufgegangen. Viele der von den voranstehend aufgeführten Inititativen entwickelten Standards finden Anwendung in Vorgehensmodellen wie dem Rational Unified Process bzw. den entsprechenden Softwareanwendungen.

Auf dem Gebiet der Modellierung von Geschäftsprozessen ist in Deutschland die Ereignisorientierte Prozesskette (EPK) die verbreiteste Modellierungssprache [SCHE92]. 1992 von Scheer entwickelt, findet die semiformale grafische Modellierungssprache Anwendung in Produkten wie ARIS zur Unterstützung von Geschäftsprozessoptimierungsprozessen bzw. der Modellierung, Simulation und Überwachung von Workflows auf Geschäftsprozessebene [SCHE02].

Eine weitere häufig verwendete Beschreibungssprache zur Modellierung und Simulation der Ablaufplanung sind Petrinetze. Die statische Ablaufstruktur von Petri-Netzen [ROSE82] wird durch gerichtete Kanten (Verbindungspfeile) und zwei unterschiedliche Klassen von Knoten, den Stellen und Transitionen, dargestellt. Petrinetze werden oft zur Modellierung und Simulation ökonomischer Aspekte in Fertigungsprozessen eingesetzt, da sie zum Einen die Möglichkeit der Hierarchisierung von Prozessstrukturen bieten [VERN96] und zum Anderen auch eine Simulation von Abläufen ermöglichen, indem Marken (Token) den Stellen bzw. Objektspeichern zugeordnet werden, die über die Aktivitäten (Transitionen) weitergereicht werden und somit ermöglichen, zur Laufzeit Ausführungsinformationen weiterzuleiten.

Damit die Notation für automatisierte Prozesse genutzt werden kann, ist ein Metamodell [3] erforderlich. In der Systemanalyse werden Modelle realer Systeme erstellt. Wie die Modelle zu bauen (Syntax) und zu interpretieren (Semantik) sind, wird durch Methoden beschrieben. Es liegt also nahe, auch die Methoden wieder durch Modelle zu beschreiben. Auch hier entstammt einer der bekanntesten Ansätze wiederum aus dem Umfeld der OMG. Die Unified

[3] Metamodelle sind Modelle, die beschreiben, wie Modelle gebaut werden.

Modeling Language (UML) [BURK99] wurde ursprünglich zur Modellierung von Software entwickelt. Daher enthält sie nicht alle Elemente, die zur Modellierung von Geschäftsprozessen notwendig sind, es gibt aber die Möglichkeit über die „Meta Object Facility“ und sogenannte Profile die Sprache zu erweitern.

1.2.4.5 Ganzheitliche Modellierung aufbau- und ablauforganisatorischer Aspekte in der Informationstechnik

Im Rahmen des Computer Integrated Manufacturing (CIM) Booms Anfang der 90er Jahre wurde aus dem Anspruch, eine umfassende Architektur für die Modellierung und die Modellausführung von Unternehmensprozessen zur Verfügung zu stellen, auch die ganzheitliche Beschreibung von Unternehmensabläufen und der Aufbau eines CIM-Standards angegangen. Aufgrund der Komplexität der im Kontext der Arbeiten entwickelten Referenzarchitektur kam der CIM-Open System Architecture-Ansatz CIMOSA [KOSA93] aber niemals über einen europäischen Pre-Standard hinaus. Dennoch wurden hier bereits wichtige Strukturierungsansätze eingeführt: Hierzu gehört zum Beispiel die Betrachtung der Prozesse unter verschiedenen Aspekten (Organisations-, Informations- und Aktivitätssicht). Es wurde eine Modellierung von Geschäftsprozessen in unterschiedlichen Detaillierungs-/ Verfeinerungsebenen mit unterschiedlichen Kontextinformationen vorgeschlagen, die auch die Modellierung der Abhängigkeiten auf den verschiedenen Ebenen zuließen. Am Übergang von Simulation zur realen Auftragsbearbeitung wurde auch erstmals die Modellausführung auf Fertigungsebene gezeigt [DICK94]. Heute beschäftigt sich die Forschung auf dem Gebiet der Modellierung ablauforganisations-relevanten Unternehmensaspekten vor allem mit der Abbildung von organisatorischen Prozessen auf entsprechende informationstechnische Strukturen, was sich aus der Äquivalenz von Geschäftsprozessmodellierungslogik und Workflowlogik als naheliegend erweist Auch zur Betrachtung von Teilaspekten, wie den organisatorischen Aspekten in verteilten Kooperationen finden sich Arbeiten zumeist auf konzeptionellem Gebiet [WEIS02].

Ableitung von Softwarekonzepten aus strategischen und organisatorischen Modellen

Im Kontext einer noch weitergehenden Betrachtung der Verknüpfung des Zusammenhanges zwischen strategischen Zielen innerhalb eines Unternehmens (-netzwerks), organisatorischen Prozessen und deren Abbildung in die Informations- und Kommunikationsinfrastruktur (vgl. auch Kapitel 2 und 3) finden sich bis heute noch sehr wenige Arbeiten. Unter anderem wird unter dem Begriff „Multi Perspective Enterprise Modeling“ (MEMO) [FRAN02] ein Modellierungsframework zur Beschreibung eines Unternehmens aus mehreren Perspektiven (Strategie, Organisation und Informationssysteme) entlang von Unternehmensaspekten (Ressourcen,

Struktur, Prozesse, Ziele) verstanden, wobei die Betrachtung der Zusammenhänge sich in dem genannten Ansatz auf die Präsentation eines Modellierungsansatzes beschränkt.

1.2.5 Kommunikation und Softwarewerkzeuge zur Unterstützung der Kernprozesse in Unternehmenskooperationen

Die Kommunikation – im Sinne des sich über verschiedene Medien Austauschens – spielt eine Hauptrolle in der Unternehmenskooperation. Jeglicher Versuch des Aufbaus einer rein auf Datenaustausch basierenden Zusammenarbeit wird scheitern, da der Mensch an sich ein natürliches Kommunikationsbedürfnis hat. Über die Kommunikation ist es ihm möglich, Vertrauen aufzubauen, das wiederum die Basis für einen Vertrauensvorschuss in der Bereitschaft zum Austausch von Informationen darstellt [NIED04]. Aufgrund der Tatsache, dass eine Unternehmenskooperation in der Regel auf etablierte Kommunikationswerkzeuge zurückgreifen wird, soll, trotz der Bedeutung des Themas für Unternehmenskooperationen, im Rahmen der vorliegenden Arbeit auf eine detailliertere Vorstellung des Stands der Entwicklung verzichtet werden. Das wesentliche Element der wissenschaftlichen Untersuchungen für die vorliegende Arbeit, besteht darin, dass – je nach Situation - unterschiedliche Kommunikationstypen unterschiedlich geeignet sind bzw. zum Teil sogar die falsche Wahl eines Werkzeugs kontraproduktiv sein kann. Nachfolgend werden die beiden wichtigsten Klassifizierungsarten zusammengefasst:

- Klassifizierung nach Raum. Hier wird zwischen einer räumlichen Interaktion der Beteiligten („Face-to-Face“ Kommunikation) oder einer verteilte Kommunikation unterschieden
- Klassifizierung nach Zeit. Hier wird zwischen synchroner Kommunikation (z.B. Projekttreffen Telefongespräche u. -konferenzen, Videokonferenzen oder “, Instant Messaging“-Werkzeuge) und asynchroner Kommunikation (z.B. Fax, Datentransfer oder Email) unterschieden.

Die Wahl von - dem jeweiligen Bedarf angepassten - Kombinationen resultiert aus den Anforderungen der jeweiligen Aufgabe und dem Grad an Vertrauen zwischen den Partnern (vgl. Abs. 1.2.7). Eine ausführlichere Beschreibung des Stands der Entwicklung mit weiteren Klassifizierungsmechanismen für das Themenfeld „Kommunikation“ ist in Anhang 7.3.12 enthalten.

Softwarewerkzeuge

In Unternehmen wie auch in Unternehmenskooperationen finden sich zur Unterstützung der in den voranstehenden Unterabschnitten vorgestellten organisatorischen, betriebswirtschaftlichen und technischen Prozesse verschiedenste Typen von sich ergänzenden Softwarewerkzeugen – die betrieblichen Softwaresysteme. Die Systeme bauen meist auf heterogenen Lösungen auf.

Informationssysteme lassen sich analog zu den Kern- und Supportprozessen eines Unternehmens gliedern [SCHE02]. Müller [MUEL06] unterteilt die Systeme in Administrations- und Dispositionssysteme für den betriebswirtschaftlichen Bereich, Führungssysteme für den Bereich der Planung und des Controlling, sowie der Querschnittsysteme für den innerbetrieblichen Informationsaustausch (Abbildung 1-6). Der Ansatz erweist sich auch für das im Rahmen der vorliegenden Arbeit zu entwickelnde, modifizierte bzw. neu zu konzipierende Konzept einer Informations- und Wissensmanagement-Infrastruktur als sehr geeignet.

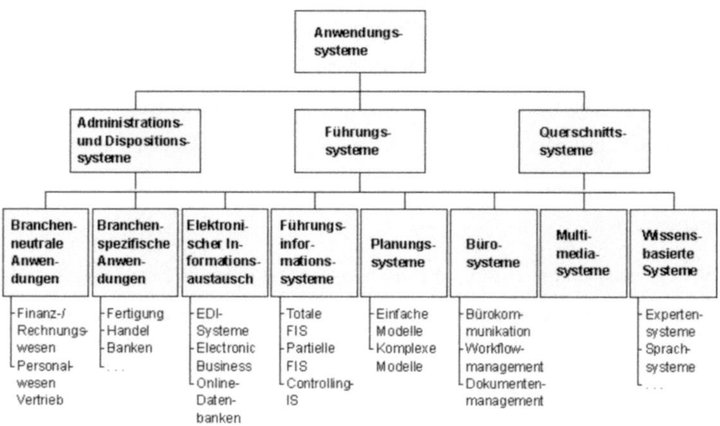

Abbildung 1-6 Kategorisierung von Anwendungssystemen in der Wirtschaftsinformatik [MUEL06]

Im folgenden Abschnitt wird auf die Zielsetzungen und wesentlichen Merkmale ausgewählte Systeme zur Unterstützung der administrativen, dispositiven Aufgaben, der Unterstützung des Managements, sowie relevante Systeme zur Unterstützung von Querschnittsaufgaben näher eingegangen. Der Schwerpunkt der Betrachtung liegt dabei auf den für die spätere Bearbeitung der Aufgabe wichtigen Werkzeugen zur Zusammenarbeit sowie auf Informations- und Wissensmanagementwerkzeugen.

1.2.5.1 Querschnittsysteme

Querschnittsysteme unterstützen den innerbetrieblichen Informationsaustausch, die Bürokommunikation und das Dokumentenmanagement innerhalb einer Organisation.

Werkzeuge zur zeitnahen Zusammenarbeit: Computer Supported Cooperative Work (CSCW)

In den letzten Jahren haben sich im Bereich der anwendungsnahen Forschung viele wissenschaftliche Gruppen mit der Entwicklung von Werkzeugen zur zeitnahen Zusammenarbeit beschäftigt. Es wird dabei zwischen Werkzeugen zur Unterstützung des Prozesses der Leistungserstellung in verteilten Teams („Shared Collaboration“) und Werkzeugen zum gemeinsamen Zugriff auf Arbeitsdokumente oder Arbeitsergebnisse („Shared workspace“) unterschieden. Während bei den „Shared Collaboration“ - Werkzeugen der Schwerpunkt auf der gemeinsamen, in der Regel aber asynchronen Bearbeitung von Dokumenten, CAD-Modellen etc. liegt, geht es bei den letzteren Werkzeugen um den (gleichzeitigen, synchronen) Zugriff auf gemeinsame Datenbestände. Charakteristisch für beide ist jedoch, dass sich ihre Hauptfunktion in der Unterstützung des Prozesses der Teamarbeit festmachen lässt. Dies unterscheidet sie zum Beispiel von den Informationssystemen, deren Schwerpunkt primär auf der strukturierten Speicherung von Arbeitsergebnissen liegt.

„Shared Modeling“-Werkzeuge

Nachfolgend soll aus dem Bereich der „Shared Modeling“ - Werkzeuge- (gemeinsames Erstellen und Bearbeiten von CAD-Modellen) beispielhaft das Softwaresystem CoCreate OneSpace.net zur gemeinsamen CAD-Datenbearbeitung vorgestellt werden, das die wichtigsten Anforderungen an ein Shared Modeling System repräsentiert. Jeder Partner kann auf seinem eigenen CAD-System arbeiten. OneSpace.net konvertiert die nativen Formate der beteiligten Systeme in ein eigenes internes Format (OneSpace-Collaboration). Dabei werden sowohl 2-D-Zeichnungen als auch 3-D-Modelle unterstützt. OneSpace.net dient darüber hinaus als virtueller Konferenzraum, in den CAD-Konstruktionen von verteilt arbeitenden Personen eingebracht und bearbeitet werden können. So können Maße abgenommen, Schnitte erstellt sowie physikalische Eigenschaften wie z. B. Volumen berechnet werden. Eine Funktion zur Rücktransformation in die einzelnen CAD-Formate ist bisher allerdings aufgrund der Komplexität und Verschiedenheit der einzelnen Formate noch nicht vorhanden. OneSpace.net verfügt über ein ausgeklügeltes Sicherheitskonzept für den Einsatz in verschiedenen Umgebungen (Intranet, Internet).

„Shared Collaboration“ Werkzeuge

Der Schwerpunkt von „Shared collaboration“ Anwendungen liegt vor allem auf Funktionen, die die Zusammenarbeit im Team unterstützen. Charakteristisch hierfür sind:

- „Groupware“-Funktionen[4] zur Planung gemeinsamer Termine
- ausgeprägtes Rollenkonzept zur Sicherstellung der Vertraulichkeit
- Versionierung von Dokumenten
- einfacher Zugriff von verteilten Standorten (oft über webbasierte Bedienerschnittstellen)
- einfache Verschlagwortung der Dokumente zur übersichtlichen Charakterisierung der Inhalte.
- Kommerzielle Softwarelösungen basieren zumeist auf dateibasierten Systemen oder auf Datenbankanwendungen, die jeweils um eine Anwendungslogik erweitert wurden.

Informations- und Wissensmanagementsysteme

Informations- und Wissensmanagementsysteme für den industriellen Bereich dienen im Kontext einer vertrauensvollen Zusammenarbeit zur gemeinsamen Nutzung von Informationen in Teams. Während „Shared Collaboration“- Werkzeuge primär auf den Dialog der Beteiligten entlang der Unternehmensprozesse ausgerichtet sind, dienen die Informations- und Wissensmanagementsysteme vor allem zur nachhaltigen Interpretation, Aufbereitung und Dokumentation der Informationen im Sinne des bereits erläuterten Wissensmanagements.

Die meisten Informations- und vor allem Wissensmanagementsysteme basieren auf dem Prinzip, Inhalte zu strukturieren und Beziehungen zwischen Inhalten zu modellieren. Die dabei entstehenden semantischen Netze verwenden die Möglichkeiten der formalen Beschreibung von Zusammenhängen. Ein mehr oder weniger ausgeprägtes Regelwerk zur Einhaltung von bestimmten Kriterien ergänzt dabei die formale Beschreibung. Weit verbreitet sind hinsichtlich der Komplexität eingeschränkte Formen wie z. B. Taxonomien zur Gliederung von Dingen nach einer bestimmten Eigenschaft.

Anwendungsfelder von Wissensmanagementsystemen im Unternehmen reichen von themenspezifischen mit Metainformationen versehenen Informationsplattformen über Anwendungen im Personalwesen (Skill-Datenbanken zur Erfassung der Fachkompetenz der Mitarbeiter) bis

[4] Unter dem Begriff „Groupware“ wird Software zur Unterstützung der Zusammenarbeit in einer Gruppe über zeitliche und/oder räumliche Distanz hinweg verstanden. Zu den typische Groupware-Funktionen gehören Aufgaben und Terminplanungen, gemeinsame Dateiablage, Kontakteverwaltung, sowie auch einfache Workflowfunktinen.

hin zu Expertensystemen zu speziellen Fragestellungen aus Technik und Organisation oder auch dem Vertrieb (Beispiel: Customer Relationship Managementsysteme).

Werkzeuge zur grafischen Darstellung von Wissen

In der Regel wird die Darstellung von Wissen über Verknüpfungen zwischen Informationselementen realisiert. Die Grundlagen hierzu sind schon lange bekannt (z.B. Literaturreferenzen in Büchern), haben aber seit der Erfindung des Internets eine neue Qualität und Bedeutung erhalten.

Neben der inzwischen schon als „klassisch" zu bezeichnenden, textorientierten Darstellung des Hyperlinks gibt es noch weitere Möglichkeiten, Relationen zwischen Daten und Informationen bedienergerecht darzustellen. Dazu gehören vor allem grafische Darstellungen der Zusammenhänge, die sich besonders zur Übersichtspräsentation des vorhandenen Wissens eignen. So lässt sich z. B. technisches Wissen in einer Mindmap[5] hierarchisch strukturieren und übersichtlich darstellen. An die Knoten der Baumstruktur können dabei einzelne Daten, Textnotizen, Grafiken oder Hyperlinks angehängt werden. Oftmals sind jedoch zweidimensionale Darstellungen dafür nicht ausreichend. Hier greifen Ansätze, die auf der Visualisierung von Topic Maps [6] beruhen. Mit Hilfe von Topic Maps lassen sich kontextbezogen Beziehungen und Informationen zu einem Thema/Gegenstand in unterschiedlichen Dimensionen abbilden. Gerade in den Brainstorming-Phasen eines Entwicklungsprozess sind Ansätze auf der Basis solcher Konzepte gut einsetzbar.

1.2.5.2 Administrations- und Dispositionssysteme

Administrations- und Dispositionssysteme unterstützen die Koordination bei der Durchführung der planerischen Aufgaben entlang des operativen Geschäfts. Am Markt haben sich integrierte Systeme zur Unternehmensplanung und –steuerung ab einer mittleren Unternehmensgröße durchgesetzt.

Unternehmensplanungs- und Steuerungssoftware

Bei der Produktionsplanung und Leistungsgestaltung wird von Unternehmen in allen Branchen auf betriebswirtschaftlicher Ebene auf spezialisierte Softwarelösungen wie z. B. Enterp-

---

[5] Eine **Mind Map** *(Gedankenkarte)* ist eine grafische Darstellung, die Beziehungen zwischen verschiedenen Begriffen aufzeigt [BUZA02].

[6] **Topic Maps** (*Themenlandkarten*) bauen auf einem abstraktes Modell und einem dazugehöriges SGML- beziehungsweise XML-basierten Datenformat zur Formulierung von Ontologien auf [SMOL06].

rise Resource Planning (ERP) Systeme zur Unterstützung der betrieblichen Zieloptimierung zurückgegriffen. Die Kernaufgabe eines ERP-Systems ist die bedarfsgerechte Planung von Ressourcen und Kapazitäten (Material, Personal, Maschinen, Zeit, etc.). Zumeist geschieht die Planung entlang der Definition von Stücklisten und Arbeitsplänen. ERP-Systeme verfügen meistens aufgrund ihrer übergeordneten Aufgabenstellungen über Schnittstellen zum internen Datenaustausch vor allem mit der Fertigungsebene. Für den Bereich der verteilten Auftragssteuerung existieren Lösungen für den Datenaustausch mit externen Systemen, da Unternehmensnetzwerke im Fertigungsbereich schon seit vielen Jahren arbeitsteilig wirtschaften (vgl. Kap. 1.2.1). Eine weitere Kernfunktion von ERP-Systemen besteht in der Abwicklung vertrieblicher Prozesse. Der Ablauf erfolgt neben branchenspezifischen Lösungen entlang des Standardvertriebsprozesses für Unternehmen, wie er auch für die Zusammenarbeit von Unternehmen Gültigkeit besitzt und in Abbildung 1-7 dargestellt ist.

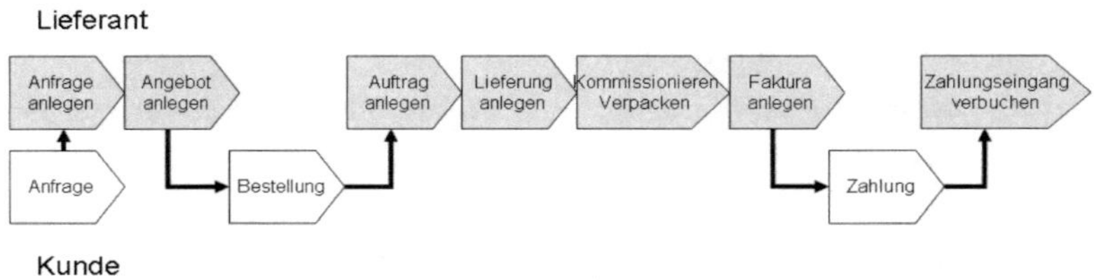

Abbildung 1-7 Vertriebsprozess in produzierenden Organisationen [MWF04]

Im Bereich des seit einigen Jahren standardisierten elektronischen Datenaustauschs (EDI) zum Austausch von Auftragsdaten werden zunehmend definierte Auszeichnungssprachen bzw. XML-Formate wie das auf EDIFACT-basierte Guidline XML (gXML) oder Electronic Business XML (ebXML) eingesetzt, die das alte EDIFact Format ersetzen werden. XML ist selbst keine Sprache, sondern stellt ein Set von Regeln zur Strukturierung und Speicherung von Daten bereit. XML kann heute als die Basistechnologie zur Strukturierung und Übermittlung von Daten betrachtet werden. Die Implementierung von XML erfolgt zumeist als domänenspezifische Beschreibungssprache und findet Anwendung in allen Technologiefeldern [RAYT01].

Produktdatenmanagementsysteme

Einhergehend mit dem hohen Integrationsgrad und der hohen Datenerfassungsdichte von ERP-Systemen kommen auch Produktdatenmanagement(PDM) –Systeme zum Einsatz. PDM-Systeme sind laut VDI-Richtlinie 2219 technische Datenbank- und Kommunikationssysteme, die dazu dienen, Informationen über Produkte und deren Entstehungsprozesse bzw. Lebenszyklen konsistent zu speichern, zu verwalten und transparent für alle Bereiche eines Unternehmens bereitzustellen. Sie übernehmen damit eine Rückgratfunktion für den gesamten Informations- und Koordinationsprozess, der gerade in Entwicklungsabläufen eine wesentliche Rolle spielt. Indem PDM-Systeme alle Applikationen, die während des Entwicklungsprozesses benötigt werden, durch Schnittstellen zu einem Gesamtsystem verbinden, stellen sie eine Integrationsplattform dar [JENN01].

Manufacturing Execution-Systeme

Manufacturing Execution Systeme (MES) als Teilgebiet der PDM-Systeme schließen die "Lücke" in den Unternehmen zwischen der Auftragsplanung und der Fertigungssteuerung [PEHL05]. Als integrierendes Zwischenstück verbindet MES Auftragsbearbeitung der ERP-Ebene mit den Prozessleit- und Steuerungssystemen auf Fertigungsebene. Abbildung 1-8 zeigt in einer modifizierten Darstellung des hierarchischen Ebenenmodells nach DIN EN 62264-1 [EDIN08] die Einbindung der MES als Bindeglied auf Betriebsleitebene (Ebene 3) zum Datenaustausch produktions- und auftragsbezogener Daten zwischen der Unternehmens-Ebene (Ebene 4) und der Prozessleit- bzw. Feldebene (im Bild „Kontroll-und Automatisierungsebenen (DIN EN 62264-1 Ebene 1 und 2)".

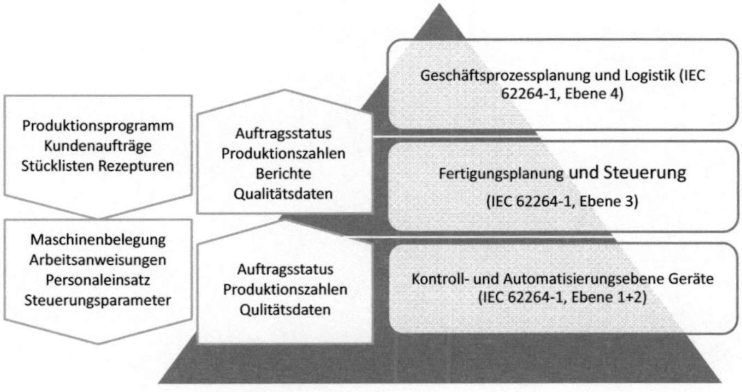

Abbildung 1-8 Austausch von Betriebsdaten in Anlehnung an das hierarchischen Ebenenmodell nach IEC 62264-1[EDIN08]

1.2.5.3 Projektmanagementwerkzeuge

Projektmanagementwerkzeuge dienen zur Planung und Steuerung von Prozessen im Unternehmen. Scheer unterscheidet in seinem Y-Modell zunächst zwischen den beiden Kernunternehmensaktivitäten Logistik und Leistungserstellung, die sich grob in eine Produktplanungs- und Durchführungsphase gliedern lassen. Unterstützt wird die Bearbeitung der beiden Kernaufgaben durch verschiedene Supportprozessen und Querschnittsaufgaben [SCHE02]. Jedem Teilprozess innerhalb der beiden Aufgaben lassen sich Methoden und Werkzeuge zuordnen, die die Durchführung dieser Aufgaben unterstützen. In Abbildung 1-9 sind die wichtigsten Prozesse und ihre Abhängigkeiten grafisch dargestellt. Ebenfalls wird der Produktdatenaustauschs im Rahmen eines zentralen Produktdatenmanagements als eine übergeordnete und gleichzeitig verbindende Instanz dargestellt.

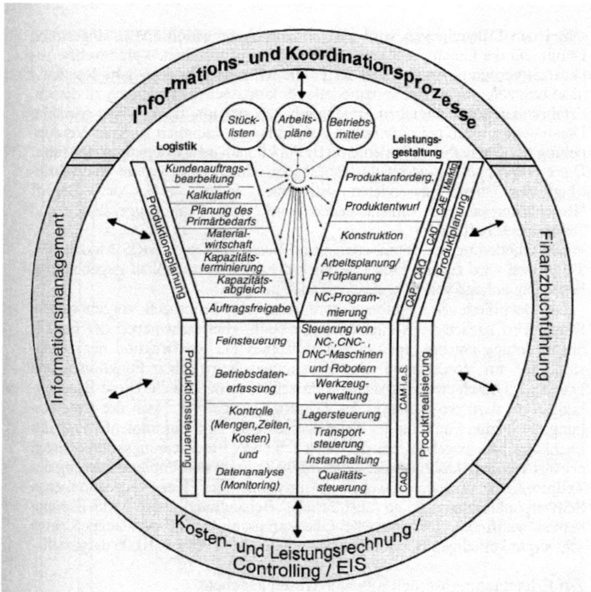

Abbildung 1-9 Auftragsbezogene Geschäftsprozesse aus Sicht der Informationstechnik [SCHE02]

Projektplanungs- und -Kontrollsoftware

Projektplanungs- und -Kontrollsoftware dient zumeist zur Verfolgung des Projektvorgehens auf Managementebene (vgl. auch Abs. 2.4). Mit Hilfe dieser Systeme werden auf Managementebene Zeitpläne erstellt und Ressourcen verwaltet. Größere Systeme unterstützen auch Mehrprojekttechniken, die die Überwachung aller relevanten Projekte auf Unternehmensebene erlauben. Je nach Grad der Verknüpfung mit anderen Systemen oder auch eigenem

Funktionsumfang unterstützen die Systeme auch die Ressourcenplanung und Kapazitätsterminierung bzw. auch eine worfklowbasierte, teilautomatisierte Aufgabenkontrolle.

Management-Dashboard und Management Cockpit

Die Begriffe „Management-Dashboard" und „Management Cockpit" sind Begriffe, die aus der Betriebswirtschaft entlehnt sind. In Anlehnung an die Begriffswelt des Automobils soll der Anspruch von „Dashboard" Konzepten zur Kontrolle der Umsetzung von Unternehmensinitiativen dienen. Die beiden Begriffe werden bislang insbesondere von Softwareanbietern genutzt. Eine explizite wissenschaftliche Untersuchung der Softwareaspekte des Themas ist nicht bekannt.

- Als „Management-Cockpit" wird die strukturierte und kompakte Darstellung aller wesentlichen Informationen über ein Steuerungsobjekt bezeichnet, wobei die Informationen üblicherweise auf Basis eines Softwaresystems grafisch aufbereitet werden.
- Das Management-Dashboard enthält nur die wichtigsten Informationen für den Manager und soll auf akuten Handlungsbedarf hinweisen, enthält also noch weniger Detailinformationen als ein Management-Cockpit.

Management Dashboard-Software wird zum Teil als Modul von ERP-Systemen oder auch auf eigenständigen Datenbanklösungen angeboten.

Betriebswirtschaftliche Simulations- und Modellierungssoftware

Geschäftsprozessmodellierungs- und -simulationssoftware unterstützt die Beschreibung eines Unternehmensprozesses mit Hilfe von Modellierungselementen, wie Vorgänge, Ereignisse, Zustände, Bearbeiter, Organisationseinheiten und Ressourcen. Die bekannteste Anwendungssoftware auf diesem Gebiet ist das Produkt ARIS von IDW Scheer [SCHE01] auf der Basis der ereignisorientierten Prozessketten. Andere Modellierungswerkzeuge wie das Werkzeug Income der Firma Promatis [STUC04] nutzen petrinetz-basierte Ansätze.

1.2.6 Integrationskonzepte zur Unterstützung von Unternehmensprozessen

Aufgrund der immer größer werdenden Zahl an Softwarewerkzeugen wächst der Bedarf nach integrierenden Konzepten in den Unternehmen stetig. Im Bereich der Großindustrie können sich hier große Anbieter wie SAP oder Oracle positionieren, obwohl selbst beid den beiden Marktführern die Integration zwar weit vorangeschritten, aber noch lange nicht abgeschlossen ist. Für den Mittelstand sind praktikable und vor allem bezahlbare Lösungen noch weit entfernt. Dementsprechend war und ist die Betrachtung von integrierten Informations- und Kommunikationsstrategien und –systemen zur Unterstützung technischer und organisatorischer Prozesse in verteilten Organisationen Gegenstand vieler Projekte und wissenschaftlicher Arbeiten [VIPR04].

Müller [MUEL99] untersucht in seiner Dissertation „Der virtuelle Projektraum“ als einer der ersten den Zusammenhang zwischen Organisation, Kooperationsmodell und Informationssystemen anhand eines Beispiels aus dem Bauwesen. Der Schwerpunkt der Arbeiten liegt jedoch auf der Umsetzung von Maßnahmen zur Unterstützung von Kommunikationsabläufen und beachtet nicht die besonderen Anforderungen einer prozessorientierten Ablauforganisation. Da jedes Unternehmen eine eigene gewachsene Softwarearchitektur besitzt, ist es sinnvoll, sich auf der Ebene der Planung und Steuerung von überbetrieblichen Abläufen mit einer Vernetzung von existierenden Systemen auseinanderzusetzen. Auf der Planungs- und Steuerungsebene ist dabei die Unterstützung vertrieblicher Prozesse, des Leistungsentwurfs sowie übergreifende Informations- und Koordinationssysteme angesiedelt. Unter Leistungsentwurf werden hierbei insbesondere die Produktplanung und –realisierung, aber auch die Produktionsplanung und –steuerung verstanden.

1.2.6.1 Enterprise Application Integration

Während die meisten der frühen Kooperationsprojekte zu virtuellen Unternehmen mit dem Schwerpunkt der Softwareintegration (vgl. Anhang 7.3.8) noch die Entwicklung einer „monolithischen“ Datenverarbeitungs-Struktur (DV) vorsahen, gingen spätere Projekte von einer heterogenen informationstechnischen Unternehmenslandschaft aus. Schon innerhalb eines Unternehmens ist es nahezu unmöglich, eine homogene Software zu etablieren. Der in den Unternehmen(-sbereichen) wegen der hohen Kosten für Ersatzinstallation bzw. Umrüstung vorherrschende Wunsch, möglichst keine Änderungen an der eigenen Software durchführen zu müssen nimmt noch an Bedeutung zu, wenn heterogene Informationssysteme unterschiedlicher Unternehmen miteinander verknüpft werden sollen. Aus der damit einhergehenden intraorganisationalen Aufgabenstellung heraus entstand zunächst der Ansatz der Enterprise Application Integration (EAI). EAI bezeichnet einen umfassenden Ansatz zur Integration von Anwendungssystemen, der den Austausch von Informationen zwischen Anwendungen im Unternehmen und über Unternehmensgrenzen hinweg ohne wesentliche Veränderungen der existierenden Systeme ermöglicht [KAIB02]. In Erweiterung zu den traditionellen Integrationsansätzen baut der EAI-Ansatz auf den Konzepten auf und versucht ihre Nachteile auszugleichen. Tabelle 1-2 stellt zusammenfassend den EAI-Lösungsansatz den traditionellen Integrationsansätzen gegenüber:

Merkmal	Traditionelle Integrationsansätze	EAI
Integrationsgegenstand	Daten und Programme	Daten, Programme und Prozesse
Schnittstellenkonzeption	Punkt-zu-Punkt-Verbindungen	Zentrale EAI-Komponente
Integrationszeitpunkt	Ad-hoc-Integration bei Bedarf	Flexible Integrationsinfrastruktur
Integrationsmethode	Eigenentwicklung durch Programmierung von Daten-export/-import-Programmen und Anwendung traditioneller Middleware (statisch)	Konfiguration vorgefertigter, Middlewarebasierter Integrationslösungen (konfigurierbar)
Abhängigkeiten	Anwendungs- und technologieabhängig	Anwendungs- und technologieunabhängig

Tabelle 1-2 Gegenüberstellung von traditionellen Integrationsansätzen und EAI [KAIB02]

Der EAI-Ansatz zur Integration von Anwendungssystemen lässt sich sowohl inner- als auch zwischenbetrieblich definieren.

Kernelemente der Enterprise Application Integration

Die funktionalen Bestandteile der EAI können je nach Anbieter unterschiedlichen Umfang und je nach zugrunde liegender Technik unterschiedliche Ausprägungen aufweisen. Kaib identifiziert Adapter, Middleware, Nachrichtenmanagement, Prozessmanagement, Metadatenbank und Zusatzdienste als Hauptfunktionselemente [KAIB02].

Während Adapter als vorgefertigte Softwarebausteine die Kommunikation auf physikalischer Ebene zwischen der EAI-Laufzeitumgebung und den integrierten Anwendungen unterstützen, stellt die Middleware (auch Zwischenanwendung) den zentralen Bestandteil einer EAI-Lösung dar und unterstützt die Kommunikation auf syntaktischer Ebene. Middleware bezeichnet in der Informatik anwendungsunabhängige Technologien, die Dienstleistungen zur Vermittlung zwischen Anwendungen anbieten, so dass die Komplexität der zugrunde liegenden Applikationen und Infrastruktur verborgen wird [RUHM01]. Für die Verbindung auf semantischer Ebene (Programmintegration) ist das Nachrichtenmanagement zuständig, das im wesentlichen Transformations- und Synchronisationsdienste bereithält. Während durch die Transformationsdienste die bereitgestellten Daten in vom Zielsystem interpretierbare Formate umgewandelt werden, regeln Synchronisationsdienste den zeitlichen Ablauf des Zusammenspiels verschiedener Anwendungssysteme.

Das Prozessmanagement zur Unterstützung von Geschäftsprozessen baut auf den Nachrichtenmanagementdiensten und der Middleware auf, unterstützt die Prozessintegration und stellt somit ein wesentliches Merkmal zur Differenzierung zwischen traditionellen Middlewarebasierte Lösungsansätzen und dem EAI-Integrationsansatz dar. Es umfasst die Prozessmodellierung, die Prozesssteuerung als Ausführung eines Workflows sowie die Prozesskontrolle (Monitoring) mit Prozessoptimierung. Weiterhin kennzeichnet eine EAI-Lösung eine Metadatenbank (Repository) aus, in der Informationen über die eingebundenen Komponenten und ihre Integrationsbeziehungen gespeichert werden. Schließlich gehören zu einer EAI-Lösung auch Zusatzdienste wie Systemmanagementdienste für Konfigurations-, Fehler- und Leistungsmanagement (insbesondere für Authentifizierung, Autorisierung und Auditing) sowie beispielsweise Versionsmanagement-Dienste und Tools zur Entwicklungsunterstützung.

EAI-Architekturen

Bei der EAI handelt es sich in erster Linie um einen Integrationsansatz. Dieser Ansatz kann in unterschiedlicher Kombination von Systemarchitektur, Technik und Verfahren durch ein Softwareprodukt realisiert werden. Traditionellen Integrationsansätzen wie der Punkt-zu-Punkt-Verbindungen steht die Middlewarebasierten Integration gegenüber [WINK01]. Mit Hilfe von Punkt-zu-Punkt-Verbindungen lassen sich zwar auf das Quell- und Zielsystem gut angepasste Integrationslösungen entwickeln, aber mit zunehmender Zahl von Systemen, die miteinander kommunizieren sollen, kommt es oft zu der sog. chaotischen Schnittstellenlandschaft mit hohen Betriebskosten für ihre Wartung. Aufbauend auf der für die Middleware typischen Drei-Schicht-Architektur (Präsentation, Verarbeitung, Datenhaltung) [RAUH03] können drei grundlegende Integrationskonzepte aufgezählt werden:

- Präsentationsintegration (Integrationsgegenstand: Programme)
- Datenintegration (Integrationsgegenstand: Daten)
- Funktionsintegration (Integrationsgegenstand: betriebliche Funktionen).

Weitere Integrationsmerkmale sind die Reichweite (inner- oder zwischenbetrieblich) sowie die Integrationsrichtung (vertikal als Datenverdichtung für Planungs- und Kontrollsysteme oder horizontal entlang der betrieblichen Wertschöpfungskette) [LINS95].

Bei dem im Kontext der späteren Umsetzung besonders interessierenden Konzept der Datenintegration wird direkt auf die Datenbank einer Anwendung zugegriffen. Durch die Datenintegration, die durch die gemeinsame Datennutzung von verschiedenen Software-systemen kennzeichnet ist, soll generell eine redundante Datenhaltung vermieden werden [FISC02]. Im Rahmen der Datenintegration werden zunächst die gemeinsam genutzten Daten innerhalb eines Unternehmens und ihre konzeptionellen Zusammenhänge unabhängig vom jeweiligen System-Format betrachtet. Weitere Aspekte wie die Festlegung der Prioritäten der verschiedenen Systeme beim Zugriff auf die Daten („master"- oder „slave"-Betrieb) und die Zugriffsrechte für Applikationen und/oder Benutzer vervollständigen die Konzeption eines Datenintegrationsansatzes. Bei der Realisierung der Datenintegrität (technischer Aspekt) unterscheidet man zwischen einer echten Datenintegrität und einer Datenkopplung. Im Gegensatz zu einer echten Datenintegrität, die durch eine gemeinsame Datenbank charakterisiert wird, ist bei der Kopplung die Datenredundanz unvermeidbar, da alle beteiligten Systeme die gemeinsamen Daten jeweils in ihrer lokalen Datenbank halten. Abbildung 1-10 veranschaulicht die beiden grundsätzlichen Realisierungsmöglichkeiten.

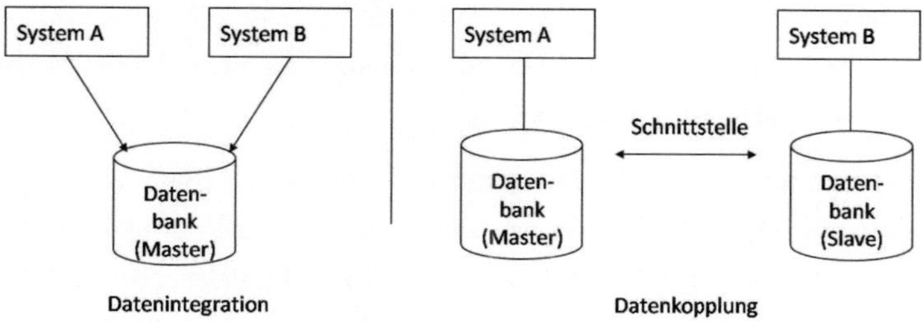

Abbildung 1-10 Echte Datenintegration und Datenkopplung [FISC02]

Einer der bekanntesten Vertreter der EAI ist dabei die SAP NetWeaver Integrationsumgebung, die EAI-Funktionalität über die Unterstützung von Integrationsplattformen wie J2EE und Microsoft.Net auf der Basis der in Abs. 1.2.6 erwähnten Datenintegrationsansätze anbietet. Die Netweaver Plattform verfolgt dabei inzwischen zusätzlich auch das Konzept der Serviceorientierten Architektur (SOA), was zusätzlich noch einem höheren Integrationsgrad auf der Basis von Diensten bietet.

1.2.6.2 Serviceorientierte Architekturen

Der Begriff "Serviceorientierte Architektur" (SOA) umfasst eine erst in jüngster Zeit aufkommende Umorientierung auch der Architektur von Software hin zu einem eher flexiblen Ansatz der Kombination von Services. Ein „Service“ ist im SOA-Kontext als eine Funktionalität definiert, die über eine standardisierte Schnittstelle in Anspruch genommen werden kann [WOOD06]. Das bedeutet für die Entwicklung von betrieblichen Softwareinfrastrukturen, dass zunehmend die Geschäftsprozesse und nicht mehr wie bisher die Applikationen im Vordergrund stehen werden. Alle Teilprozesse werden mittels einer übergeordneten standardisierten Integrationslogik kontrolliert. Das SOA-Systemkonzept sieht dabei die Bereitstellung fachlicher Dienste und Funktionalitäten in Form von Services vor.

Webservices

Im Kontext der Nutzung von Web-Services haben sich mittlerweile die Standards SOAP, WDSL und UDDI etabliert [KAIB02]:

- SOAP (Simple Object Access Protocol) ist ein Protokoll zum Austausch von Nachrichten.
- WSDL (Web Services Description Language) beschreibt in einer XML-Datei, was der Web-Service leistet, mit welchen Parametern er aufgerufen wird und welche Werte er zurückliefert.
- UDDI (Universal Description, Discovery and Integration) als Verzeichnisdienst ermöglicht das schnelle Finden von Web-Services.

Web-Services kommunizieren über XML. Dabei kristallisiert sich BPEL (Business Process Execution Language) als neu aufkommender Standard heraus. Er beschreibt in XML die Prozessabläufe sowie deren Schnittstellen. BPML verknüpft durch WSDL beschriebene Web Services zu Geschäftsprozessen. Eine grafische Darstellung kann dabei beispielsweise durch die BPM Notation erfolgen. Die Besonderheit von BPML ist die Definition von echten Unterprozessen und Transaktionen. Durch Nutzung von XML können beliebige Web-Services auch unterschiedlicher Hersteller angesprochen werden.

Das SOA-Managementkonzept strebt dabei eine an den Geschäftsprozessen ausgerichtete IT-Infrastruktur an, die schnell auf veränderte Anforderungen im Geschäftsumfeld reagieren kann, indem „bedarfsgerecht" Geschäftsprozesselementen Dienste zur Unterstützung der Modellausführung zugeordnet werden können. Im Bezug auf die bedarfsorientierte Ausrichtung eignet es sich hervorragend für die Vernetzung von KMU´s.

Webservices in betriebswirtschaftlichen Anwendungen

Die Verfügbarkeit von betrieblichen Softwarelösungen auf der Basis von SOA ist momentan noch gering und stellt damit auch noch für die nächsten Jahre eine sehr große Hürde für die bedarfsgerechte Informationsintegration dar. Neben vielen weiteren angekündigte Lösungen, die im Prinzip auf der Bereitstellung von XML-Schnittstellen basieren, hat die Firma IDS-Scheer, als Marktführer in Kooperation mit SAP einen ganzheitlichen Ansatz von der Modellierung in ARIS bis hin zur Modellausführung vorgestellt. Im Rahmen der Weiterentwicklung des SOA-Ansatzes soll ein Konzept entwickelt werden, in dem aus der Modellierung eines Unternehmens in ARIS heraus in Form von Webdiensten SAP-Module bedarfsorientiert zusammengestellt und konfiguriert werden können [CHAL06]. So sollen in ARIS Module der Geschäftsprozessmodellierung mit Elementen der Finanzbuchhaltung, des Kundenkontaktmanagements u.a.m. in einer ablauforientierten Form auf der Basis von Workflows kombiniert werden [KLUE06]. Webservices als Ausprägungen einer serviceorientierten Architektur finden zunehmend auch im technischen Umfeld Anwendung. Ein Beispiel aus dem direkten inhaltlichen Umfeld der vorliegenden Arbeit hierfür ist z.B. die Abbildung eines Silizium-Mikrosystemtechnik-Entwicklungsvorgehensmodells [SCHM04].

Softwaretechnische Ansätze zur Datenintegration

Im Umfeld der serviceorientierten Architekturen wie auch der Enterprise Application Integration wurden Methoden und Werkzeuge zur Verknüpfung loser Anwendungsprogramme auf der Basis von Geschäftsprozessen entwickelt. Technologien Protokolle und Konzepte in diesem Umfeld sind [SCHP02]:

- Remote Data Access (RDA)
- Remote Procedure Call (RPC)
- Distributed Transaction Processing (DTP)
- DCOM und RMI
- Object Middleware
- Message Oriented Middleware (MOM)
- Component Middleware
- Datenkopplung von Datenbanken.

Eine detailliertere Vorstellung und Diskussion der voranstehend aufgelisteten Ansätze zur Softwareintegration ist in Anhang 7.3.13 zusammengefasst.

1.2.7 Vertrauen in Unternehmenskooperationen

Die Organisationspsychologie beschäftigt sich seit einigen Jahren intensiv mit der Frage des Vertrauens [SENG94] und Vertrauensmanagements in verteilten Teams [WONM00] [ZIMM03], das durch den mit der Virtualisierung von Abläufen einhergehenden Verlust der „Face-to-Face Kommunikation“ [FRIE00] zunehmend an Bedeutung gewinnt.

Die Herstellung einer vertrauensvollen Umgebung in Kooperationen ist ein wesentlicher, weiterer Erfolgsfaktor neben den bisher bei der Erarbeitung des Entwicklungsstands betrachteten Aspekten. Unternehmenskooperationen sind zwar theoretisch rational an den Anforderungen des Marktes orientiert und verfügen zumindest teilweise über eine klare Organisation. Dennoch fehlt ihnen zum Beispiel der disziplinarische Durchgriff sowohl von den Partnern zur Koordination als auch umgekehrt. Dadurch sehen sich die Partner vor allem in verteilten Teams mit einer „Unsicherheit“ konfrontiert, die im Einzelfall die Entscheidungsfindung beeinflussen kann [BROS98].

Das Vertrauen als kritische Erfolgsgröße übernimmt hier eine wichtige Koordinationsfunktion. Die in einer Unternehmenskooperation herrschende Komplexität der unternehmensübergreifenden Abläufe, gegenseitigen Abhängigkeiten und ein hohes Maß an Unsicherheit in der Zusammenarbeit erschweren die Entscheidungsfindung. Wichtige Informationen, die nicht oder nicht zeitnah vorliegen, oder Informationen die nicht adäquat ausgewertet werden können, fordern ein hohes Maß an Vertrauen darauf, dass der Kooperationspartner zielgerichtet und nicht zu Lasten anderer Kooperationspartner agiert. Damit beeinflusst das Vertrauen zwischen den Partnern einer Unternehmenskooperation maßgeblich den Detaillierungsgrad der Vereinbarungen in der Kooperation.

Der Vertrauensbegriff

Der Begriff „Vertrauen" wird in den verschiedenen sich damit auseinandersetzenden wissenschaftlichen Disziplinen (Psychologie, Soziologie, Ökonomie) unterschiedlich definiert. Eine auf die unterschiedlichen Erkenntnisse bezugnehmende Definition haben Winand und Pohl [POHL98] definiert: Demnach ist Vertrauen eine freiwillig erbrachte Vorleistung im Rahmen einer sozialen Grunddisposition gegenüber Menschen und/oder Institutionen mit entweder individuell, situativ oder rational unterschiedlicher Ausprägung. Die Vorleistung ist verbunden mit der Erwartungshaltung, dass sich der Vertrauensnehmer im Sinne der Grunddisposition verhält. Vertrauen befähigt somit die Komplexität, die Kontingenz[7] und die Unsicherheit sowohl menschlichen als auch organisationalen Handelns zu bewältigen und steigert dadurch die Handlungsfähigkeit der Akteure [POHL98].

Vertrauen ist zunächst eine Vorleistung. Positive Erfahrungen festigen im Verlaufe der Zusammenarbeit die Vertrauensbasis. Vertrauen kann nicht nur Personen, sondern auch Institutionen entgegengebracht werden, aber die Vertrauensneigung ist ein rein individueller, persönlicher Faktor und somit vom Individuum selbst abhängig. Vertrauen und Macht stehen dabei in einer engen Korrelation zueinander [BACH97]. Um Vertrauenssituationen greifbar zu machen, sind folgende Merkmale von Kooperationen näher zu betrachten:

- Kooperationsbasierte Leistungserstellung durch rechtlich selbständige Unternehmen im Rahmen einer Netzwerkstruktur
- Weitgehender Verzicht auf die Institutionalisierung von Managementfunktionen und eine detaillierte Vertragsgestaltung

---

7 Kontingent handeln = offen, variabel, überraschend, unberechenbar, innovativ handeln. Die Kontingenztheorie in der hier betrachten Ausprägung ist ein Denkmodell aus der Organisationsforschung, insbesondere aus dem Gebiet der Führungsforschung. Gegenstand der Forschung ist die Untersuchung der Abhängigkeit des Vorgesetzten – insbesondere in der Unternehmensführung-von seinen persönlichen Eigenschaften und von der Beziehung zu den Geführten. Das Modell wird auch den situativen Ansätzen zugerechnet. Der Ansatz wurde ursprünglich von Fiedler [FIED87] geprägt. Er definiert zum ersten Mal Führungserfolg als Zusammenspiel von Führungsstil und von Führungssituation.

- Zusammenführung partnerspezifischer Kernkompetenzen bei Auftritt gegenüber Externen als einheitliches Unternehmen
- Zusammenarbeit auf Basis eines gemeinsamen Geschäftsverständnisses

Strukturelle Randbedingungen

Eine Ursache, warum Vertrauen in Unternehmenskooperationen besonders wichtig ist, liegt in der Struktur der Kooperation selbst begründet. Innerhalb von Unternehmenskooperationen entstehen Spielräume, die von den Partnern unterschiedlich genutzt werden können. Hierbei entwickelt sich die Gefahr, dass sich einzelne Partner opportunistisch verhalten. Das Risiko entsteht dadurch, dass die Handlungen der jeweiligen Partner vor Ort nur schwer zu kontrollieren sind.

Der Zeit- und Erfolgsdruck, dem die Unternehmenskooperationen teilweise unterliegen, führt oft dazu, dass wenig oder gar keine Zeit darauf verwendet wird, die Rollendefinition bzw. die Zuordnung der Aufgaben, Kompetenzen und Verantwortlichkeiten eines jeden Partners klar zu planen und die Integration aller Beteiligten aktiv zu betreiben. Eine solche Vorgehensweise ist wichtig, weil die organsationale Rahmenstruktur, die einem „normalen“ Unternehmen zu Grunde liegt bei solchen Unternehmenskooperationen bislang in den meisten Fällen fehlt.

Durch den Verzicht von institutionalisierten Managementfunktionen wird auf Steuerungsmechanismen verzichtet, die z.B. für eine selbstständig am Markt agierende Kooperation von großer Bedeutung für deren Erfolg am Markt sind. Steuerungsinstrumente wie Hierarchie oder Kontrolle fallen als Koordinationsinstrumente aus und bedürfen damit der Substitution auf der persönlichen vertrauensvollen Ebene. Auch das zweite hier anzusprechende Merkmal, die detaillierten Vertragsgestaltungen würden eine intensive Zusammenarbeit im Hinblick auf ein schnelles Reagieren auf Kundenanforderungen stark behindern. Es entstehen Handlungsspielräume mit Unsicherheiten. Vertrauen kann hier als „impliziter Vertrag“ zwischen Vertrauensgeber und –nehmer teilweise explizite Verträge substituieren und Regelungslücken schließen [POHL98].

Strategische Risiken und Vorteile durch das Teilen von Wissen

Die Zusammenführung verschiedener Kompetenzen in unterschiedlicher Qualität ist ein wesentliches Merkmal für die Leistungserstellung in Unternehmenskooperationen. Die Verknüpfung mehrerer Einzelkompetenzen geschieht in der Mikrosystemtechnik wie auch in anderen Systemtechniken mit der Zielsetzung, oft komplexe, Mehrwert für den Kunden und den Anbieter schaffende Lösungen anzubieten und dabei größtmöglichen Qualitätsanforderungen zu genügen.

Der bedarfsgerechten Bereitstellung bzw. Offenlegung eigener, oft sehr spezifischer Kompetenzen kommt damit eine strategische Bedeutung zu, umso mehr sind sie sehr sensibel und schutzwürdig. Die Offenlegung von Kernkompetenzen macht ein Unternehmen zu einem gewissen Grad verwundbar, werden damit neben den Potentialen des Unternehmens auch dessen Grenzen bzw. Schwächen transparent gemacht. Die „Verwundbarkeit" generiert zusätzlich ein hohes Maß an Unsicherheit. Rechtliche Verträge können das Problem oft nur unzureichend abdecken. Ähnlich verhält es sich mit dem gemeinsamen Auftritt nach außen. Auch hier entsteht eine wechselseitige Abhängigkeit. Das mögliche Fehlverhalten eines Partners könnte sich nachteilig auf die gemeinsame Kooperation auswirken. Auch hier trägt Vertrauen dazu bei, Unsicherheit zu reduzieren [TROS06]. Vertrauen erweist sich hier als ein geeigneter Mechanismus im Spannungsfeld zwischen kooperativer Zusammenarbeit und dem Schutz der eigenen Interessen.

Stärken der vertrauensvollen Zusammenarbeit

Eine vertrauensvolle Zusammenarbeit bringt aber in den meisten Fällen auch Nutzen durch Synergieeffekte mit sich. So wirkt der intensive, offene Austausch übe Kompetenzen jedes einzelnen Partner und die gemeinsame Betrachtung von Stärken und Schwächen der jeweiligen Kompetenzen im Kontext der gemeinsamen Erschließung neuer Märkte innovationsfördernd, indem aus der gemeinsamen Betrachtung schneller belastbare Produktideen (Neu- und/oder Weiterentwicklungen) entstehen. Die Kommunikation in verteilten Teams ist dabei ein wesentlicher Faktor der Vertrauensbildung. Weit wichtiger als z.B. technische Limitierungen ist hierbei die im Rahmen einer „Face-to-Face" Kommunikation einhergehende Entwicklung der gemeinsamen Sozialkompetenz [KOPP98], die die Verletzung geistiger Schutzrechte sanktioniert und über das Vertrauen in den Partner Kontrollprozesse und eine weitreichende Formalisierung von Abstimmungsprozessen überflüssig macht.

1.3 Ziele und Aufgaben

Das Ziel der vorliegenden Arbeit besteht darin, ein Konzept für das bedarfsgerechte Informations- und Wissensmanagement in Kooperationen mittelständischer Unternehmen der Multimaterial-Mikrosystemtechnik zu entwickeln und anhand eines gemeinsam entwickelnden und produzierenden Unternehmensnetzwerks zu erproben. Mit dem Konzept soll ein Beitrag zur

Überwindung von Barrieren bei der Markteinführung von mikrosystemtechnischen Produkten für mittelständische Unternehmen geleistet werden. Im Vordergrund stehen dabei die Aspekte des unternehmensübergreifenden Informations-, Kommunikations- und Wissensmanagements, wobei die entsprechenden Zusammenhänge ganzheitlich beschrieben werden sollen. Daraus ergibt sich:

- der Abgleich bestehender Konzepte zu Kooperationen mit den organisatorischen Anforderungen an die Zusammenarbeit in einem unternehmensübergreifend entwickelnden und produzierenden Netzwerk kooperierender KMU´s im Hochtechnologiebereich. Davon ausgehend soll ein Ziel-Geschäftsmodell für eine solche Kooperation erarbeitet werden.

- der Aufbau der Organisationsstruktur eines solchen Netzwerks unter Berücksichtigung von Projektmanagementkonzepten und Vorgehensmodellen aus Forschung und Industrie. Für diese Aufbauorganisation sollen geeignete ablauforganisatorische Prozesse zur Sicherstellung der effizienten Zusammenarbeit definiert werden.

- die Entwicklung eines Konzepts zur bedarfsgerechten „Informationsbereitstellung Kommunikation- und Wissensmanagements unter Berücksichtigung des Entwicklungsstandes der inner- und überbetrieblichen Softwarestrukturen in heutigen mittelständischen Unternehmen.

- die Validierung des Konzepts anhand einer prototypischen Umsetzung.

In Kapitel 2 werden dazu zunächst die wirtschaftlichen und organisationalen Umstände analysiert, unter denen eine Kooperation mittelständischer Unternehmen untereinander und am Markt agieren muss. Dabei werden strategische, betriebswirtschaftliche softwaretechnische Aspekte sowie auch Aspekte der zeitlichen Entwicklung einer Kooperation betrachtet. Aus dabei gemachten Beobachtungen heraus werden bereits im zweiten Kapitel Forderungen an die bedarfsgerechte Informations- und Wissensmanagement Infrastruktur formuliert.

Im nächsten Schritt werden in Kapitel 3 die bereits in Kapitel 2 identifizierten Randbedingungen in Anforderungen an die verschiedenen Softwaretypen umgesetzt. Aus der daraus resultierenden Liste von Anforderungen werden in Kapitel 0 bedarfsgerechte Softwarefunktionen konzipiert und spezifische Softwarelösungen prototypisch realisiert.

In Kapitel 5 werden am Beispiel einer Unternehmenskooperation der Mikrosystemtechnik die gewählten Softwarekomponenten bedarfsgerecht am Beispiel einer Unternehmenskooperation der Mikrosystemtechnik in einem Gesamtszenario zu einer integrierten Lösung verknüpft. In Kapitel 6 erfolgt die Zusammenfassung der Arbeit und der Ausblick.

2 Konzept für eine neuartige Unternehmenskooperationsform der Mikrosystemtechnik

In Kapitel 2 werden die konzeptionellen Grundlagen für eine neuartige Form der Zusammenarbeit mittelständischer Unternehmen der Mikrosystemtechnik bzw. deren Unterstützung durch Informations- und Wissensmanagementsysteme entwickelt. Neuartig ist dabei, dass das Konzept erstmals durchgängig für diese Branche die Abhängigkeiten zwischen Marktanforderungen, bedarfsgerechter Organisationsstruktur und unterstützender Informations- und Wissensmanagementinfrastruktur untersucht. Das Ergebnis der Untersuchungen in Kapitel 2 führt neben einer neuen Vorgehensmethodik zur bedarfsgerechten Entwicklung von KMU-Kooperationsmodellen der Mikrosystemtechnik auch zur Ausarbeitung von Forderungen an das unterstützende Informations- und Wissensmanagement als Basis einer Liste von Anforderungen in Abschnitt 2.4.

Ganzheitliches Vorgehensmodell für Unternehmenskooperationen der Mikrosystemtechnik

Die Besonderheiten einer Kooperation mikrotechnischer Unternehmen leiten sich einerseits aus den spezifischen Branchenanforderungen der Mikrosystemtechnik wie z.B. dem hohen Vorentwicklungsbedarf im Vorfeld von Fertigungsaufträgen, der Notwendigkeit einer gleichzeitigen Technologie- und Anwendungsentwicklung und andererseits aus dem typischen Profil der in der Mikrotechnologie-Branche agierenden KMU (hoher Forschungs- und Entwicklungsanteil, Fokussierung auf Klein-, Mittel- und kleinere Großserienfertigung) ab. Alle Aspekte haben einen wesentlichen Einfluss auf die Kooperationsziele und die strategischen Möglichkeiten der beteiligten Partner. Diese Feststellung ist für die vorliegende Ausarbeitung von großer Bedeutung, geht die Ausarbeitung doch von der grundlegenden Hypothese aus, dass Strategie, Organisationsentwicklung und bedarfsgerechte Informationsbereitstellung in einer Organisation in einem kausalen Zusammenhang stehen. Damit spalten sich die im Rahmen der vorliegenden Arbeit zu klärenden grundlegenden Fragen in zwei Gebiete auf.

Der erste Teil der Fragen und Konzepte muss sich mit der Strategie und der Organisationsentwicklung der Kooperation beschäftigen. Hier muss der Aspekt der bedarfsgerechten Konzeption hinsichtlich Art, Intensität und Umfang der zu unterstützenden Kommunikations- und Informationsflüsse adressiert werden. Zu beantwortende Fragen sind:

- Wie sieht die mikrosystemtechnikspezifische, unternehmensübergreifende Strategie der Kooperation aus (Kapitel 2.1)?
- Wie sieht die Aufbau- und Ablauforganisation der Kooperation aus, welche Besonderheiten sind für die spezifische Konstellation zu erkennen (Kapitel 2.2-2.4)?

Parallel zur Entwicklung der Aufbau- und Ablauforganisation werden dabei aus den getroffenen Annahmen heraus Forderungen an die IuW-Infrastruktur definiert, die eine bedarfsgerechte Unterstützung organisatorischer Randbedingungen und Vorgaben erlauben.

Der zweite Teil der Fragen beschäftigt sich mit der informationstechnischen Umsetzung. Die zu erarbeitende Lösung soll ebenfalls unter dem Aspekt eines bedarfsgerechten Softwaresystemkonzepts für eine Zusammenarbeit zum Teil sehr unterschiedlicher Partner in der Kooperation erfolgen. Die hier zu beantwortenden Fragen sind:

- Welchen Einfluss hat die Zielstellung des Unternehmensnetzwerks auf die Wahl der Methoden und Werkzeuge?
- Wie wird „bedarfsgerecht" (im Sinne von flexibel und möglichst einfach) im Hinblick auf die Anforderungen an ein Netzwerk mittelständischer Unternehmen der Mikrosystemtechnik definiert?
- Welches sind die Schwerpunkte der Informationsbereitstellung in einem interdisziplinär zusammenarbeitenden Konsortium und wie erfolgt die Vernetzung?

Damit wird die Vorgehensweise in der vorliegenden Arbeit wesentlich breiter als in bisherigen Untersuchungen für Unternehmenskooperationen der Mikrosystemtechnik gefasst. Die Ausarbeitung des bedarfsgerechten Informations- und Kommunikationstechnik-Szenarios zur Unterstützung der strategischen und planerischen Prozesse steht damit am Ende einer Reihe von zuvor zu treffenden strategischen Festlegungen,

Die Umsetzung des in seiner Vollständigkeit für die Mikrosystemtechnik noch nicht untersuchten ganzheitlichen Ansatzes beinhaltet neben der Vorgehensmethodik auch die Konzeption und Umsetzung von neuartigen, die Besonderheiten der MST adressierenden Softwarekomponenten sowie die Konzeption und prototypische Realisierung einer bedarfsgerechten Software-Systemarchitektur.

Abbildung 2-1 zeigt den im Rahmen der vorliegenden Arbeit betrachteten Zusammenhang zwischen strategischen Entscheidungen auf Managementebene und deren Umsetzung auf organisationaler und operativer Ebene. Ebenfalls grafisch dargestellt wird in dieser Abbildung die Grobeinordnung der wichtigsten in Kapitel 1.2 eingeführten Methoden und Werkzeuge.

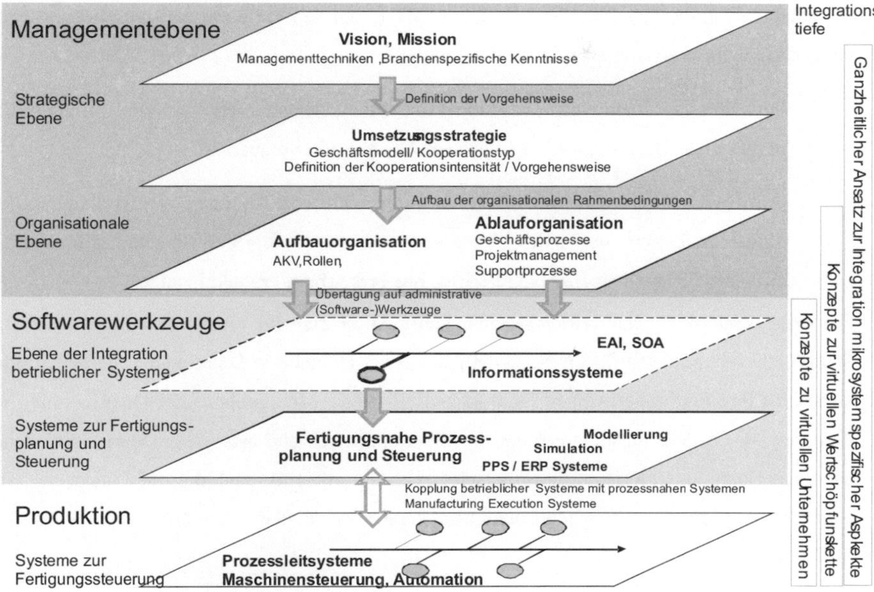

Abbildung 2-1 Ganzheitliche Betrachtung des Einflusses strategischer und organisatorischer Einflüsse auf die Informations- und Wissensmanagementinfrastruktur von Organisationen

Im Einzelnen wird zunächst in Abschnitt 2.1 die strategische Frage „Was sind die Zielmärkte einer Unternehmenskooperation der Mikrosystemtechnik“ geklärt. Im darauf folgenden Abschnitt 2.2 erfolgt die Betrachtung der Besonderheiten einer MST-Kooperation gegenüber anderen Kooperationen. Die Folgefrage „Wie sieht eine geeignete Aufbau- und Ablauforganisation zur Umsetzung der Strategie für eine solche branchenspezifischen Unternehmenskooperation aus?“ wird in den Abschnitten 2.3 und 2.4 beantwortet. Die Abbildung der erhaltenen Ergebnisse an die einzelnen Werkzeuge und die Gesamtarchitektur der Kooperation erfolgt in Kapitel 3.

2.1 Randbedingungen und Strategien mittelständischer Unternehmen der Mikrosystemtechnik

Klein- und mittelständische Unternehmen übernehmen in der Mikrotechnologiebranche in der Regel die Rolle von Zulieferern für Einzelteile oder MST-basierten Komponenten. Seit Jahren ist der MST-Markt einem starken Preisdruck ausgesetzt, der den zum Teil erheblich steigenden Kosten in den Unternehmen für (Folge-)Investitionen einer sich immer noch in der Entwicklung befindlichen Technologie zuwiderläuft. Um die Hemmnisse für ein mittelständisches Unternehmen zu kompensieren sind zwei Strategien möglich:

- Entweder das Unternehmen produziert mit teuren, effizienteren Maschinen immer billiger immer mehr Bauteile, was einen großen Absatzmarkt voraussetzt
- Das Unternehmen generiert durch das Entwickeln und Anbieten von Systemdienstleistungen Mehrwert, was unter Umständen auch bereits bei der Herstellung kleiner und mittlerer Serien in einem höheren Erlös pro verkauftem Produkt resultiert.

Die erste Strategie ist auf Dauer gesehen keine Alternative für einen europäischen Standort. Schon jetzt rechnen sich für einige Unternehmen der Branche in Deutschland die Investitionskosten für ihre Fertigungsanlagen nicht mehr [HERR06]. Mit zunehmender Qualifizierung von Fertigungs-Dienstleistungsunternehmen im osteuropäischen und asiatischen Markt wird bereits heute der Handlungsspielraum für mittelständische Unternehmen auch der MST knapper. Damit bleibt ihnen aufgrund der höheren Lohnkosten keine Chance, über einen preislichen Wettbewerb Marktanteile zu halten.

Der praktikable Weg kann in diesem Fall nur zu einer Fokussierung auf innovative, höherwertige Produkte führen, die in der Regel zunächst in kleineren und mittleren Stückzahlen gefertigt werden. Sich mit „innovativen Produkten und Prozessen“ auseinanderzusetzen, bedeutet aber in der Mikrosystemtechnik, sich mit einer immer noch nicht eingetretenen Reife der Kenntnis über naturwissenschaftliche Effekte im Mikrobereich so zu befassen, dass die Anwendung und die Fertigungsqualität reproduzierbar den Anforderungen des Kunden genügt. Dazu müssen die produktionsprozessbeeinflussenden Faktoren entlang der Herstellung eines Mikrosystems durchdrungen werden, die oft aufgrund ihrer Komplexität ebenfalls bezüglich der Logik der Abhängigkeiten noch nicht hinreichend verstanden, sondern nur dokumentiert sind.

Unter den voranstehend genannten Randbedingungen sind – anders als bei den meisten Aufträgen mit zumeist kleinem Innovationssprung im Makromaschinenbau - auch heute noch für nahezu alle Kundenanfragen aufwandsintensive Anpassungsentwicklungen oder komplette Neuentwicklungen sowohl des Produkts als auch der das Produkt ermöglichenden Herstellungstechnologien nötig. Neben der zumeist unzureichenden Entwicklungskapazität kann ein mittelständisches Unternehmen deshalb solche Dienstleistungen nur in Zusammenarbeit mit anderen Partnern anbieten. Das bedeutet für die Strategie des Einzelunternehmen, dass es:

- das Wissen und/oder die Fertigungskapazitäten im eigenen Unternehmen aufbauen muss. Eine derartige Lösung findet ihre organisatorische Entsprechung in der Generalunternehmerschaft

- versuchen sollte, nicht nur die Fertigungskapazitäten mehrerer Partner sondern auch das Wissen gleichberechtigter Partner so zu kombinieren, dass bedarfsgerecht in einem Verbund mittelständischer Unternehmen komplexere Entwicklungs- und Fertigungsdienstleistungen angeboten werden können.

Die erste Strategie erfordert einen hohen Aufwand zur Bereitstellung von Entwicklungskapazitäten für die Beherrschung des prozessschrittübergreifenden Systemwissen und des dazugehörigen Fertigungswissens. Die dafür aufzubauenden Kapazitäten führen zu einer dauerhaften, oft nur für das spezifische Anwendungsfeld direkt nutzbaren Bindung von eigenem Unternehmenskapital in der Entwicklung und ist gerade für kleinere Mittelständler nicht zu leisten.

Die zweite Lösung ist, sich mit anderen, ergänzenden Partnern zusammenzuschließen. Schon hier ist ein grundsätzlicher Unterschied zu den in Kapitel 1 beschriebenen Ansätzen zu erkennen. Während Virtuelle Unternehmen in der Regel eine effiziente, arbeitsteilige, auf inneren Wettbewerb ausgerichtete Struktur aufweisen, ist eine solche Konstellation aufgrund des damit einhergehenden, permanenten Verlustes an gemeinsamem Know-how bei wissensintensiven Systementwicklungen keine geeignete Strategie.

Als Konsequenz ergibt sich damit, dass für Netzwerke der Multimaterial-Mikrosystemtechnik sich nur auf längerfristige Zusammenarbeit angelegte Kooperationen eignen.

Förderlich für diese Feststellung ist dabei eine für die Mikrosystemtechnik in Europa, insbesondere auch in Deutschland, typische Randbedingung. Anders als in den USA trifft man in Europa auf heterogene, stark mittelständisch geprägte Strukturen mit einer bezüglich Unternehmenskultur und Organisation ebenfalls sehr heterogenen Mix von Unternehmen.

Im Rahmen eines Verbundprojekts wurden diese Einflüsse, allerdings nicht repräsentativ, für eine Gruppe von mittelständischen Unternehmen untersucht[8]. Das Ergebnis zeigt, dass die Heterogenität zum Teil daher rührt, dass es sich bei den Akteuren der Branche zum Teil um junge Unternehmen handelt, die als Ausgründungen oder Neugründungen des Mikrosystemtechnik Booms der 90er Jahre gestartet sind. Oft befinden sich die Unternehmen damit selbst noch in einer Konsolidierungsphase. Gleiches gilt für Ausgründungen großer Unternehmen. Auf der anderen Seite sind etablierte Unternehmen mit ausgeprägten internen Strukturen anzutreffen, die im Zuge der Miniaturisierung bisheriger Makrotechnologien an der Grenze zur Präzisions- / Mikrosystemtechnik angelangt sind und sich hier neue Märkte erschließen wollen. In der Regel

[8] Die Heterogenität der Branche wurde auf Grundlage einer nicht veröffentlichen, dokumentierten Ist-Analyse bei Partnerunternehmen des BMBF Verbundsprojekts MikroWebFab untersucht.

arbeiten alle Unternehmen bislang als Fertigungsdienstleister zumeist spezialisiert in bestimmten Nischenmärkten.

Die Unternehmen mit ihrer zum Teil extrem differierenden Unternehmensstruktur und -kultur müssen nun sowohl organisatorisch als auch informationstechnisch auf einer sehr hohen Integrationsebene effizient miteinander interagieren und dabei eine „neue", gemeinsame Unternehmenskultur entwickeln, die ihnen die Basis für die Entwicklung eines gemeinsamen Portfolios bietet. Am größten sind die Risiken bei der Entwicklung, Fertigung und Vermarktung eigener Produkte, was an einer Besonderheit des MST-Marktes liegt: Mikrosysteme sind keine Endkundenprodukte. Speziell die Komponenten der Multimaterial-Mikrosystemtechnik finden ihre Anwendung meist als Baugruppen oder Subsysteme in größeren Systemen (z.B. in der Diagnostik), die zum heutigen Zeitpunkt zumeist selbst noch nicht den Markt durchdrungen haben. So handelt es sich bei den gegenwärtigen, umsatzstarken MST-Anwendungen durchweg um MEMS-Baugruppen oder Bauteile in Makrosystemen. Als Beispiele seien hier die Schreib-Leseköpfe in Festplatten oder Sensoren im Automotive- und Automationsbereich genannt [WICH05].

Für eine mittelständische Unternehmenskooperation der Mikrosystemtechnik ist eine eigene Produktentwicklung damit doppelt riskant. Die Kooperation muss die Eigenentwicklung und Vermarktung einer Baugruppe stemmen und ist dennoch am Ende als „Original Equipment Manufacturer (OEM) vom Integrator des Makrosystems bzw. vom Endanbieter mit dem Marktzugang zum Endkunden abhängig. Eine Kooperation am Anfang ihrer Zusammenarbeit kann die für einen Produktinnovationsprozess typischen Phasen der Ideengenerierung und den damit verbundenen aufwandsintensiven Teilprozess der Marktanalyse, der technischen Machbarkeitsprüfung zunächst nicht leisten.

Erst in einem weit vorangeschrittenen Reifegrad, der sich unter anderem über gewachsene, ausreichende Marktkenntnisse der Zielbranche definiert, wird eine solche Vorgehensweise für eine Kooperation attraktiv. Da die Entwicklung einer Markteinführungsstrategie nicht im Fokus der vorliegenden Arbeit steht, wird auf deren weitere Ausführung hier verzichtet [DICK06]. Für den Bereich der OEM-Dienstleistungen lässt sich der Bedarf an Systementwicklungsleistungen einer MST-Kooperation – unabhängig vom spezifischen Marktsegment - in folgende „Angebotsebenen" untergliedern [DICK04], wobei der Bedarf an intensiver Zusammenarbeit von unten nach oben zunimmt:

Ebene 4: Entwicklung eigener Produkte (im Rahmen dieser Arbeit nicht betrachtet)
Ebene3: Ersatz von Produkten durch Einsatz disruptiver[9] Technologien
Ebene 2: Evolutionäre Verbesserung von Produkten
Ebene 1: Kundenspezifische Fertigung- und Fertigungsentwicklungen
Ebene 0: „Standard-" Fertigungsdienstleistungen; das Produkt ist durch den Kunden vollständig entwickelt und vordefiniert.

Standard-Fertigungsdienstleistungen (Ebene 0) sind zwar, bezogen auf den Koordinationsaufwand in der Kooperation sehr günstig, aber aus den oben genannten Gründen finanziell wenig attraktiv oder gar unrentabel. Günstiger ist die kundenspezifische Fertigungsentwicklung auf der Basis definierter Vorgaben (Ebene 1), ein in der europäischen MST-Branche sehr häufiger Fall. In der Regel handelt es sich um Anpassungsentwicklung der eigenen Prozesse. Risikobehafteter ist bereits die evolutionäre Verbesserung von bereits am Markt etablierten Kundenprodukten (Ebene 2). Die Risiken entstehen zumeist durch unklarer werdende Teilprojektziele größere Finanzierungsrisiken des länger werdenden Entwicklungsprozesses von MST-Komponenten oder -bauteilen. Die gleiche Problematik gilt noch stärker für den Ersatz von Produkten durch „disruptive" Technologien, bei der zu den Entwicklungsrisiken noch indirekt Produktionskapazitäts-Risiken durch etwaige Vermarktungsrisiken des Kunden hinzukommen

Lösungsorientierung als Herausforderung für MST-Unternehmenskooperationen

Bislang definierten sich die Kompetenzen der einzelnen Partner über ihre fertigungstechnischen Kompetenzen. Mit voranschreitender Fähigkeit zur unternehmensübergreifenden Entwicklung von Funktionselementen und Technologien müssen die Partner umdenken. Nicht mehr die Technologie, sondern die Anwendungsanforderung steht im Vordergrund. Levitt[10] fasste diese Aussage bereits in den 80er Jahren in einem Satz zusammen:

Die Kunden wollen kein ¼ Zoll Bohrer, sie wollen ein ¼ Zoll Loch!

Die Strategie einer MST-Unternehmenskooperation muss es sein, neben den gemeinsamen Kernprozessen Vertrieb, Marketing und Produktion vor allem den gemeinsamen Entwicklungsprozess organisatorisch so effektiv und reibungslos wie möglich zu gestalten. Bislang liegen für

[9] Der Begriff „disruptive Technologie" wird in der MST im Zusammenhang mit dem vollständigen Ersatz einer bestehenden Technologie durch eine neue Technologie verwendet. Beispiel: In den Computermäusen wurde die zunächst elektromechanische Positionserfassung durch optische Detektionsprinzipien ersetzt, bei denen eine LED oder ein Laser als Emitter fungiert und die Reflexionen auf der Unterlage mit einem optischen Sensor aufgenommen werden. Ein Microcontroller berechnet aus dem Unterschied in den Mustern Geschwindigkeit und Richtung.

[10] Theodore Levitt beschäftigte sich insbesondere mit Aspekten des Einflusses der sich ändernden, arbeitsteiliger werdenden Weltwirtschaft. Ihm wird auch zugeschrieben der ursprüngliche Namensgeber für den Begriff der „Globalisierung" zu sein

die Branche der Multimaterial-Mikrosystemtechnik keine umfassenden Konzepte, insbesondere im Hinblick auf die Anforderungen von Unternehmenskooperationen mit hohem Entwicklungsanteil, vor. Die folgenden Abschnitt 2.2 bis 2.4 erörtern daher erstmals die spezifischen Randbedingungen einer intensiven Kooperation der MST.

2.2 Neuartiger Organisationsentwicklungsansatz für intensiv kooperierende Unternehmensnetzwerke

Im folgenden Abschnitt wird zunächst geklärt, für welchen Netzwerktyp die Informations- und Wissensmanagement (IuW)-Infrastruktur bereitgestellt werden soll.

Sofern aus der Organisationsentwicklung bereits direkt Randbedingungen für die Ermittlung der bedarfsgerechten IuW-Infrastruktur abgeleitet werden können, werden diese im Text mit „Randbedingung für die Konzeption der IuW-Infrastruktur" gekennzeichnet. In Kapitel 3 werden dann die erarbeiteten Bedingungen in Anforderungen an die Softwarewerkezuge und die Systemarchitektur umgesetzt.

2.2.1 Identifikation des Netzwerktyps

Die im letzten Abschnitt erarbeitete Feststellung, dass Firmen als Systemdienstleister in einem Unternehmensnetzwerk eng im Bereich der Entwicklung und Fertigung zusammenarbeiten müssen, legt bereits nahe, dass die Wahl des Kooperationsmodells die Intensität der Zusammenarbeit stark beeinflusst.

Aus der Feststellung, dass die Mikrosystemtechnik eine sich schnell ändernde Querschnitttechnologie ist, resultiert eine weitere Bedingung an das Netzwerk. Die Organisation (und in der späteren Abbildung auch die Informations- und die Kommunikationsstrukturen) muss in der Lage sein, schnell auf sich dynamisch ändernde Fragestellungen zu reagieren. Nur in einer intensiveren, auf langfristige gemeinsame Erfahrung in der Zusammenarbeit aufbauenden Form der Kooperation kann effektiv und mit der richtigen Priorisierung der Aufgaben bei jedem Partner zusammengearbeitet werden. In temporären Netzen geht bei jeder unternehmensübergreifenden Aufgabenstellung wertvolle Zeit mit der Klärung formaler und organisatorischer Randbedingungen verloren. Ebenso kann in solchen Kooperationsformen mit einem geringen Grad an Verbindlichkeit keine Gewährleistung hinsichtlich der Qualität und der Geschwindigkeit der Bearbeitung gegeben werden.

Zeitlich befristete Strukturen und auch lose Formen der Kooperation wie „Marktplatz" scheiden damit aus. Längerfristige, aber starre Organisationsstrukturen, wie eine rein hierarchisch strukturierte Kooperation in Form einer Art Generalunternehmerschaft schränken den Fokus der Kooperation zu stark – nämlich in der Regel auf den Schwerpunkt des Konsortialführers - ein und reduzieren damit Synergieeffekte. Auch die strategische Allianz scheidet aufgrund der zu geringen Verbindlichkeit und der zumeist zu starken Fokussierung auf wenige Technologien aus.

Am ehesten passt die Kooperationsform des „Clans“. Der Clan geht von der Basis einer „starken, gemeinsam hervorgebrachten und ständig weiterentwickelten Kultur“ aus. Damit beschreibt er die Grundvoraussetzung für eine MST-Organisationsform. Wie im Clanmodell bereits vorhergesehen, muss eine MST-Unternehmenskooperation in der Lage sein, auf ein sich änderndes Umfeld, z.B. durch den in der MST üblichen hohen technischen Fortschritt wie ein lebendiger Organismus, d.h. extrem flexibel reagieren.

Für die Anforderungen eines KMU-Netzwerks der Mikrosystemtechnik mit einer Kombination aus Vertrieb, intensiver Entwicklungskooperation und Fertigung von kleineren und mittleren Stückzahlen gemäß der in Abschnitt 2.1 beschriebenen Randbedingungen ist die „Clan-Ausprägung“ die geeignete Form *(1. Randbedingung für die Konzeption der IuW-Infrastruktur).*

Ein weiteres Argument für den gewählten Ansatz liefert Scheer mit einer Aussage zur Unterscheidung von hierarchischen und clanorientierten Organisationsformen [ROBE91]: Die hierarchischen Organisationsformen benötigen eine „funktionale“ Gliederung von mehreren an einem Projekt beteiligten Organisationseinheiten, wodurch ein erheblicher Koordinations- und Informationsaufwand entsteht, der in der Praxis gegenüber dem Kunden zumeist nicht als Leistung abgebildet werden kann. Bei der dem Clan zuzuordnenden „self contained“ Gliederung sind die organisatorischen Einheiten jeweils in sich funktional integriert und können somit eine Aufgabe komplett bearbeiten – benötigen dann allerdings Koordinationsfunktionen auf einer abstrakteren Ebene.

Die Wahl einer clanartigen Organisation der Kooperation impliziert eine weitgehend autarke Bearbeitung insbesondere des Produktions- und vieler Supportprozesse durch die bereits bei den Partnerunternehmen etablierte Logistik-, Fertigungs- und Versorgungsinfrastruktur *(2. Randbedingung für die Konzeption der IuW-Infrastruktur).*

2.2.2 Neuartiges Konzept zur stufenweisen Entwicklung der Kooperation

Zur Flexibilität und Intensität der Kooperation kommt ein weiterer wichtiger Einflussfaktor. Die Analyse der (zeitlichen) Entwicklung der in Abschnitt 1.2 bzw. im Anhang 7.3.1 vorgestellten Kooperationsnetzwerke zeigt, dass langfristig kooperierende Netzwerke zunächst einer Entwicklung analog zur Entwicklung eines realen Unternehmens durchlaufen müssen. Auch als „reifer“ Verbund muss sich die Kooperation ähnlich wie große Unternehmen an die Anforderungen dynamischer Märkte durch interne Ereignisse (z.B. Strategieänderungen eines Partnerunternehmens) und außerhalb (Änderung der Marktanforderungen) anpassen.

In einer Querschnittbranche, wie der MST mit der bereits erwähnten großen Heterogenität der beteiligten Unternehmenskulturen und –organisationen, sind solche Anpassungsprozesse eher die Regel als die Ausnahme[11]. Daraus lässt sich als Lösungsansatz eine strategische Vorgehensweise ableiten, die auf die unterschiedlichen Geschwindigkeiten der einzelnen Beteiligten Rücksicht nimmt, indem sie den zeitlichen „Weg zum Ziel“ berücksichtigt, der die Entwicklung der Kooperationsintensität und Kooperationsziele in einen zeitlichen Bezug stellt.

In Erweiterung der in Abschnitt 1.2.1 eingeführten Picot´schen Matrix der Kooperationsformen wird daher noch eine weitere Dimension, der *Kooperationsfortschritt,* als ablauforganisations- und informationsflussbeeinflussende Größe vorgeschlagen. Der konzeptionelle Gedanke geht in Erweiterung der Lebenszyklusbetrachtung des virtuellen Unternehmens nicht mehr von einer Definition der Kooperation als temporärem Gebilde mit einer vorab klar vordefinierten Zielstruktur im Sinne von Faist [FAIS98] aus, sondern schlägt eine dem momentanen „Reifegrad“ angemessene, stufenweise Weiterentwicklung des Kooperationsmodells entlang von klar umrissenen Zwischenzielen vor. Weiterentwicklung heißt dabei primär „Veränderung der Aufgabenstellung“ und erst in zweiter Linie Intensivierung der Zusammenarbeit.

Damit wird aus der zweidimensionalen Kooperationstyp-Matrix aus Spezifität und Komplexität der Aufgabe ein dreidimensionaler „Kooperationsentwicklungsraum“, der die Genese von Kooperationen entlang einer zeitlichen und qualitativen Entwicklung darstellt. Für den Kooperationsentwicklungsraum wurden im Rahmen der vorliegenden Arbeit drei Phasen des Aufbaus einer Kooperation zur Beschreibung des Kooperationsfortschritts definiert. Es handelt sich um die Start-, Aufbau- und Betriebsphase.

Der Weg der Kooperation muss hinsichtlich der Ausrichtung der Kooperationsziele nicht geradlinig verlaufen, er kann auch über Zwischenschritte auf „evolutionäre“, d.h. nicht zwingend von Beginn an klar vorhersehbare Art und Weise das von der Kooperation vorgegebene Ziel erreichen. Der Prozess ähnelt damit in gewisser Weise dem tatsächlichen Verlauf einer Unternehmensgründungs- und Aufbauphase. Für die Anpassung der Strategie und der damit verknüpften Werkzeuge ist letztlich nur wichtig, wann die für den Schritt des geplanten Intensitätsgrad definierten Bedingungen erfüllt werden. In Abbildung 2-2 wird in Erweiterung.

---

[11] Große Unternehmen verfügen zumeist über reife, stark ausgebildete und optimierte Organisationsstrukturen, Start-up-Unternehmen, verfügen oft nur über rudimentär ausgebildete Strukturen, kleine mittelständische Unternehmen arbeiten mit zum Teil patriacharisch geprägten Strukturen.

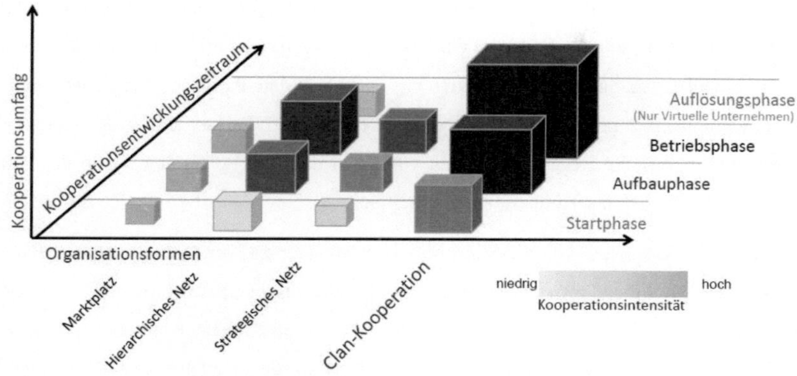

Abbildung 2-2 Erweiterung der Picotschen Matrix hin zum neuen Kooperationsentwicklungsraum

der Einordnung der vier Picot´schen Kooperationstypen auch deren quantitative und qualitative Entwicklung in den Aufbaujahren bis zur Betriebsphase dargestellt. Für die clanartige Kooperation wird insbesondere die Zunahme der Kooperationsintensität bei einer geradlinigen Entwicklung der Kooperation hervorgehoben. Die stufenweise Entwicklung einer Kooperation resultiert damit in der Notwendigkeit einer flexiblen, möglichst kontinuierlichen Anpassung der IuW-Infrastruktur an die sich verändernden Aufgaben in der Kooperation, um eine durch Informationsüberschuss oder –mangel bedingte Ablehnung der unterstützenden Informations- und Wissensmanagement Infrastruktur durch die Partner zu vermeiden.

Die Entwicklung der Kooperation ist damit kein diskreter Schritt sondern eher ein kontinuierlicher Prozess *(3. Randbedingung für die Konzeption der IuW-Infrastruktur).*

Nachfolgend werden die drei Phasen ausführlicher erörtert und auf ihre speziellen Randbedingungen für die Unternehmenskooperation hin analysiert:

Startphase

In der Startphase geht es darum, das eigene Verständnis über die Chancen und Potentiale des gemeinsamen Angebots zu überprüfen und am Markt zu testen. Bei auf einer engen Zusammenarbeit aufbauenden Netzwerken „strategisches Netz" und „Clan" kommt der Koordination der Kooperation primär die Aufgabe der Vertriebs- und der Netzwerkmoderation zu. Aufgrund des zunächst noch begrenzten unternehmerischen Risikos bezüglich Haftung und Gewährleistung empfiehlt sich eine eher geringe vertragliche Bindung, da eine aufwändige Vertragsgestaltung einerseits zusätzlichen Aufwand für die Koordination bedeutet und andererseits im Falle des Scheiterns der gesamten Kooperation oder des Weggangs eines Partners auch den Trennungsprozess erschwert.

Grundsätzlich ist in dieser Phase auch eine Kooperation ohne juristisch eigenständige Rechtsform denkbar. In einem solchen Fall trägt ein Kooperationsvertragswerk im Innenverhältnis dazu bei, die Rahmenbedingungen für die Beziehung zwischen den Partnern abzusichern und die Aufgaben, Kompetenzen und Verantwortlichkeiten der einzelnen Partner klar zu definieren. Eine zivilrechtliche vertragliche Regelung gewinnt vor allem dann an Bedeutung, wenn die Partner arbeitsteilig Teilaufgaben der Kooperation übernehmen.

Bedingt durch die Tatsache, dass die Startphase sich oft über mehrere Jahre erstreckt, darf der Zustand konzeptionell nicht vernachlässigt werden. Im Gegensatz zu vielen bisherigen Ansätzen lassen sich in einer bedarfsorientierten Betrachtung von Unternehmenskooperationen weder die betriebliche Realität (die vorhandene Infrastruktur) noch die Verhältnismäßigkeit der IT-Infrastruktur in Abhängigkeit des Entwicklungsstandes negieren. In der Startphase sind die Anforderungen an das Informations- und Wissensmanagement nach innen sehr stark auf die Aspekte des sich Kennenlernens, der Entwicklung einer „gemeinsamen Kommunikationsebene“ und der Explizierung des individuellen Wissens im Kontext des Aufbaus des gemeinsamen Prozesswissens ausgerichtet.

Nach außen hin sind Werkzeuge zur Präsentation des gemeinsamen Angebots und zur Abwicklung von Kundenanfragen zu wählen *(4. Randbedingung für die IuW-Infrastruktur).*

Aufbau- und Konsolidierungsphase

In der Aufbau- und Konsolidierungsphase baut die Kooperation auf den Erfahrungen aus der Startphase auf. Die eigene Positionierung am Markt ist bereits weit gediehen, wenn auch noch nicht abgeschlossen.

Bei den eng kooperierenden Netzwerken „strategisches Netz“ und „Clan“ steigt mit zunehmender Anzahl der Projekte einerseits die Erfahrung der Koordination in der Durchführung der interdisziplinären Projekte. Andererseits nimmt auch die Auslastung bei den beteiligten Partnern insbesondere in Bezug auf die Abwicklung von Entwicklungsprojekten zu. Spätestens jetzt bietet sich die Zentralisierung der Koordinierungsaktivitäten an, deren Primärziel die Abwicklung und Überwachung der koordinations- und entwicklungsintensiveren Kundenprojekte ist. Juristisch betrachtet übernimmt die Kooperation im Außenverhältnis Entwicklungsverantwortung gegenüber dem Kunden. Die Wahl der hierfür geeigneten Rechtsform hängt dabei wiederum stark von der strategischen Ausrichtung ab. Die Verantwortung für die Erbringung von Fertigungsleistungen erfolgt weiterhin durch eine wechselnde Konsortialführung eines Konsortialpartners. Hierzu eignet sich am besten die Generalunternehmerschaft.

Bedingt durch die strategische Vorgabe, dass das Netzwerk nach außen wie ein einziges Unternehmen auftreten soll, müssen zur Sicherstellung der Kundenakzeptanz lange Anfrage- und Auftragsbearbeitungszeiten vermieden werden. Zur besseren Projektverfolgung müssen deshalb Rückmeldungen aus den prozessschrittübergreifenden Geschäftsprozessen bei den Partnern zumindest auf Statusebene zentral zusammenlaufen.

Für die aufzubauende Infrastruktur bedeutet die Zentralisierung übergeordneter Steuerungsaufgaben eine weitergehende Standardisierung und Detaillierung vor allem der internen Prozesse. Maßnahmen die dabei gestartet werden müssen, reichen von der Modellierung der Kernprozesse über den Aufbau eines unterstützenden Prozesswissensmanagementsystems bis hin zur Standardisierung der Schnittstellen bei den Materialfluss- und Logistiksystemen *(5. Randbedingung für die Konzeption der IuW-Infrastruktur)*.

Betriebsphase

Die Betriebsphase ist dadurch gekennzeichnet, dass die Positionierung der Unternehmenskooperation am Markt inzwischen eingetreten ist. Die internen Rollen und Prozesse des Netzwerks sind etabliert. In der Betriebsphase wird, bedingt durch die - für das erreichte Stadium der Reife - typische Art und den Umfang der Aufträge, die völlig eigenständige Durchführung von Kundenaufträgen zur organisatorisch günstigsten Möglichkeit.

Die Leistungserstellung erfolgt unter dynamischer, kundenauftragsbezogener Vergabe von Einzelauf-trägen durch die Koordination. Für die Informations- und Wissensmanagement-Infrastruktur bildet sich eine Struktur heraus, die auf eine weitgehende Automatisierung von Standardabläufen wie dem automatisierten Abgleich der Ressourcen- und Kapazitätsterminierung bis hin zur ERP-basierten Auftragsvergabe abzielt. Die Wissensmanagementsysteme und auch die Kundenauftragsverwaltung nehmen an Bedeutung zu, da sie zusätzlich zur Explizierung des unternehmensübergreifenden Wissens auch stärker operative Aufgaben aus dem Bereich der auftragsspezifischen Dokumentation und Auswertung von Fertigungs- und Prüfdaten übernehmen.

Mit dem voranstehend erläuterten Konzept der stufenweisen Entwicklung der Kooperation wird erstmals explizit der Begriff der „bedarfsgerechten“ Informationsbereitstellung adressiert. Bei bisherigen Ansätzen erfolgte die Konzeption der betrieblichen Informationssysteme oft bereits auf eine Maximalanforderung hin. Trat der antizipierte Zielzustand nicht ein, bedeutete dies entweder die Nichtnutzung der Software bzw. die Nutzung von Teilelementen in einer zumeist ungerichteten Art und Weise. Mit der im Folgenden vorgestellten Vorgehensmethodik lassen sich nun bereits ab den frühen Phasen der Kooperationsentwicklung Meilensteine auch für die

Anpassung der Softwareinfrastruktur definieren, die die bedarfsgerechte Anpassung der IuW-Infrastruktur und deren Kosten für die beteiligten Partner planbarer machen.

Auf die organisationalen Konsequenzen der Aufbaudynamik, die damit einhergehende Skalierung des Geschäftsmodell, der Aufbau- und der Anpassung der Ablauforganisation der Kooperation wird in den folgenden Kapiteln näher eingegangen.

2.3 Neues Konzept der adaptiven Aufbauorganisation

Ziel der Aufbauorganisation einer Organisation, egal ob Unternehmen oder eine Kooperation, ist es, die entlang der unterschiedlichen Unternehmensaktivitäten anfallende Arbeit auf möglichst sinnvolle Art und Weise zu verteilen und eine für alle Beteiligten klare Verteilung der Aufgaben, Kompetenzen und Verantwortlichkeiten (AKV) sicherzustellen. Die klare Definition der AKV nimmt dann an Bedeutung zu, wenn Umfang (Auftragslage) und Intensität (Grad der Zusammenarbeit) eine größere Arbeitsteiligkeit erfordern. Sinnvoll ist die Arbeitsteilung aber nur dann, wenn durch die entstehenden Schnittstellen möglichst geringe Nachteile für die Arbeitsqualität und für deren Effizienz entstehen.

Der Aspekt der „bedarfsgerechten" Zusammenarbeit muss von der Aufbauorganisation und der eng damit verknüpften Ablauforganisation, und der sie unterstützenden Infrastruktur dahingehend adressiert werden, dass sie klare Randbedingungen und Entscheidungsräume für die Zusammenarbeit auf operativer Ebene definieren.

In Abschnitt 2.2.2 wurde bereits auf den Wandel der Kooperationsform im Hinblick auf sich ändernde Anforderungen einer sich entwickelnden Kooperation eingegangen. Nachfolgend werden nun die Kernelemente der Aufbauorganisation einer Unternehmenskooperation sowohl im Hinblick auf die Arbeitsteilung in der Kooperation als auch auf deren Wandel entlang der Kooperationsentwicklung hin untersucht, zumal sich nahezu alle Aufgaben zumindest ansatzweise in allen Entwicklungsstufen der Kooperation wiederfinden. Unterschiede durch den stufenweisen Wandel der Kooperationsform finden sich vor allem in der Intensität, der Ausgestaltung dieser Kernfunktionen, sowie in den Aufgaben, Kompetenzen und Verantwortlichkeiten der Partner. Damit wird ein durchgängiges, hinsichtlich der drei Aufbauphasen skalierbares Schema der Kernaufgaben für das Clan-Kooperationsmodell definiert. Das hierbei entstehende Szenario beeinflusst wesentlich die Definition der Abläufe in den unterstützenden Informations- und Wissensmanagementsystemen.

Die Zuordnung von Aufgaben, Kompetenzen und Verantwortlichkeiten bildet sich dabei in den Benutzerberechtigungen und Rollen der einzelnen Softwaresysteme ab. *(6. Randbedingung für die Konzeption der IuW-Infrastruktur).*

Für die Informations- und Wissensmanagement-Infrastruktur leitet sich daraus die Forderung nach auf zentralen Rollenkonzepten basierenden Systemen ab, die im Falle von organisationsbedingten Anpassungen ohne hohen Aufwand umkonfiguriert werden können.

Funktionsbereiche und Organisationseinheiten

Die Bearbeitung jeder Kernaufgabe bzw. ihre organisatorische Abbildung in der Kooperation wird im Folgenden als Funktionsbereich bezeichnet. Es ist aufgrund des Strukturierungsbedarfs der vielschichtigen Verknüpfungen sinnvoll, bei einer clanartigen Kooperation dem von Scheer vorgeschlagenen Ansatz der „self contained" Gliederung zu folgen. Als Folge davon lässt sich die Komplexität der Supportprozesse, aber auch der Unternehmens-Kernprozesse reduzieren. Dem Ansatz von Kaplan/Murdoch [KAPL91] folgend wird für die clanartige Kooperation der „self contained" Gliederung der Vorzug gegeben. Der Ansatz sieht vor, die Anzahl der unternehmensübergreifenden Funktionsbereiche der Kooperation im Wesentlichen auf drei *operative* Kernbereiche mit den zugeordneten Geschäftsprozessen zu reduzieren. Im Einzelnen sind das:

- Marketing und Vertrieb des unternehmensübergreifenden Portfolios
  Marketing und Vertrieb der neuen Systemkompetenzen ist der am meisten ausgeprägte Funktionsbereich der Kooperation. Hier wird der Mehrwert der Kooperation nach außen getragen und werden neue Anwendungsfelder und Märkte erschlossen.

- Anwendungsentwicklung und Entwicklung von Fertigungsprozessketten
  Eine Unternehmenskooperation kann zwei Wege beschreiten. Sie bietet am Markt eigene Produkte an bzw. sie bietet als OEM-Lösungsanbieter Entwicklungsdienstleistungen an (vgl. Dienstleistungsangebots- Ebenen 2 und 3 aus Kapitel 2.1. Oder aber sie positioniert sich gemäß der Dienstleistungsangebots-Ebenen 0 und 1 als Anbieter von Fertigungsdienstleistungen. Im ersteren Fall ist zur Erzeugung der gewünschten Mehrwertleistungen eine intensive Zusammenarbeit der Produktentwicklungs-Abteilungen erforderlich. Im zweiten Fall sind primär die Fertigungs- und Fertigungsentwicklungsabteilungen der Partner betroffen. Die Intensität der Systemdienstleistungen kann dabei von Anpassungsentwicklungen bis hin zu völligen Neuentwicklungen reichen (vgl. auch Kooperationsmodelle).

- Produktion
  Die Produktion von Produkten bzw. von Anlagen stellt zwar das eigentliche Kernziel dar, im Gegensatz zur Entwicklung und zum Vertrieb kann sie aber so arbeitsteilig gestaltet werden, dass jeder Partner eine klare Spezifikation seiner Aufgaben in einem Projekt erhält. Die Schwerpunkte der unternehmensübergreifenden Koordination liegen daher vor allem im Auftragsmanagement. Nicht zuletzt aus diesem Grund sind bis heute viele Unternehmensnetzwerke stark auf eine Bündelung der gemeinsamen Fertigungskapazitäten ausgerichtet.

- Neben den drei operativen Prozessen der Kooperation verbleiben noch als weiterer, eigenständiger zentraler Funktionsbereich die Koordinationsprozesse innerhalb der Kooperation. Dazu zählen vor allem die Abstimmungsprozesse zwischen Koordination und dem Steuerungsgremium. Alle anderen Funktionsbereiche sind entweder unterstützend tätig oder auf Managementebene für die Organisation der Kooperation relevant. Insbesondere die unterstützenden Funktionsbereiche werden nur virtualisiert, d.h. in die Organisationsstrukturen der Partner abgebildet.

2.3.1 Rollen und Akteure innerhalb der Unternehmenskooperation der Mikrosystemtechnik

Im Unternehmensnetzwerk bezieht sich der Begriff „Rolle“ zunächst auf die Kompetenzen und erforderlichen Fähigkeiten, die zur Durchführung einer Aufgabe bzw. dem Management einer Organisationseinheit notwendig sind. In der vorliegenden Arbeit wird das Rollenkonzept hinsichtlich der Anforderungen einer verteilten, clanartigen Kooperation modifiziert und angepasst.

Das vorgeschlagene Konzept sieht dabei für die Aufgaben und Kernprozesse des Unternehmens keine explizite Zuordnung einzelner Partner oder Personen zu bestimmten Aufgaben vor. Vielmehr werden Grundtypen von Rollen definiert, deren Aufgaben durch eine Akteursgruppe bearbeitet werden. Die Durchführung der Aufgaben mit den damit einhergehenden Kompetenzen und Verantwortlichkeiten wird durch einen Pool von Experten übernommen. Der Expertenpool speist sich aus einzelnen Abteilungen und Person-en der beteiligten Unternehmen

Indem sich die Akteursgruppe auf der Ebene des einzelnen Prozessschritts selbst organisiert, ermöglicht die gewählte Struktur die „personenunabhängige“ Delegation von Aufgaben mit der damit verbundenen Aufwandsreduktion für die Koordination. Je nach verfügbarer Kapazität bzw. über eine bei der Koordination vorliegende Kompetenzmatrix erfolgt dann die Entscheidung darüber, wer in der Kooperation über die notwendigen Kompetenzen zur Durchführung der Aufgabe verfügt.

In Abstimmung mit der Koordination übernimmt dann im Einzelfall ein Mitarbeiter aus dem Expertenpool die Leitung der Aktivitäten zur Bearbeitung des Prozessschrittes. Die Einführung von Rollen und (Personen oder Gruppen aus den beteiligten Unternehmen) zu den Rollen ist damit eine wichtige Voraussetzung für die „Virtualisierung" der Aufgabenverteilung. Die Unterscheidung zwischen Rollen und Akteuren erleichtert auch die Beschreibung der Kernaufgaben im Unternehmen, indem sie die Anforderung von den Fähigkeiten einzelner Personen entkoppelt.

2.3.2 Virtualisierung der Aufgaben in der clanartigen Unternehmenskooperation

In einer Kooperation im Kaplan´schen Sinne beschränkt sich die Aufbauorganisation zumeist auf die Verteilung ganzer Aufgabenpakete bzw. auf die Bildung interdisziplinärer, weitgehend eigenständiger Gruppen. Daher reicht auf Kooperationsebene ein Organigramm zur Beschreibung der organisatorischen Kernfunktionen der Kooperation. Gerade hier ermöglicht der Einsatz von IuW-Infrastrukturen auch eine über die arbeitsteilige Bearbeitung von Fertigungs- und Entwicklungsaufgaben hinausgehende echte Aufteilung von Koordinationsaufgaben. So lassen sich administrative Aufgaben und einzelne Support-prozesse, wie die informationellen Organisationsprozesse ebenfalls auf die Partner oder sogar externe Anbieter verteilen, sofern dort entsprechende Kapazitäten verfügbar sind. Die Aufteilung auch zentraler Aufgaben kann damit als eine Art Virtualisierung der Koordinationsprozesse angesehen werden. Hinsichtlich der Komplexität beschränkt sich eine solche Aufteilung aber meist auf die Supportprozesse.

Kernaktivitäten der Kooperation wie das Projektmanagement, der Vertrieb oder das Marketing können aufgrund der Strategie des einheitlichen Marktauftritts und des zentralisierten Informations- und Wissensmanagements der gemeinsamen Aktivitäten dagegen nicht an einen Partner übertragen werden. Der entsprechende Partner müsste zur Abwicklung der Projekte eigene (selbst bezahlte) Strukturen für das prozessübergreifende System-Know-how und das Marketing und den Vertrieb der gemeinsamen unternehmensübergreifenden OEM-Entwicklungs- und Fertigungsdienstleistungen aufbauen. Fragen der Mitbestimmung der Partner in Teilbereichen eines anderen Unternehmens sind in diesem Fall ungeklärt und auch das notwendige Maß des gegenseitigen Vertrauens müsste aufgrund des dann sehr reduzierten disziplinarischen Zugriffs höher sein, als es dies gerade in der Start- oder Aufbauphase sein wird.

Genau die Teilung von Aufgaben- Kompetenzen und Verantwortlichkeiten in der Aufbauorganisation der Kooperation macht die Besonderheit der clanartigen Kooperation gegenüber den anderen Kooperationsmodellen aus. Kritische strategische und finanzielle Fragestellungen der Kooperation werden konsensual gelöst. Dazu wird die Rolle des Steuerungsgremiums für den Clan-Kooperationstyp noch zusätzlich eingeführt:

Das Steuerungsgremium setzt sich aus allen Anteilseignern der Kooperation zusammen. In einem Netzwerk produzierender Unternehmen werden das in der Regel die Fachpartner des Kernkonsortiums und die Koordination des Netzwerks sein. Je nach Entstehungsgeschichte und Ausrichtung der Kooperation können weitere Partner z. B. aus der Forschung hinzukommen. Das Steuerungsgremium ist dabei nicht für den operativen Betrieb, sondern vorrangig für die strategische Ausrichtung und Finanz-ierungsfragen der Unternehmenskooperation zuständig.

In Abbildung 2-3 wird für das clanartige Unternehmen eine Strategie zur Aufgabenteilung von Kompetenzen und Verantwortlichkeiten (AKV) in der Aufbauorganisation des Clans vorgeschlagen. Entlang der Anforderungen der stufenweisen Entwicklung der Kooperation ist das Organigramm so strukturiert, dass zum Beispiel in der Startphase lediglich die Kernaufgaben der Kooperation bei der Koordination verbleiben (Rechtecke).

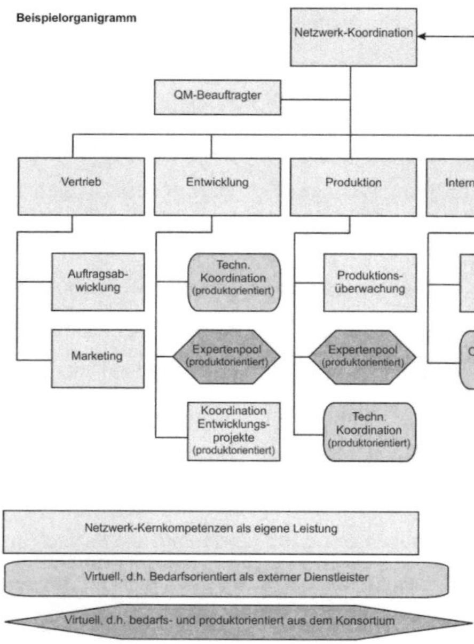

Abbildung 2-3 Vorschlag für das Organigramm der clanartigen Kooperation mittelständischer Unternehmen

Bei den „virtualisierbaren" AKV handelt es sich in der Regel um diejenigen AKV, in denen keine besonderen aus der Technologie oder der Intensität der Kooperation herrührenden Herausforderungen berücksichtigt werden müssen (abgerundetes Rechteck oder Sechseck). Erst mit zunehmendem Umfang der Kooperationsaktivitäten ist dann zu entscheiden, ob die jeweiligen Aktivitäten effizienter und kostengünstiger in der Koordination bearbeitet werden oder ob die Aufgaben bei dem entsprechenden Akteur verbleiben

2.3.3 Veränderung der operativen Aufgaben, Kompetenzen und Verantwortlichkeiten in der Kooperation entlang der stufenweisen Entwicklung der Kooperation

In Analogie zum bereits vorgestellten Konzept der Unterscheidung zwischen Rolle und Akteur werden nun auch für den operativen Betrieb der Clan-Kooperation (beispielsweise die Bearbeitung eines Kundenprojekts) Rollen definiert.

Aus dem Pool der beteiligten Partner werden in Frage kommende und den Anforderungen an die Qualifikation entsprechende Abteilungen und Personen zu Projektteams zusammengestellt. Für die Bearbeitung von Aufgaben entscheidet dann das Team selbst, welche(r) Akteur(e) die Bearbeitung des Auftrags übernehmen *(7. Randbedingung für die Konzeption der IuW-Infrastruktur).*

Dabei wird unterschieden zwischen:

- Fachpartner Entwicklung

  Die Fachpartner sind die Entwicklungsbasis der Unternehmenskooperation. Hier befindet sich das spezielle Produkt- und Fertigungs-Know-how des Netzwerks. Zumeist setzen sich die Fachpartner dementsprechend aus Vertretern der Produkt- und Fertigungsentwicklung der beteiligten Partner zusammen.

- Fachpartner Fertigung

  Sofern die Unternehmen nicht einen Mitarbeiter als Ansprechpartner für das gesamte Projekt benannt haben, sind auch noch Mitarbeiter aus der Fertigung zu beteiligen Das Projektteam setzt sich aus den Fachpartnern Entwicklung und aus den am Fertigungsprozess beteiligten Partnern zusammen

- Koordination

  Hier konzentrieren sich das gemeinsam erarbeitete, prozessschrittübergreifende Know-how und das Projektmanagement. Die Koordination als Träger des gemeinsamen Wissens übernimmt auch die Vermarktung und den Vertrieb des Netzwerks, da vor allem sie in der Lage ist, kompetent Kunden-Erstanfragen zu bearbeiten.

Im Falle komplexerer technologischer Aufgabenstellungen kann es sinnvoll sein, innerhalb der Koordination nochmals zwischen der Rolle des Technologiemanagements und dem organisatorischen Management zu unterscheiden. Diese Unterscheidung macht Sinn, wenn zur technologischen Abwicklung eine Delegation von technologiebezogenen Aufgaben (z.B. Vergabe von Funktionsmuster-Aufträgen) an Akteure außerhalb des Netzwerks notwendig wird.

- Generalunternehmer

  Der Generalunternehmer der Kooperation übernimmt gegenüber dem Kunden formal die Haftung, den Service und auch die Abwicklung vertrieblicher Aufgaben. Im Sinne einer eigenen Absicherung wird er damit neben den kaufmännischen Prozessen auch das Qualitätsmanagement des Kundenprojekts übernehmen. In der Innensicht übernimmt er formal auch das Projektmanagement, das er bis auf die erwähnten Qualitätsprozesse delegieren kann (vgl. Abbildung 2-3) Die Rolle des Generalunternehmers übernimmt entweder einer der Fachpartner oder im Falle des Betriebsmodells die Koordination selbst.

In den vorangegangenen Abschnitten wurde bereits herausgearbeitet, dass sowohl die operativen Aufgaben der Partner als auch die Managementaufgaben der internen Prozesse entlang des Kooperationsentwicklungsprozesses nicht statisch sind, sondern einer Veränderung bis hin zum Wechsel der Rolle des einzelnen Partners in der Aufbauorganisation unterliegen.

Analog zu den AKV in der Aufbauorganisation sind daher auch für AKV der projektorientierten, operativen Abläufe Rollen zuzuordnen. Die grundlegenden Aufgaben jeder Rolle bleiben über die Entwicklung der Kooperation gleich. Die Intensität und auch die organisatorische Zuordnung ändern sich dabei in Abhängigkeit der Entwicklungsphase der Zusammenarbeit deutlich. Der Einfluss der Kooperationsentwicklung auf die Verantwortlichkeiten in der Kooperation wird im Folgenden entlang der zuvor beschriebenen Erweiterung des Kooperationsmodells dargestellt.

Startmodell

Die Koordination übernimmt in diesem Modell primär Marketing und Vertriebsaufgaben für die OEM-Dienstleistungen der Kooperation (Abbildung 2-4 und Tabelle 2-1). Der Schwerpunkt der Netzwerkkoordination liegt noch stark auf Marketing und Vertrieb zur Steigerung des Bekanntheitsgrades des Netzwerks. Die Koordination sowohl der Entwicklung als auch der Produktion wird von einem als Generalunternehmer agierenden Fachpartner (P1) eingenommen, der damit juristisch die Rolle des Generalunternehmers für den Entwicklungs- und Produktionsauftrag übernimmt. Organisatorisch werden bereits in dieser Phase alle technischen und organisatorischen Abstimmungsprozesse mit dem Kunden von der Koordination begleitet bzw. gesteuert.

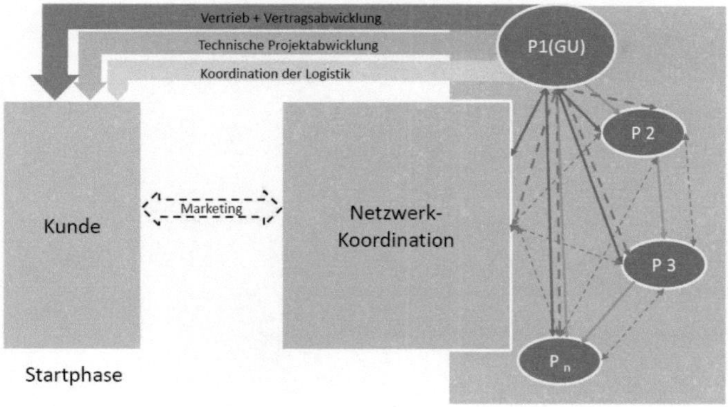

Abbildung 2-4 Verteilung der Zuständigkeiten in der Startphase der Kooperation

Für die operativen Rollen in der Kooperation ergeben sich hieraus für die Startphase folgende Verantwortlichkeiten:

Rolle	Aufgaben	Verantwortlichkeiten
Organisatorische Koordination	Allgemein	- Marketing & Vertrieb - (Mit-)Auswahl des GU - Begleitung Angebotserstellung - Wissensmanagement (Know-how-Datenbank) - Beschaffung und Überwachung prozessübergreifender Patente und Lizenzen
	Entwicklung	---
	Produktion	---
Technische Koordination	Allgemein	- Klärung der Machbarkeit
	Entwicklung	- Koordination mit vertraglicher Verantwortung gegenüber den Partnern
	Produktion	- Lösung technischer Probleme
Generalunternehmer (führender Partner P1 aus dem Konsortium)	Entwicklung	- Vertragliche Verantwortung gegenüber dem Kunden
	Produktion	- Vertragliche Verantwortung gegenüber dem Kunden - Technische Koordination Produktionsprozess
Unterauftragnehmer (übrige Fachpartner)	Allgemein	- Teilnahme an projektspezifischen Treffen der Fachpartner Fertigung und Entwicklung - Teilangebotserstellung - Einhaltung vorvertraglicher Vereinbarungen im Falle eines Vertragsabschlusses
	Entwicklung	- Vertragliche Verantwortung gegenüber GU
	Produktion	- Vertragliche Verantwortung gegenüber GU - Einhaltung der Qualitätskriterien

Tabelle 2-1 Operative Rollen und Verantwortlichkeiten in der Startphase

Aufbau- und Konsolidierungsmodell

Die Netzwerkkoordination übernimmt im Aufbau- und Konsolidierungsmodell verstärkt auch Aufgaben des Projektmanagements (Abbildung 2-5 und Tabelle 2-2) während der Schwerpunkt der Aufgaben des Generalunternehmers (P1) dabei auf der industriellen Fertigung der Produkte liegt – Die Kooperation nimmt zusehends die Rolle eines „Systemhauses“ ein.

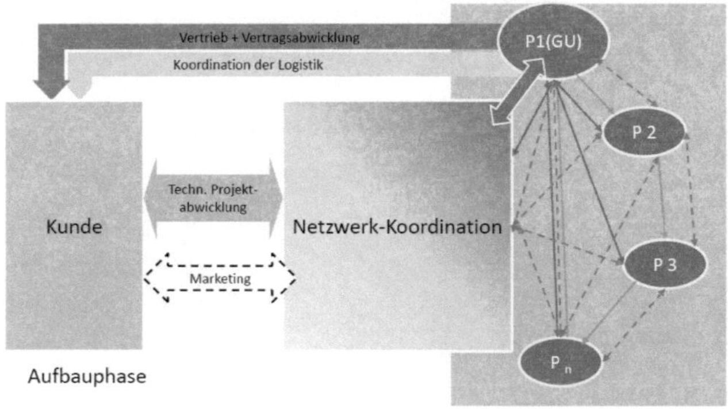

Abbildung 2-5 Beispiel für das Aufbaumodell der Kooperation

Die Koordination der Produktion wird weiterhin von einem Fachpartner eingenommen, der damit juristisch für die Produktion die Rolle des Generalunternehmers übernimmt. Organisatorisch werden auch in dieser Phase alle technischen und organisatorischen Abstimmungsprozesse mit dem Kunden von der Koordination begleitet bzw. gesteuert.

Für die operativen Rollen in der Kooperation ergeben sich hieraus für die Aufbauphase:

Rolle	Aufgaben	Verantwortlichkeiten
Koordination	Allgemein	- Marketing & Vertrieb - Begleitung Angebotserstellung - Wissensmanagement (Know-how-Datenbank) - Beschaffung und Überwachung prozessübergreifender Patente und Lizenzen
	Entwicklung	- Vertragliche Verantwortung gegenüber Kunde
	Produktion	---
Technische Koordination	Allgemein	- Machbarkeitserklärung
	Entwicklung	- Koordination mit vertraglicher Verantwortung gegenüber den Partnern
	Produktion	- Lösung technischer Probleme
Generalunternehmer (führender Partner P1 aus dem Konsortium)	Entwicklung	- Vertragliche Verantwortung gegenüber dem Kunden
	Produktion	- Vertragliche Verantwortung gegenüber dem Kunden - Technische Koordination Produktionsprozess
Unterauftragnehmer (übrige Fachpartner)	Allgemein	- Teilnahme an projektspezifischen Treffen der Fachpartner Fertigung und Entwicklung - Teilangebotserstellung - Einhaltung vorvertraglicher Vereinbarungen im Falle eines Vertragsabschlusses
	Entwicklung	- Vertragliche Verantwortung gegenüber technischer Koordination
	Produktion	Vertragliche Verantwortung gegenüber GU Einhaltung der Qualitätskriterien

Tabelle 2-2 Operative Rollen und Verantwortlichkeiten im Aufbaumodell

Betriebsmodell

Im Betriebsmodell werden alle Aufgaben an die gemeinsame Koordinationsstelle, delegiert, die damit die Prozess-Gesamtverantwortung übernimmt. Operativ bedeutet dies, dass die Kooperation als voll rechtsfähiges Unternehmen am Markt agiert und alle unternehmerischen Kernprozesse mit Ausnahme der eigentlichen Fertigung voll ausgeprägt werden (Abbildung 2-6 und Tabelle 2-3). Damit ist die die Koordination organisatorisch und juristisch der alleinige Ansprechpartner.

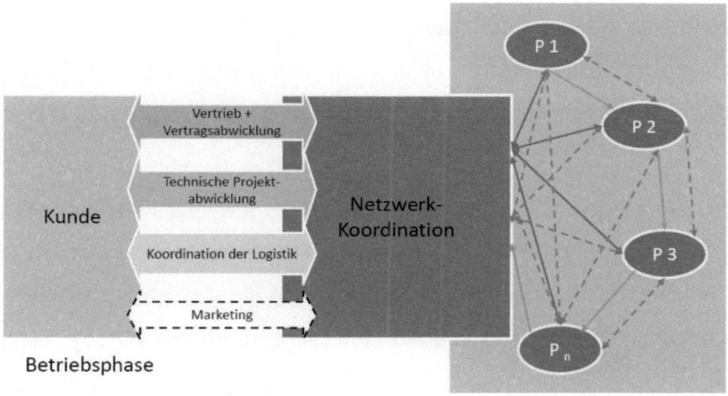

Abbildung 2-6 Beispiel für das Betriebsmodell der Kooperation

Für die operativen Rollen in der Kooperation ergeben sich für das Betriebsmodell folgende Verantwortlichkeiten:

Rolle	Aufgaben	Verantwortlichkeiten
Organisatorische und technische Koordination	Koordination der Auftragsabwicklung Entwicklung und Produktion	- Gesamtprozessverantwortung - Kapitalbeschaffung (Liquiditätsverantwortung) - Wissensmanagement (Beschaffung, Verwaltung und Sicherung) - Akquise, Service - Vorgehensmodell - Angebotskalkulation - Verträge mit Kunden, Designbüro und -Technologiepartner - Qualitätssicherung - Controlling (intern/extern, Rechnungswesen) - Vertrieb und Marketing - Verantwortlich für technische Realisierbarkeit - Stellt Experten zusammen und moderiert - Bericht an das Steuerungsgremium - Technische Koordination - Qualitätssicherung
Unterauftragnehmer (Fachpartner P1-Pn)	Entwicklung Produktion	- Teilproduktionsverantwortung - Teilprozessverantwortung (Termine, Qualität, Kosten) - Mitarbeit in Expertenteams
Kunde	Entwicklung	- Mitarbeit in Expertenteams - Definition der Systemanforderungen, und Qualitätskriterien

Tabelle 2-3 Operative Rollen und Verantwortlichkeiten im Betriebsmodell

Durch die schrittweise Zentralisierung von vertrieblichen Aufgaben in der Koordinationsstelle wird in den ersten Kooperationsphasen aufgrund der geringeren Auslastung und den häufig wechselnden Generalunternehmern keine zentralisierte Vertriebsinfrastruktur aufgebaut werden. Ein weiterer Grund liegt darin, dass die Partner aufgrund der dann noch außerhalb der Kooperation liegenden Schwerpunkte ihrer Kern-Geschäftsaktivitäten sich nicht auf eine Zweit- oder Alternativlösung für ihrer Administrations- und Dispositionssysteme einlassen würden. Vor allem in den ersten beiden Kooperationsphasen sind aufgrund der geringeren Auslastung und den zu antizipierenden häufigen Wechseln der Generalunternehmerschaft eine vollständig zentralisierten Vertriebsinfrastruktur kontraproduktiv, da durch die daraus resultierende doppelte Arbeit von Vertriebsaufgaben und die beträchtlichen Umrüstungskosten vor allem Zusatzkosten entstehen.

Erst in der Betriebsphase ist eine tiefergreifende Integration der jeweiligen betrieblichen Informations- und Wissensmanagementsysteme sinnvoll. Dementsprechend ist seitens der Koordination gerade in der Anlaufphase ein besonderes Augenmerk auf die vertriebsbegleitende Dokumentation auf Koordinationsebene zu richten *(8. Randbedingung für die IuW-Infrastruktur).*

Zur strukturierten Bearbeitung der im Organigramm festgelegten Kernaufgaben der Koordination sind im nächsten Schritt Geschäftsprozesse festzulegen, die genau beschreiben wie und von welcher Rolle eine Aufgabe erfüllt werden kann.

2.4 Neue Konzepte für die bedarfsgerechte Ablauforganisation in verteilten Unternehmenskooperationen der Mikrosystemtechnik

Den Kunden einer Kooperation interessiert nicht, welcher Partner im Einzelnen an welchem Prozessschritt im Netzwerk ausführt, solange von der Koordination sichergestellt wird, dass Qualität, Umsetzungsgeschwindigkeit und Preis der von ihm beauftragten Arbeit stimmen. Daraus resultieren folgende, für die Zusammenarbeit im Konsortium zu beachtende Randbedingungen:

- Es müssen interne Richtlinien erarbeitet werden, die sicherstellen, dass zeitliche, monetäre und das gegenseitige Vertrauen schädigende „Reibungsverluste" zwischen den Partnern durch unklare Rahmenbedingungen (fehlende Spezifikationen, mangelnde Abstimmung, ...) so weit wie möglich vermieden werden. Neben der Dokumentation bedeutet dies auch die Festlegung eines einheitlichen technischen Sprachgebrauchs (Syntax und Semantik), der unter anderem auch die Grundlage des gemeinsamen Wissensmanagements bildet.

- Ein klares, auftragsunabhängiges Vorgehensmodell muss die internen Prozesse beschreiben. Die Entscheidungspfade und Meilensteine entlang des Entwicklungs- und Fertigungsprozesses müssen nachvollziehbar dokumentiert sein.

- Die Kernaktivitäten der Kooperation müssen der Verfolgbarkeit der verschiedenen internen und externen Projektstränge wegen strukturiert und handhabbar sein. Unnötige Komplexität in den Abläufen muss vermieden werden, ohne dass wesentliche Überlegungen unberücksichtigt bleiben.

- Die Speicherung des generierten gemeinsamen Branchen-, Entwicklungs-, und Fertigungswissens stellt die Grundlage für eine solche Unternehmensform in der Mikrosystemtechnik dar. Daraus entsteht der „Know-how“ Mehrwert, der eine clanartige Kooperation der MST gegenüber funktionsfähig werden lässt. Das Prozesswissen muss in einer wieder verwertbaren, d.h. auf Folgeprojekte anwendbare Weise dokumentiert werden.

Letzterer Punkt gilt zwar grundsätzlich für nahezu alle Unternehmenskooperationen, er hat in der zu entwickelten Unternehmenskooperation für die MST aber besondere Bedeutung, da das Wissen über die MST-Wertschöpfungskette Prozessschritte, Technologien und ganze Prozessketten hier ein echtes Alleinstellungsmerkmal erzeugen kann. Um dieses Alleinstellungsmerkmal zu erreichen ist allerdings auch eine entsprechende Vorgehensmethodik erforderlich, die in den nächsten Abschnitten beschrieben wird. Viel stärker als die eher auf temporäre Zusammenarbeit ausgerichtete Generalunternehmerschaft oder das virtuelle Unternehmen kann hier das auf langfristige Kooperation ausgerichtete Clan-Unternehmensnetzwerk seine Vorteile voll ausspielen. Erst im auf Langfristigkeit angelegten Clan rechnen sich die Aufwendungen zur detaillierten Modellierung der Kooperations-Kernprozesse und deren Unterstützung durch Informations- und Wissensmanagement.

Das geeignete Informations- und Wissensmanagement einer clanartigen Kooperation sollte so gestaltet sein, dass durch eine geeignete Speicherung und Aufbereitung der einzelnen Prozessschritte Fertigungsergebnisse und Parameter einfach auf eine modifizierte Anforderung übertragen werden können. Auch wenn das Konsortium nur Märkte mit kleineren Seriengrößen bedient, wird durch die Wiederverwertbarkeit der Daten die Wettbewerbsfähigkeit erhöht und rechnet sich die Pflege der Daten *(9. Randbedingung für die IuW-Infrastruktur).*

Trotz aller Vorteile einer Vernetzung der Aktivitäten gilt dabei immer noch der Grundsatz, dass die - nach wie vor völlig eigenständigen - mittelständische Unternehmen nicht zu einer Fusion ihrer Software-systeme gezwungen werden möchten. Solange eine tiefgreifende Integration der Software für den Verbund bei den Partnern keinen Mehrwert für das eigene Unternehmen schafft, ist für die damit verbundene Umstellung der einzelnen lokalen Querschnittsysteme keine Akzeptanz bei den Partnern vorhanden.

Die Partner wollen darüber hinaus möglichst wenig Doppelarbeit durch Mehrfacheingaben, d.h. speziell in der Start- und Aufbauphase der Kooperation muss für eine möglichst reibungsfreie Kopplung der Kooperationsprozesse mit den operativen Prozessen der Partner gesorgt sein. Die Erfassung der Dokumentation hat dabei strukturiert bzw. semistrukturiert entlang von Entwicklungsrichtlinien, die sich die Kooperation gemeinsam erarbeitet hat, zu erfolgen. Die Koordination prüft die Einhaltung der im Vorgehensmodell vereinbarten Meilensteine *(10. Randbedingung für die IuW-Infrastruktur).*

Die Definition und die Strukturierung von Abläufen führt zu weniger Überwachungs- und Kontrollbedarf – ein Umstand, der bereits in der frühen Phase des Projekts zur Planung der dezentralisierten Kooperationsfunktionen und mit zunehmender Entwicklung der Kooperation aufgrund des zunehmenden Umfangs sehr wichtig ist. Bei einem wie in Kapitel 2.3 vorgeschlagenen Mix aus Zentralisierung und Dezentralisierung der Abläufe können die einzelnen unternehmensübergreifenden Teams als individuelle, autonom arbeitende Einheiten aufgrund der klaren Strukturierung einfacher durch Informations- und Kommunikationstechnik unterstützt und koordiniert werden bzw. sich selber über den Gesamtprojektstand informieren.

2.4.1 Kerngeschäftsprozesse und Supportprozesse in der Kooperation

Von den im letzten Abschnitt als kooperationsrelevant eingestuften Prozessen ähneln der Vertriebs- und auch der Produktionsprozess noch weitgehend Prozessen, wie sie bereits in fertigenden Unternehmenskooperationen definiert wurden (vgl. Kap 2.1). Aufgrund der bereits erwähnten, besonderen Marktanforderungen an die Entwicklung in der MST unterscheidet sich der Entwicklungsprozess in einer MST-Kooperation von einer Produktentwicklung in einem reifen Marktsegment am deutlichsten.

Bei den Supportprozessen zeigen sich bei der Umsetzung des Clan-Ansatzes Unterscheidungspunkte vor allem in den Bereichen Kalkulation und Risikoabschätzung sowie im Bereich des aktiven Managements der internen Prozesse, zu denen neben der organisatorischen Abwicklung der kooperationsinternen Prozesse der Kooperation vor allem auch die Teambildung und später das Teammanagement gehören.Im folgenden Abschnitt werden die drei Kernprozesse Vertrieb, Entwicklung und Produktion auf Besonderheiten der Mikrosystemtechnikbranche hin untersucht.

Abbildung 2-7 gibt einen grafischen Überblick über die zu erwartende Intensität der einzelnen Prozesse entlang der stufenweisen Entwicklung der Kooperation (von oben nach unten). Die

Bewertung der einzelnen Prozesse erfolgte dabei - bezogen auf die Entwicklungsphasen der Kooperation - in Anlehnung an eine groben Abschätzung der im vorigen Abschnitt definierten Aufgaben der an den Kernprozessen beteiligten Akteure (auf der Basis der Intensität des Abstimmungsbedarfs sowie dem Umfang und der Komplexität der zu definierenden Kooperationsprozesse).

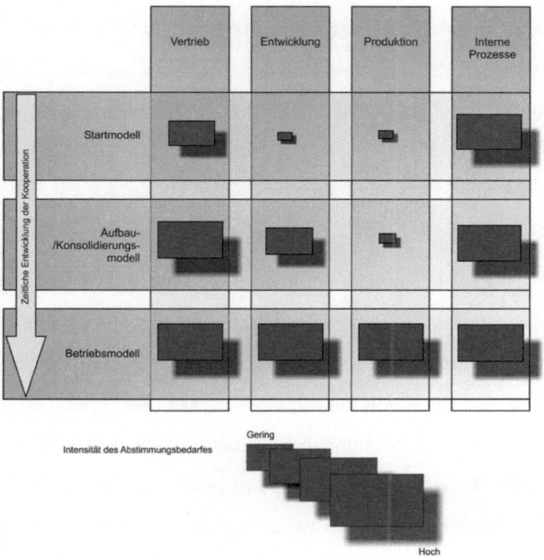

Abbildung 2-7 Zunahme der Abstimmungsintensität zwischen den Partner in den verschiedenen Kernprozessen des Clan-Netzwerks

2.4.2 Neuartiger Lösungsansatz für den Mikrosystemtechnik-Produktentwicklungsprozess

Der MST-Produktentwicklungsprozess wurde bereits zuvor neben Marketing und Vertrieb als Schlüsselprozess der Kooperation identifiziert. Im Gegensatz zum zwar verteilten, aber ansonsten weitgehend standardisierten Vertriebsprozess muss für den MST-Entwicklungsprozess aufgrund der schon angesprochenen Besonderheit der Entwicklung von Mikrosystem-Anwendungen (Entwicklung des Produkts und gleichzeitige Anpassungs- oder Weiterentwicklung der Fertigungstechnologien) zunächst eine ausführliche Untersuchung der Besonderheiten dieses Prozesses im Vergleich zur Vorgehensmethodik nach Pahl/Beitz als gewähltem Standardprozess erfolgen. In der Ausarbeitung der einzelnen Sequenzen wird daher vor allem auf diejenigen Unterprozesse näher eingegangen, die für diese MST-Besonderheiten und die organisatorischen Besonderheiten der Clan-Kooperation von größerer Bedeutung sind. Die vollständige Modellierung der Geschäftsprozessschritte findet sich in Anhang 7.1.

Merkmale des MST-Entwicklungsprozesses im Clan Geschäftsmodell

Der Entwicklungsprozess ist der komplexeste und kommunikationsintensivste Prozess in der Kooperation. Unabhängig von Kooperationsmodell und Entwicklungsphase bleibt er hinsichtlich der Kernelemente und Reihenfolge der Entwicklungsschritte gleich, lediglich die Aufgaben und die Rollen der Partner in der Kooperation können entlang der in Abschnitt 2.2 vorgestellten Grundtypen des Kooperationsentwicklungsmodells variieren. Aufgrund der gemäß Abschnitt 2.1 gewählten Variante der Positionierung der Kooperation als OEM-Produkt- und -Komponentenhersteller kann, bedingt durch die strategische Vorgabe des Kunden (als Anbieter am Markt), der aufwandsintensive Marktanalyse- und Bewertungsprozess eigener Produktideen, wie er in der Vorphase des Standard-Makro-Maschinenbauprozesses in Abbildung 2-8 dargestellt ist, weitgehend ausgeblendet werden.

Für die eigentliche Entwicklung von Mikrosystemen darf aufgrund des Einsatzes der Mikrosysteme im industriellen bzw. alltäglichen Umfeld keine Sonderrolle hinsichtlich Projektplanung und Einhaltung von Qualitätsstandards proklamiert werden, zumal das Mikrosystem nicht alleine verwendet wird, sondern in der Regel in die Produktion von Makrosystemen und deren Anforderungen eingebunden ist, z.B. Neigungssensoren im Mobiltelefon, Autos, etc.. Egal ob es sich um ein reines Mikrosystem oder um eine Mikrosystemtechnik-Komponente in einem Makrosystemprojekt handelt, orientiert sich der Mikrosystem-Produktentwicklungsprozess damit am Erreichen vorgegebener (Teil-) Spezifikationen und Meilensteine, an deren Erreichen die Weiterführung des Vorhabens, eine Änderung der Vorgehensweise in der Entwicklung o.ä. geknüpft sind. Hinzu kommt aufgrund des Stands der technologischen Entwicklung dabei sehr stark der Einfluss physikalischer und fertigungstechnischer Machbarkeiten. So hängen die gewünschten Produkteigenschaften beispielsweise von den noch nicht in allen Einzelheiten erforschten physikalische Effekte (z.B. Eigenschaften von Grenzflächen in fluidischen Mikrosystemen) ab.

Ziel der Unterstützung des Produktentwicklungsprozesses durch organisatorische und informations-technische Maßnahmen muss es also sein, soweit als möglich das daraus resultierende Entwicklungsrisiko zu reduzieren. Dem stehen die für die MST-Branche charakteristischen, im Detail oft weitgehend lösungsoffenen, Fertigungsvarianten zur Erreichung der Projektziele gegenüber. Zur Lösung dieses Dilemmas wird im Rahmen dieser Arbeit hierfür ein fein aufgelöster, iterative, Ansatz sowohl in der Produkt- als auch in der Fertigungsentwicklung vorgeschlagen. Die konzeptionelle Lösung geht dabei von der Hypothese aus, dass der Entwicklungsprozess hinsichtlich der Vorgehensmethodik nur sehr fein aufgelöst werden muss, um zu jedem Zeitpunkt ausreichend Informationen als Grundlage der Projektsteuerung verfügbar zu haben.

Um methodische Analogien auszunutzen, sollte dazu soweit als möglich auf bereits etablierte Methoden des Maschinenbaus oder anderer angewandter Wissenschaften zurückgegriffen werden. Insbesondere für die Grobuntergliederung bietet sich eine Vorgehensmethodik nach Pahl/Beitz an, bei der die vier Kernphasen des Produktentwicklungsprozesses um wichtige Meilensteine im Entwicklungsprozess ergänzt werden. Diese Meilensteine gelten zunächst unverändert auch für den MST Entwicklungsprozess für Bauteile oder Komponenten. Der Vorteil der Aufgliederung des Gesamtentwicklungsprozesses in n aufeinander aufbauende Teilprojekte bringt neben der besseren Kalkulierbarkeit auch Vorteile in der Auftragsabwicklung. Die Teilprozessschritte sind überschaubarer, bezüglich Risiken und Kosten kalkulierbarer und können entlang von definierten Projektvorgehensmodellen bearbeitet werden.

Das Hauptunterscheidungsmerkmal des dargestellten MST-Entwicklungsprozesses von Mikrosystemen bzw. -komponenten gegenüber Produktentwicklungsprozessen in anderen Industrien liegt in der bereits angesprochenen Parallelität der Produktentwicklung und der Fertigungstechnologieanpassung bzw. -weiterentwicklung. Die gleichzeitigen Entwicklungs-abläufe mit ihren iterativen Teilschritten führen dazu, dass die Lösungsstrategie zur Entwicklung von MST-Produkten oft nicht von vorneherein klar definierbar ist. Für die clanartige Kooperation ist letztlich doch der gesamte Produktentwicklungsprozess von Interesse, da hier auch die strategischen Entscheidungen der Kooperation im Gegensatz zu hierarchischen Strukturen gemeinsam getroffen werden.

Abbildung 2-8 zeigt eine grafische Darstellung des auf die Anforderungen des MST-Entwicklungsprozesses angepassten Produktentwicklungsmodells.

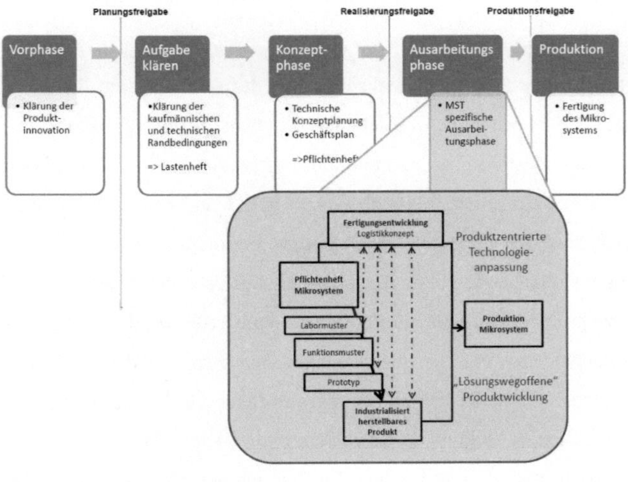

Abbildung 2-8 Modifiziertes Modell des MST-Produktentwicklungsprozesses mit wichtigen Meilensteinen

Konzept der Fraktionierung des Produktentwicklungsprozesses

Organisatorisch wird die Lösung einer einzelnen Teilaufgabe zur eigenständigen Aufgabenstellung mit einem (Teil-)Ergebnis, das seine Entsprechung auch im Außenverhältnis zum Kunden hin in der Angebots- und Rechnungsstellung findet. Die aus der Fraktionierung entstehenden Teilprojekte lassen sich -analog zu dem von Pahl Beitz vorgeschlagenen Produktentwicklungsmodell- dann weiter in die Teilprozessphasen „Aufgabe klären", „Konzeptphase", „Entwurfsphase", „Ausarbeitungsphase" „Markt-einführung/Freigabe" gliedern. Bedingt durch den Bezug zum Gesamtentwicklungsprozess muss trotz der Besonderheiten der „flexiblen Anpassung von Zyklen" im MST-Entwicklungsprozess jederzeit eine Reflektion der gleichzeitig laufenden Teilprojekte im Kontext der Gesamtsystemanforderungen sowie eine Übersicht über die verschiedenen Projektstati möglich sein *(11. Randbedingung für die IuW-Infrastruktur)*.

Übertragung und Anpassung von Konzepten aus dem Makro-Maschinenbau und der Softwareentwicklung auf die Anforderungen der Ausarbeitungsphase der MST-Produktentwicklung

Im vorhergehenden Abschnitt wurde bereits hervorgehoben, dass die meisten Probleme während der Entwicklung von MST Produkten aufgrund der Prozess- und Produktentwicklungsrisiken in der Ausarbeitungsphase auftreten. Im Folgenden soll zur Verbesserung dieser Probleme durch die Verknüpfung der Stärken zweier Modelle eine geeignete Vorgehensmethodik für die MST Produktentwicklung erreicht werden. Es liegt auch hier nahe, für die Ausarbeitung grundsätzlich die im Makromaschinenbau bewährten Mechanismen beizubehalten. Wie in Abbildung 2-8 dargestellt ergeben sich damit für den Entwicklungsprozess nach Pahl/Beitz die Prozessschritte Vorstudie, Machbarkeitsabschätzung, Labor- und Funktionsmuster- bzw. Prototypenentwicklung und Industrialisierung.

Im ersten Schritt erfolgt die Überprüfung der Realisierbarkeit des Produktes auf der Basis der dem Konsortium zugänglichen Technologien. Sofern das Ergebnis positiv ist, erfolgt im Anschluss die Erstellung des Funktionsmusters. Das Funktionsmuster dient dazu, die grundsätzliche Funktionalität eines Produktes aufzuzeigen, muss aber nicht in Art und Form dem Endprodukt entsprechen. Es folgt der Prozess zur Erstellung des Prototyps, der dem herzustellenden Bauteil bereits genau gleicht, aber evtl. noch auf einer anderen Herstellungstechnologie beruht. Am Ende folgt der Industrialisierungsprozess, bei dem die Produktion vorbereitet wird. Zur Lösung des mikrosystemtechnikspezifischen Problems der gleichzeitigen Fertigungs- und Produktentwicklung und der damit verbundenen großen Projektrisiken muss es daher das Ziel der Vorgehensmethodik sein, die Entwicklungsschritte so klein als möglich aufzutrennen und damit das Erreichen der Teilergebnisse möglichst kalkulierbar zu machen. Im Rahmen der Arbeit wurde daher eine

Lösung gesucht, die die Auflösung der Aktivitäten der Ausarbeitungsphase in möglichst kleine Schritte unter besonderer Berücksichtigung der Zusammenarbeit in einem verteilten Team berücksichtigt. Die gefundene Lösung kombiniert nun die Vorzüge zweier Vorgehensmodelle miteinander. Die Verknüpfung von Entwicklungsansätzen aus der Softwareentwicklung mit ihren zumeist iterativen Ansätzen mit Produktentwicklungsmethoden aus dem Maschinenbau zeigt sich dabei als ein praktikabler Ansatz.

Für die Ausarbeitung des neuen Konzepts wurde das Boehm´sche Spiralmodell mit dem Vorgehensmodell nach Pahl/Beitz kombiniert. Dabei entspricht eine „Windung“ der „Entwicklungsspirale“ einer Entwicklungsstufe während der Ausarbeitungsphase eines (Teil-) Entwicklungsprojekts. Typisch für das Spiralmodells ist die starke Betonung der Risikoanalyse, die einem Scheitern des Projekts frühzeitig vorbeugen bzw. ein aussichtsloses Projekt möglichst schnell beenden soll. Die Strategie kleiner Schritte reduziert das Risiko einer kostenintensiven Fehlentwicklung deutlich, indem eine permanente Überprüfung des Projektstatus und der Vorgehensweise erfolgt. Für das aus der Synthese von Pahl/Beitz und Boehm´schen Spiralmodell resultierende Spiralmodell des MST-Entwicklungsprozesses sind analog zu den Meilensteinen der Ausarbeitungsphase fünf „Windungen“ der Spirale, im Folgenden Zyklen genannt, vorzusehen. Die gesamte Spirale entspricht einem Voranschreiten der Ausarbeitungsphase des Projekts von der Vorstudie bis zu Industrialisierung. Damit besteht die Spirale aus bis zu fünf Windungen zur Lösung eines Gesamtentwicklungsproblems. Erst wenn das Teilentwicklungsprojekt die Meilensteine des Teilziels erreicht hat, kann die nächste Spiralwindung des Gesamtentwicklungsprozesses begonnen werden. Der einzelne Entwicklungszyklus besteht dabei im optimalen Fall aus genau einem Durchlauf zur Erreichung der Ziele einer Entwicklungsstufe. In Tabelle 2-4 werden die sich aus der vorgeschlagenen, modifizierten Ausarbeitungsphase als Kombination des Boehm´schen Zyklus mit den Ausarbeitungsphase nach Pahl/Beitz ergebenden Teilarbeitsschritte schematisch vorgestellt.

Zyklus	0 Vorstudie	1 Realisierbarkeit	2 Funktionsmuster	3 - Prototyp	4 -Industrialisierung
A - Machbarkeit	0A Vorstudie - Machbarkeit	1A Realisierbarkeit - Machbarkeit	2A Funktionsmuster Machbarkeit	3A Prototyp - Machbarkeit	4A Industrialisierung –Machbarkeit
Freigabe durch den Kunden					
B - Ausarbeitung	0B Vorstudie - Ausarbeitung	1B Realisierbarkeit - Ausarbeitung	2B Funktionsmus-ter, Ausarbeitung	3B Prototyp - Ausarbeitung	4B Industrialisierung Ausarbeitung
C - Interner Review	0C Vorstudie, interner Review	1C Realisierbarkeit - interner Review	2C Funktionsmus-ter, interner Review	3C Prototyp, interner Review	4C Industrialisierung, interner Review
D - Externer Review	0D Vorstudie, externer Review	1D Realisierbarkeit, externer Review	2D Funktionsmus-ter , externer Review	3D Prototyp - externer Review	4D Industrialisierung, externer Review
Erneute Auftragserteilung / Kundenabnahme					

Tabelle 2-4 Matrix der Teilprojektzyklen und der zugeordneten Phasen entlang des MST-Spiralmodells

Zusätzliche Erweiterungen

In Erweiterung des Spiralmodells wird zusätzlich in der Phase des internen Reviews die Entscheidung über das weitere Vorgehen im Projekt um die Möglichkeit eines „Rücksprungs“ an den Anfang des letzten Durchgangs oder ggf. sogar auf einen früheren Meilenstein ergänzt, so dass im Bedarfsfall der Zyklus der Ausarbeitungsphase mehrmals durchlaufen werden kann - sich damit aber auch die Zahl der Zyklen erhöht. Damit ist die Ausarbeitungsphase nicht mehr ein von Anfang an komplett vordefiniertes, stringentes Entwicklungsprojekt. Vielmehr wird nun jeder Durchlauf eines Entwicklungszyklus als ein eigenständiges (Teil-) Entwicklungsprojekt aufgefasst.

Mit dem Ansatz können zudem durch parallele Ausführung einzelner Teilentwicklungsschritte mit unterschiedlichen Technologien mehrere Technologielösungsansätze hinsichtlich einer Anforderung an das Produkt evaluiert werden. Im Extremfall kann aber auch eine komplette Ausarbeitungslösung verworfen werden.

Die Vorgehensmethodik entspricht damit in guter Näherung der in der MST-Branche bislang zumeist intuitiv praktizierten Vorgehensweise. Der hier vorgeschlagene neue Strukturierungsansatz verbessert aber durch die Explizierung der impliziten Vorgehensmethodik die aktive Nutzung und Auswertung der damit erreichten Ergebnisse.

Durch die dem Modell inhärente Beschreibung der Entscheidungslogik können darüber die Teilergebnisse im Kontext der gegebenen Teil- und Gesamtanforderungen besser erfasst, dokumentiert und ausgewertet werden.

Ausarbeitung der einzelnen Phasen jedes Einzelzyklus des MST Spiralmodells

Innerhalb eines Teilprojekts kann aufgrund der kleineren, nun klarer definierbaren Ziele eine starrere, eher an die Erreichung von Zielvorgaben ausgerichtete Struktur gewählt werden, die die Überwachung jedes einzelnen Teilprojekts vereinfacht. Auch hier bietet sich wieder das Projektentwicklungskonzept aus dem Makrobereich an.Für jeden Zyklus lässt sich wiederum die folgende auf das MST-Bauteil oder -Baugruppe abgebildete Struktur festlegen:

- Machbarkeit: Klärung der Ziele, Erhebung von Anforderungen, Bestimmung der Randbedingungen
- Ausarbeitung: Entwurf und Erstellung eines Musterbauteils (Je nach Phase wird im Folgenden Labormustern, Funktionsmustern, Prototypen und Vorserienprodukten verwendet)
- Interne Überprüfung: Funktionsprüfung des Teils, des Systems

- Externe Überprüfung: Auswertung der Iteration zusammen mit dem Kunden und Planung der nächsten Iteration bzw. der nächsten Projektphase bzw. Stopp des Gesamtprojekts im Falle einer Verletzung der Gesamtprojektrandbedingungen (technisch oder finanziell).

In der ersten Phase des Teilmodells erfolgen die Untersuchung der Machbarkeit des (modifizierten) Lösungsansatzes sowie eine grobe Planung des Vorgehens des Prozesses sowie die Angebotserstellung für den Kunden. Nimmt der Kunde das Angebot an, wird der Entwicklungsprozess freigegeben.

Die Bearbeitung der Entwicklungsaufgaben wird in der zweiten Phase von den Fachpartnern für die Entwicklung bzw. zusammen mit den Fachpartnern für die Fertigungsentwicklung durchgeführt.

Die dritte Phase wird als ein interner Review festgelegt, der im Wesentlichen eine gemeinsame Überprüfung der Entwicklungsergebnisse, die Erstellung der Entwicklungsdokumentation und die strukturierte Speicherung des generierten Prozesswissens enthält. Die Dokumentation bezieht sich dabei auf die bisherigen Vorgänge des aktuellen Zyklus, wobei Änderungen an dem Gesamtkonzept und Weiterentwicklungen der Fertigungsprozess-Fähigkeiten eines Partners in einer separaten Materialsammlung zu erfassen sind. Sofern es sich um technische Parameter oder „Design" Rules handelt, ist eine weitergehende Strukturierung der Datenerfassung sinnvoll, um durch die damit verbundene Explizierung des Prozesswissens in späteren Entwicklungsphasen oder neuen Entwicklungsprozessen auf die gewonnenen Erkenntnisse zurückgreifen zu können.

Der Vorteil eines solchen Ansatzes besteht für den Kunden und auch die Koordination der Unternehmenskooperation darin, dass Entwicklungsprozesse in organisatorisch ähnliche, vergleichbare und vor allem überprüfbare Entwicklungssequenzen zerlegt werden können, die zugleich zur kundenanfrage- / auftragsspezifische Instanziierung von Teilaufträgen dienen. Der Ansatz erleichtert auch die Vergleichbarkeit der Stati der verschiedenen Projekte der Kooperation auf Ebene der Koordination, indem für jedes Projekt das gleiche Vorgehensschema auch bei unterschiedlichen Projektverläufen angelegt wird.

Die voranstehende Methodik wird in der nachfolgenden Abbildung 2-9 zusammengefasst. Das Bild zeigt dabei das modifizierte Spiralmodell nach Boehm. Geändert wurde insbesondere, dass die Entscheidung über den weiteren Projektverlauf an den Entscheidungspunkten (im Bild „Kundenabnahme" genannt) stattfindet. Dabei kann das Teilprojekt neben den bereits von Boehm definierten Stati „Weiterentwicklung" und „Erreichen des Projektziels" auch noch die Stati „Wiederholung der aktuellen Entwicklungsstufe" und „Abbruch des Teil bzw. Gesamtprojektes" annehmen.

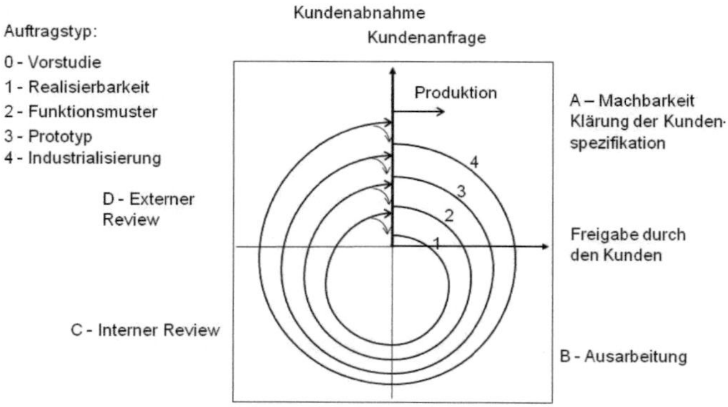

Abbildung 2-9 Modifiziertes Spiralmodell der Softwareentwicklung

Das so entstehende, neuartige Beschreibungsmodell des MST-Produktentwicklungsprozesses toleriert damit in gewissem Umfang auch Fehlversuche erlaubt aber gleichzeitig das Aufspalten des Projekts in eine Vielzahl von Haupt- und Nebenhandlungssträngen. Für die bedarfsgerechte Informationsbereitstellung gewinnt daher mehr als in den bisherigen Ansätzen ein mit Methoden der Datenverarbeitung praktikabel umsetzbares Konzept zur Steuerung und Überwachung der Vorgehensmethodik an Bedeutung. Der im Rahmen der vorliegenden Arbeit hierfür entwickelte Ansatz wird im folgenden Abschnitt vorgestellt.

2.4.3 Neuartiges Konzept zur Modellierung und Steuerung von Mikrosystemtechnik – Entwicklungsprojekten in Unternehmenskooperationen

Zur Steuerung von Entscheidungen im MST-Produktentwicklungsprozess wird für die vorliegende Arbeit ein richtlinienorientiertes Vorgehensmodell gewählt, das auf der Basis eines Kriterienkatalogs den Übergang von einer Entwicklungsprojektstufe zur nächsten bzw. den Abbruch des Gesamtprojekts am Erreichen von Meilensteinen festmacht und das es erlaubt, das weitere Vorgehen im Projekt im Bedarfsfall anzupassen (im folgenden Entwicklungsrichtlinien genannt).

Definition von Meilensteinen zur Steuerung des ergebnisoffenen MST-Produktentwicklungsprozesses

Im Zusammenhang mit der voranstehend erläuterten Entwicklungssystematik des MST-Spiralmodells ist die Frage zu klären, wann ein Zyklus bzw. eine Phase als abgeschlossen betrachtet werden kann bzw. welche Schritte auf dem Weg dahin auszuführen sind. Als Lösung hierzu bietet sich die nachfolgende Vorgehensweise an, die anstelle von starren Vorgehensmodellen auf das Erreichen von organisatorischen Projektmeilensteinen setzt, wobei die Struktur für jedes Entwicklungsprojekt gleich vorgegeben ist.

Der Übergang von einer Phase zur nächsten wird dabei an Erreichung von obligatorischen Meilensteinen geknüpft. Obligatorische Meilensteine sind zum Beispiel Kontrollschritte (z.B. „Prozessstabilität erreicht"). Hinreichende Schritte wie z.B. Dokumentationen, die für kurzfristige Entscheidung nicht direkt relevant sind, können auch aufgeschoben werden und beeinflussen das Erreichen eines Teilprojektziels nicht. Auch können auf diese Weise flexible zusätzliche Teilprozessschritte eingefügt werden Alle Schritte müssen jedoch bis zum Projektende abgeschlossen sein *(12. Randbedingung für die IuW-Infrastruktur)*.

Abbildung 2-10 zeigt die für den MST Produktentwicklungsprozess erstellten Entwicklungsrichtlinien den zugehörigen Meilensteinen.

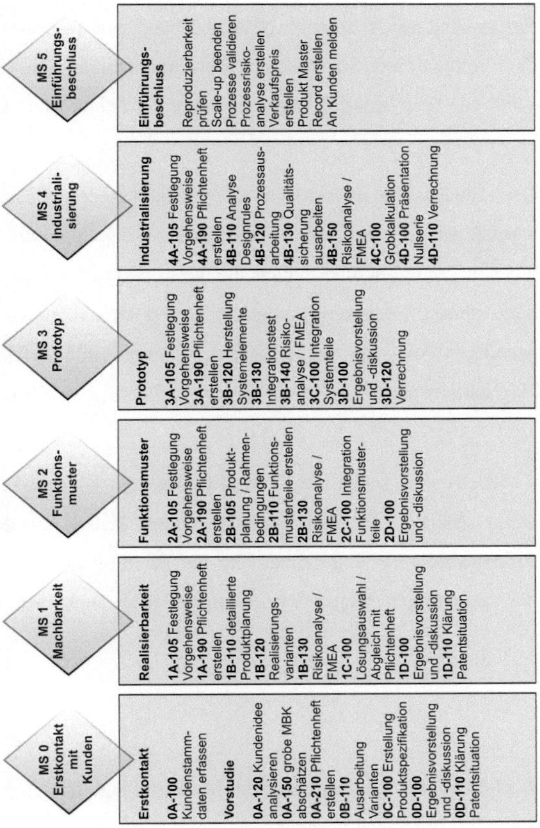

Abbildung 2-10 Konzept der Entwicklungsrichtlinien

Jeder Ausarbeitungszyklus wird hinsichtlich der Erreichung von Zielen durch zwingend zu erreichende Meilensteine charakterisiert. Entlang dieser - in der Regel starr strukturierbaren[12] Teilabläufe - können nun kontextabhängig und innerhalb der Zyklen des Meta-Produktentwicklungsprozesses Aktivitäten der Koordination, der Fachpartner oder anderer Rollen eingebunden werden *(13. Randbedingung für die IuW-Infrastruktur).*

Die Entwicklungsrichtlinien müssen nun noch auf das im voranstehenden Abschnitt eingeführte Konzept der Teilprozesse abgestimmt werden. Ein Vorschlag für eine Umsetzung ist in Form einer Matrix aus horizontal dargestellten Phasen der Ausarbeitungsphase des Produktentwicklungsprozesses und vertikal dargestellten Phasen der Bearbeitung der einzelnen Zyklen zusammengefasst (Tabelle 2-5).

Tabelle 2-5 strukturiert die Phasen des MST-Produktentwicklungsprozesses im Vergleich zu Tabelle 2-4 bereits deutlich stärker. Im Sinne der projektbegleitenden Dokumentation bietet es sich an, den Status der Teilprojekte anhand von weiteren Abfragemechanismen zu prüfen, die neben der Dokumentation auch die Funktion einer Statusrückmeldung übernehmen. Die Unterprozesse bestehen im einfachsten Fall aus einer Kontrollfrage, die von einer Person/einer Organisation zu beantworten ist.

In Produktionsprozessen mit größeren Stückzahlen ist zudem die Möglichkeit einer automatisierten Statusmeldung von Fertigungsanlagen gegeben. In verteilten Organisationen wie dem betrachteten clanartigen Unternehmen es kommt darüber hinaus die Notwendigkeit komplexerer Abstimmungsprozesse hinzu, die ggf. durch Softwaremethoden zu unterstützen sind. Als Beispiel hierfür lassen sich die notwendigen Analysen und Risikobetrachtungen im Vorfeld der Freigabe von Entwicklungs- und Produktionsprojekten heranziehen *(14. Randbedingung für die IuW-Infrastruktur).*

Eine detailliertere Auflistung der Meilensteine, sowie der Kontrollfragen zum Überprüfen des Erreichens der Meilensteine ist in Anhang 7.2 dokumentiert. Jeder Phase des MST-Entwicklungsprozesses werden Prozessabschnitte zugeordnet, die zur Klärung des Entwicklungsstatus und zum Erreichen des zugehörigen Meilensteins beitragen (vgl. auch detaillierte Ausarbeitung in Anhang 7.1).

[12] Bei einem starr strukturierten Workflow sind zum Zeitpunkt der Modellierung alle zur Abbildung des Prozessmodells notwendigen Informationen bekannt

Phase\Zyklus	0 - Vorstudie	1 - Realisierbarkeit	2 - Funktionsmuster	3 - Prototyp	4 - Industrialisierung
A - Machbarkeit	Bearbeitung der Kundenanfrage				
	Überprüfung der allgemeinen Realisierbarkeit				
	Machbarkeitsabschätzung mit Risikoanalyse				
	Kalkulation				
	Angebotserstellung				
	Vertragsverhandlungen				
B - Ausarbeitung	Problemanalyse	Analyse des Lastenhefts	Prüfung der Rahmenbedingungen	Analyse der Designrules	Prüfung der Rahmenbedingungen
	Prüfung der Rahmenbedingungen	Ableitung geforderter Produktfunktionen	Detaillierte Produktplanung	Detaillierte Prototypenplanung	Analyse der Designrules
	Ausarbeitung der Produktspezifikation	Prüfung der Rahmenbedingungen	Abgleich / Diskussion	Herstellung der Systemelemente	Verfahrens- und Prozessauswahl
	Durchführung FMEA	Suche von Wirkprinzipien	Ausarbeitung des Funktionsmusters	Abgleich mit den Systemanforderungen	Ausarbeitung der Qualitätssicherung
		Verfahrens- / Materialsuche	Einzelfunktions- / Integrationstests		Erstellung Materialfluss- / Logistikkonzept
		Lösungsvarianten konkretisieren		Problembeseitigung	Fertigung der Nullserie
		Bewertung der Varianten		Gesamtintegrationstest	Qualitätsprüfung
C - Interner Review	Diskussion der Einzelspezifikationen	Diskussion der Lösungsvorschläge	Integration der Funktionsmusterteile		Prozess-FMEA
	Integrationsfähigkeits-untersuchung	Risikoabschätzung	Überprüfung der Gesamtfunktion		Grobkalkulation Produktion
	Erstellung des Lastenhefts	Lösungsauswahl	Qualitätsprüfung	Qualitätsprüfung	Gesamtdokumentation
		Erstellung des Pflichtenhefts	Funktionsdokumentation	Gesamtdokumentation	Systemabnahme
	Dokumentation / Wissensablage				
D - Externer Review	Diskussion des Lastenhefts	Diskussion des Pflichtenhefts	Diskussion des Funktionsmusters	Diskussion des Prototyps	Präsentation der Nullserie
			ggf. Integrationstests		
	Klärung der Patentsituation				
	Dokumentation und Verrechnung				

Tabelle 2-5 Teilprozesse der Entwicklung

2.4.4 Gesamtszenario der Kernprozesse in der Mikrosystemtechnik–Unternehmenskooperation

Nach der Einführung der neuartigen Beschreibungsmethodik für die MST- Produktentwicklung wird im folgenden Abschnitt auf ausgewählte Aspekte einer Kundenanfrage im Kontext der MST-Unternehmenskooperation eingegangen.

2.4.4.1 Interaktion der Kernprozesse im Gesamtszenario

Die Kooperations-Kernprozesse Vertrieb, Entwicklung und Produktion sowie die internen Prozesse sind sehr umfangreich und entsprechen, bis auf die im letzten und diesen Abschnitt vorgestellten Besonderheiten denen eines Makro-Maschinenbauentwicklungsprozesses. Im Rahmen dieser Arbeit wurde dazu eine vollständige Modellierung der Kernprozesse durchgeführt. Ziel der Ausarbeitung war es, den Dokumentations-, Informationsbereitstellungs- und Kommunikationsbedarf entlang des Produktenwicklungsprozesses genau zu bestimmen, indem die notwendige Detaillierung der Prozesse und die Zuordnung der Rollen für den MST-Produktentwicklungsprozess ausgearbeitet wurde. Für den Entwicklungsgeschäftsprozess ist dies im Anhang 7.1 beispielhaft dokumentiert.

Abbildung 2-11 fasst die Modellierungsmethodik schematisch zusammen und zeigt die Abwicklung eines Kundenauftrags zu einem Teilprojekt. Das Schema nimmt dabei den Gedanken der Aufspaltung des Kundenauftrags in einzelne Teilaufträge auf. Jeder Teilauftrag beginnt daher mit einem vorgelagerten Vertriebsprozess, so dass jedem Teilauftrag die vertrieblichen Standardprozesse Angebotserstellung und Auftragserteilung vorangehen. Ein Angebot über das Gesamtprojekt gibt es in der Mikrosystemtechnik zumeist aufgrund der nicht genau kalkulierbaren Projektrisiken nicht, in der Regel werden hier vom Konsortium nur Kostenabschätzungen abgegeben.

Je nach Status des Gesamtkundenprojektes folgt dann die Vereinbarung zur Entwicklung eines der fünf voranstehend beschriebenen Zyklen zum MST-Produktentwicklungsprozess bzw. die Vergabe des Fertigungsauftrags. Gegebenenfalls wird die Aufteilung dann noch um Wiederholungen eines einzelnen Teilprojektschritts erweitert.

Alternativ dazu kann auch ein Fertigungsprozess gestartet werden. Die hierbei stattfindende Virtualisierung der Produktion, die Aufteilung des Fertigungsprozesses in Teilschritte, die von den Fertigungspartnern bearbeitet werden (vgl. Prozessstrang „Produktion“ in Abbildung 2-11) wurde in der Übersichtsgrafik aus Gründen der Übersichtlichkeit nicht detailliert dargestellt. Am Ende eines jeden Teilauftrags stehen wiederum die vertrieblichen Schritte Versand, Verpackung und die Abrechnung der erbrachten (Teil-)Leistung. Damit ist die Konzeption der drei operativen Kernprozesse abgeschlossen.

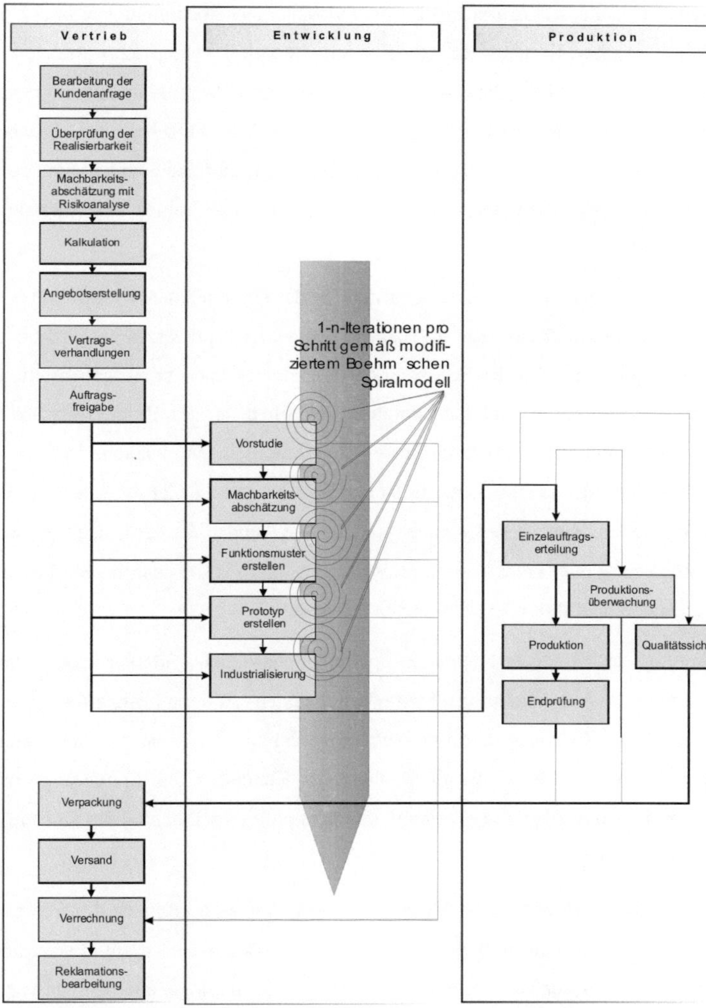

Abbildung 2-11 Auftragsabwicklung für die iterative Mikrosystemtechnik Produktentwicklung

Im Folgenden wird nun auf einzelne spezifische mikrosystemtechnische oder clanspezifische Besonderheiten des Gesamtprozesses eingegangen. Zumeist handelt es sich um Abstimmungsprozesse, an denen sich die Anforderungen an die IuW-Infrastruktur der Kooperation gut herausarbeiten lassen.

2.4.4.2 Modifizierter Mikrosystemtechnik-Vertriebsprozess

Der MST-Vertriebsprozess in der clanartigen Kooperation weist zwei kleinere Besonderheiten auf. Zum Einen müssen in ihn die kooperationsinternen Abstimmungsprozesse der verteilten Kundenanfrage- bzw. Kundenauftragsbearbeitung integriert werden. Zum Anderen wird sich der Prozess aufgrund der unter Umständen sehr kleinen Projektschritte auch bei einem Kundenauftrag sehr häufig wiederholen. Durch das teilweise hohe Maß an technischen Unsicherheiten wird zum Beispiel schon in den sehr frühen Phasen der Kundenanfrage eine iterative Vorgehensweise entlang des voranstehend beschriebenen Ansatzes im Vorfeld einer Beauftragung von Vorstudien notwendig.

Ein solcher einzelner Teilentwicklungsprozess in der Unternehmenskooperation wird durch die Bearbeitung einer Kundenanfrage im Rahmen des Vertriebsprozesses initiiert. Im Vertriebsprozess erfolgt dabei zunächst die Erfassung der Grunddaten und der Aufgabenstellung. Aufgrund der bereits erörterten technologiebedingten Unklarheit in der Produktentwicklung und der Produktionstechnologien kann es im Einzelfall erforderlich sein, zunächst vor dem eigentlichen Projektstart eine oder mehrere interne Vorstudien für den Kunden oder auch die Kooperation selbst zu erstellen. Ziel ist die genaue Analyse der Kundenidee, ggf. auch schon einer ersten Marktabschätzung oder einer Wettbewerbsanalyse. Intern sollte auch bereits hier der Vergleich mit eigenen durchgeführten Entwicklungen erfolgen.

Oft beauftragt der Kunde bereits in der Vorstudienphase erste Untersuchungen. Aufgrund ihrer Einbindung in die Aktivitäten ihres Stammunternehmens sind die Fachpartner in den Partnerunternehmen für die Koordination oft nur sehr eingeschränkt verfügbar, was im ungünstigsten Fall zu langen Verzögerungen in der Bearbeitung der Kundenanfrage führen kann. Es muss eine Methode gefunden werden, die es erlaubt, das technologische Potential des Konsortiums wiederverwertbar zu speichern.

Mit Hilfe eines auf einer solchen Methodik basierenden Werkzeugs ist die Koordination in der Lage, entlang einer Kundenanfrage auf aktuelle Daten zu den sich stetig erweiternden technologischen Fähigkeiten der Partner, aber auch externer Technologieunternehmen zuzugreifen und die Erstabschätzung auf der Basis der Einzelkompetenzen bzw. schon vorhandener Erfahrungen aus gemeinsamem Projekten vorzunehmen. Dazu bedarf es einer Aufbereitung von technologischen Informationen dergestalt, dass Prozessschritte oder Technologien in Bezug auf eine Aufgabenstellung vergleichbar werden *(15. Randbedingung für die IuW-Infrastruktur)*.

Ebenfalls bereits in der frühen Phase eines Kundenkontakts verschafft sich die Projektkoordination einen ersten Überblick über die wirtschaftliche und technische Machbarkeit der Anfrage sowie die Plausibilität der vom Kunden angegebenen Eckwerte. Auf Basis der Recherchen wird unter Berücksichtigung der Kompetenzen aus dem Pool der Fachpartner das technische Expertenteam zusammengestellt und eine grobe Vorgehensweise für das Entwicklungsprojekt festgelegt. Falls die Vorstudien und die interne Diskussion der Fachpartner für die Entwicklung und Fertigung die Chancen und Risiken des Gesamtprojektes für die beteiligten Kooperationspartner tragbar erscheinen lässt, wird das Ergebnis dem Kunden durch die Koordination mitgeteilt und mit ihm diskutiert. Je nachdem wird die vorgeschlagene Vorgehensweise bestätigt oder die Lösung an seine Wünsche angepasst, was unter Umständen einen erneuten Durchlauf der Vorstudien bedeutet.

Basierend auf der akzeptierten Festlegung erstellen die Technologiepartner Einzelkalkulationen für ihre Teilschritte des jeweils nächsten Zyklus. Die Koordination integriert die Einzelkalkulationen mit den Koordinationskosten zur Gesamtkalkulation als Grundlage für die Angebotserstellung. Wird das Angebot nicht vom Kunden akzeptiert, so erfolgt eine Angebotsüberarbeitung in Absprache mit allen Partnern. Am Beispiel der Vorstudie soll die verteilte Zusammenarbeit nun näher vorgestellt werden.

Die Vorstudie

Im Rahmen der Vorstudie wird zuerst eine Problemanalyse der Einzelfragestellung (zum Beispiel einer technologiespezifischen Fragestellung oder einer gewünschten Produkteigenschaft) und eine Prüfung der Rahmenbedingungen vorgenommen (Prozessphase 0B). Die Produktspezifikationen müssen bereits jetzt erstmalig entlang von Risikoeinschätzungen ausgearbeitet werden und durch Rücksprache mit dem Kunden auf dessen Vorstellungen angepasst werden (vgl. Abbildung 2-12).

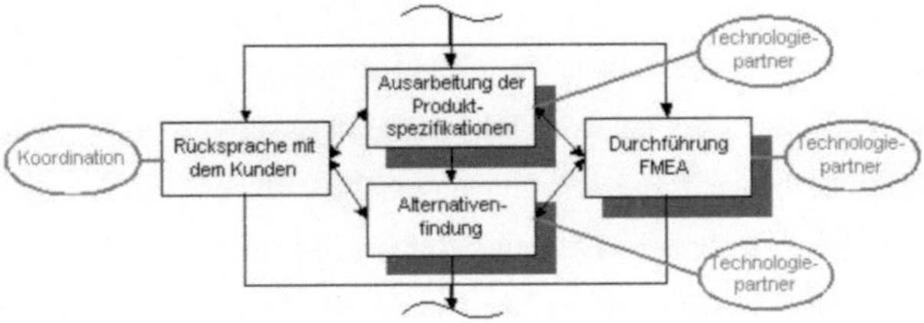

Abbildung 2-12 Ausschnitt aus der Ausarbeitungsphase der Vorstudie

Im internen Review (Prozessphase 0C) werden im nächsten Schritt im Team der Fachpartner die erarbeiteten Spezifikationen zusammengeführt und auf Inkonsistenzen untersucht. Es folgt die Erstellung des Lastenhefts und, wie in jeder Phase des internen Reviews, eine Dokumentation der Vorgehensweise und Wissensablage der Ergebnisse. Die abgespeicherten Informationen sollen als Teil des Wissensmanagementansatzes in späteren Projekten zur Verbesserung der

Prozessqualität, der Durchlaufzeitverkürzung und zur Fehlervermeidung in der Planung beitragen.

In der letzten Phase der Vorstudie (externer Review, Prozessphase 0D) wird das Lastenheft dem Kunden vorgestellt und mit ihm diskutiert. Dabei erfolgt die abschließende Vorüberprüfung der rechtlichen Situation (Patentlage). Falls eine Patentverletzung z.B. eines Produktionspatents oder eines Produktpatents zu erwarten ist, muss zusätzlich eine Lizenzverhandlung mit dem Patenthalter erfolgen. Ist das nicht der Fall und die Lösung scheint patentwürdig, wird mit dem Kunden verhandelt.

Die Vorstudienphase ist kommunikations- und rechercheintensiv. Ihre Ergebnisse sind entlang der Entwicklungsrichtlinien abfragbar, die operative Durchführung kann allerdings bis auf die Bereitstellung, unterstützender Supportprozesse (Risikomanagement, Kundenkontaktmanagement, Kalkulation, ggf. auch Patenterstellung) wenig vorstrukturiert werden.

2.4.4.3 Angebotserstellung und Kalkulation als Unterprozesse des Vertriebsprozesses

Auch bei der Angebotserstellung zeigt sich die Abhängigkeit der Prozesse vom Kooperationsmodell und dem Entwicklungsgrad der Kooperation. So werden schon aufgrund der juristischen Rahmenbedingungen insbesondere aufgrund des unzureichenden Organisationsgrades ein Marktplatz niemals und selbst ein clanartiges Unternehmen eher selten in der Frühphase einen Produktionsprozess verantwortlich koordinieren. Beide werden eine solche Kundenanfrage an einen Partner aus dem Konsortium delegieren.

Einordnung in den Entwicklungs- oder Fertigungsauftrag

Bei der Erfassung der Kundenanfrage sind - abgeleitet vom Angebot der Kooperation - zunächst wiederum die grundsätzlichen Auftragstypen entlang des Gesamtszenarios der Kooperation zu unterscheiden. Die Unterscheidung zwischen reinem Fertigungsauftrag, Produktentwicklungsauftrag ohne bzw. mit einer zusätzlichen Prozessentwicklung ist klar zu definieren und die Abgrenzung zu dokumentieren. Der zu kalkulierende Entwicklungsanteil bzw. die damit verbundenen Risiken, entscheiden über die Vorgehensweise im Kundenprojekt und damit über die Gesamtkosten bzw. die Vorgehensstrategie entlang des Kundenauftrags.

Zur Klassifizierung und zur Reduktion des Risikos vor allem von entwicklungsintensiven Aufträgen bieten sich dabei die bereits beschriebenen Methoden der Risikoabschätzung und des Entwicklungsprojektmanagements an. Wie der Abstimmungsprozess im Kontext einer Kundenanfrage aussehen kann, ist in einem vereinfachten Ablaufdiagramm in Abbildung 2-13 am Beispiel einer Kunden-Erstanfrage zusammengefasst.

Der Schwerpunkt der Modellierung im Ablaufdiagramm liegt auf der Klärung des Anfragetyps, der Durchführung der Risikoanalyse, der Terminplanung und der groben Kalkulation der Kosten Berücksichtigt wurde dabei der für eine clanartige Kooperation der MST-typische partnerschaftliche Definitionsprozess zwischen den Fachpartnern.

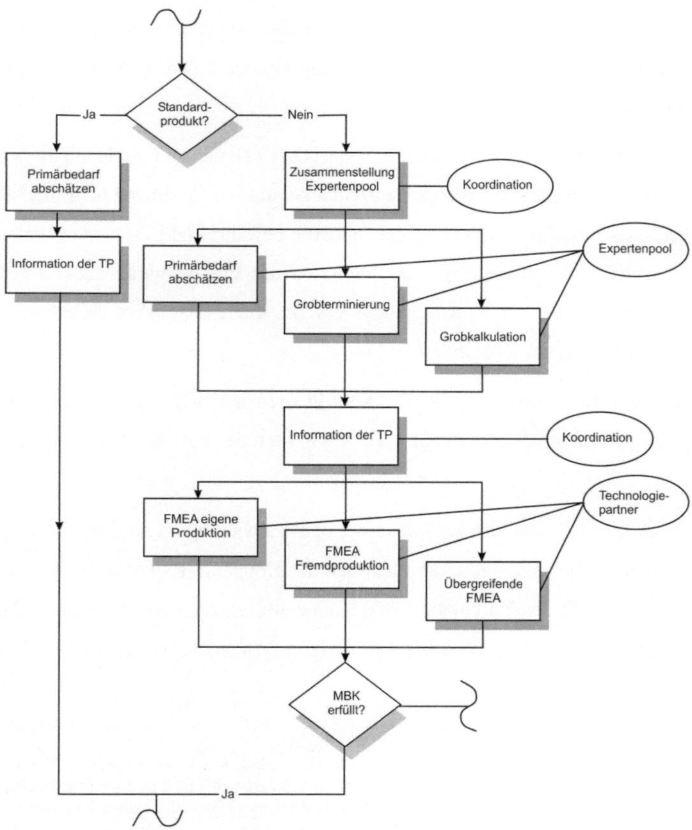

Abbildung 2-13 Ausschnitt aus dem angepassten Angebotserstellungsprozess

Anmerkung: Zu den genannten Anfragetypen kommen noch weitere Anfragetypen hinzu, die zwar unter dem Aspekt der Zusammenarbeit im Netzwerk von geringerer Bedeutung sind. deren Behandlung im Netzwerk aber bereits im Kooperationsvertrag abgestimmt worden sein sollte. So akquiriert die Kooperation z.B. auch Aufträge, die nur von einem einzelnen Partner allein bearbeitet werden. Für die Informationsstruktur des Netzwerks und die Koordination besteht hierbei über die Dokumentation des Vorgangs und die Weiterleitung der Informationen hinaus kein Handlungsbedarf im Sinne eines übergeordneten Vertriebs-, Entwicklungs- oder Produktionsprozesses.

Kalkulation von Kundenaufträgen

Der unternehmensübergreifende Kalkulationsansatz innerhalb der Kooperation wird zweckmäßigerweise auf die gleiche Art durchgeführt, in der ein Generalunternehmer in seinem Konsortium vorgeht. Es ist dabei gleich, ob es sich bei der Abwicklung um einen Partner oder um die Koordinationsstelle handelt.

Die Kalkulation der (Teil-) Projekte der Kooperation orientiert sich dann an der heute im betrieblichen Rechungswesen eingeführten Zuschlagskostenkalkulation in kleinen und mittelständischen Unternehmen. Das Verfahren hat sich in der Industrie bewährt und lässt sich aufgrund der voranstehend vorgestellten Vorgehensweise zur Reduktion des Entwicklungsrisikos durch die vorgeschlagene Fragmentierung der Entwicklungs- und Produktionsaufträge direkt auf eine MST-Kooperation übertragen (vgl. Tabelle 2-6).

Die eigenen Kosten der Koordinationsstelle für Koordination und Management der Projekte berechnen sich dabei in der Betriebsphase analog zu den Kosten der Einzelkalkulationen bei den Partnern.

Aus den projektspezifischen Kosten der Koordination, den Verwaltungs- und Betriebskostenzuschlägen der Koordination und den Einzelkalkulationen der Kooperationspartner ergibt sich die Gesamtkalkulation. Auch für die Kalkulation der Kooperationskosten hat sich ebenfalls die differenzierende Zuschlagskalkulation als geeignet erwiesen *(16. Randbedingung für die IuW-Infrastruktur).*

Kostenart	Äquivalent zu	Bemerkungen
HK (Herstellkosten)	HK_{1-n} Summe der Einzelkalkulationen der Partner	Die Einzelkalkulationen der Partner sollten bereits deren Gewinnmargen beinhalten. Eine Offenlegung der Kalkulation ist nur in Ausnahmefällen vorgesehen.
V+V (Verwaltungs- und Vertriebskosten Koordinationsstelle)	V+V Summe der Koordinationskosten	Die Koordinationskosten beinhalten alle Kosten der Koordination für Betrieb, Marketing und Projektabwicklung von Kooperationsaufgaben.
SK (Selbstkosten)	$SK = + V{+}V + \Sigma_{1-n}$ HK	
VK (Verkaufspreis der Kooperation)	VK = SK + Marge	Die Gewinnmarge der Kooperation entspricht dem Mehrwert, der durch den systemischen Ansatz des Netzwerks für den Kunden generiert wird. Hinzu kommt die Einbeziehung von Risikozuschlägen aus dem projektübergreifenden Risiko.

Tabelle 2-6 Modifizierte Kalkulation der Kooperation auf der Basis der Zuschlagskalkulation

Ausschussberechnung als typisches kalkulatorisches Element in MST-Fertigungsprozessketten

Eine Besonderheit weist die Mikrosystemtechnik in der Kalkulation dennoch auf. In der Mikrosystemtechnik muss, wie auch in anderen Hochtechnologiebranchen, technologiebedingt durch die zum Teil erhebliche Anzahl von Produktionsschritten selbst bei kleinen Ausschusszahlen mit erheblichen Verlusten bei der Weiterverarbeitung (Ausschuss) gerechnet werden.

Der aus der Mikroelektronik bekannte sogenannte „Yield" hat auch Auswirkungen auf die Kalkulation der einzelnen Prozessschritte. Ein pragmatischer Lösungsansatz ist es, basierend auf der wahrscheinlichen Ausbeute, die voraussichtlich notwendigen Lieferstückzahlen jedes einzelnen Partners zu errechnen und den Partner ein Angebot über genau diese Stückzahl machen zu lassen. Der nächste Partner kauft die benötigte Stückzahl als Halbzeuge bei seinem Vorgänger in der Prozesskette ein. Erst in der Gesamtkalkulation werden die Kosten dann wieder auf die vom Kunden vorgegebene Stückzahl herunter gebrochen. Ein solcher Mechanismus macht nur Sinn bei nachweislich technologiebedingten, d.h. nicht lösbaren Problemen in der Produktion, eine Prozessoptimierung speziell bei den letzten Fertigungsschritten ist meistens die bessere Lösung.

Die Berücksichtigung des Ausschusses für die zu produzierende Menge lässt sich gut darstellen. Entlang der Anzahl n Produktionsschritte wird bei jedem zusätzlichen Schritt das Produkt der Erfolgsquote als Gegenteil zur Ausschussrate mit der zu produzierenden Menge gebildet. Um nach n-Schritten genau **ein** Endprodukt zu erhalten, müssen:

$$\frac{1}{\prod_{i=1}^{n} p_i} = \frac{1}{\prod_{i=1}^{n} (1-q_i)}$$

q_n = Ausschusssatz im n-ten Satz

Edukte eingesetzt werden (Formel in Anlehnung an [ZENG05]).

Beispiel: Bei einer Auftragsmenge von 25.000 Stück sowie drei Verfahren mit 10% Ausschuss bei Verfahrensschritt 1, 3%, Ausschuss im 2. Verfahrensschritt und 2% Ausschuss nach Verfahrensschritt 3 ist somit eine Anfangsmenge von insgesamt 29.222 Stück notwendig (Abbildung 2-14).

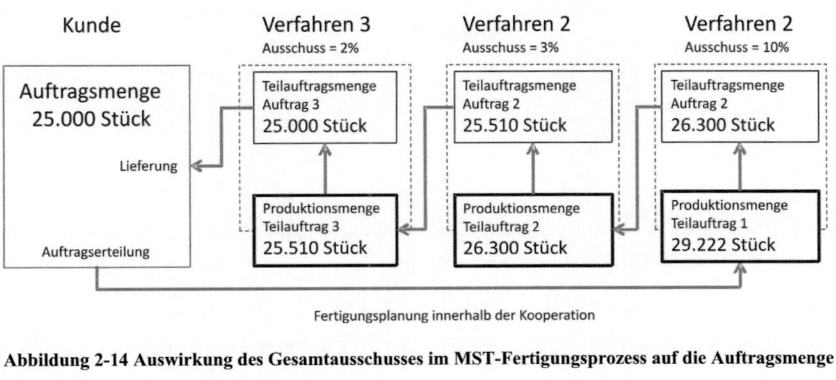

Abbildung 2-14 Auswirkung des Gesamtausschusses im MST-Fertigungsprozess auf die Auftragsmenge

2.4.4.4 Clanspezifische Aspekte der Abstimmungsprozesse im MST-Produktentwicklungsprozesses

Der Produktentwicklungsprozess der Kooperation wurde bereits ausführlich hinsichtlich des Konzepts für die Planung und Steuerung der iterativen Teilprozesse erörtert. Im nächsten Abschnitt wird darüber hinaus auf Lösungsvorschläge für die Abstimmungsprozesse in der Produktentwicklung bzw. die Umsetzung der besonderen Randbedingungen des clanartigen Unternehmens eingegangen. Ausführlichere Darstellungen des gesamten Produktentwicklungsprozesses finden sich in Anhang 7.1.

Teilprozess zur gemeinsamen Machbarkeitsüberprüfung

Nach der Analyse des Lastenhefts zu Beginn des Teilprozesses zur Feststellung der Realisierbarkeit läuft die Machbarkeitsphase (Prozessphase 1A) analog zur Vorstudie ab. Treten keine Probleme auf und erfolgt die Auftragserteilung des Kunden, so wird in der Ausarbeitungsphase (Prozessphase 1B) mit der genauen Analyse des Lastenhefts begonnen. Die Analyse hat die Ableitung der geforderten Produktfunktionen zum Ziel, worauf sich die Prüfung der Rahmenbedingungen und eine Suche nach Wirkprinzipien zur Umsetzung der Forderungen anschließen. Nach der Verfahrens- und Materialsuche werden die Lösungsvarianten für das zu entwickelnde Produkt konkretisiert, die dann von der technischen Koordination und dem technischen Expertenteam auf ihre technische und wirtschaftliche Machbarkeit bewertet werden.

Im internen Review (Prozessphase 1C) werden die Teillösungen zusammengeführt und auf ihr Risikopotential untersucht, worauf eine Lösungsauswahl und Erstellung des Pflichtenhefts folgen (vgl. Abbildung 2-15).

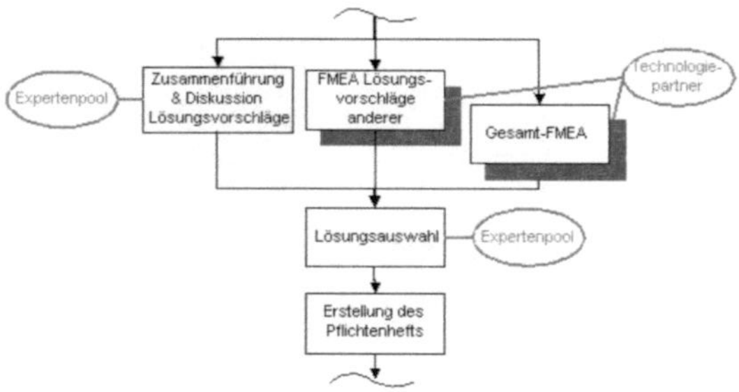

Abbildung 2-15 Ausschnitt aus dem Gesamtplan der Produktentwicklung - Reviewprozess zur Realisierbarkeit eines Entwicklungsprojekts in der clanartigen Kooperation

Ab dem Zeitpunkt müssen die Bedingungen der Realisierbarkeit festgestellt sein und können nach erfolgter Wissensablage und Dokumentation dem Kunden dargelegt werden (Prozessphase 1D). Es erfolgt die erneute Diskussion, Patentüberprüfung, Dokumentation und Verrechnung des

Teilauftrags. Der Kunde muss darüber entscheiden, ob er zu den vorhandenen Konditionen eine weitere Entwicklung tragen möchte.

Die Machbarkeitsabschätzung wiederholt sich in jedem Teilentwicklungsprojekt in einer vergleichbaren Art und Weise, um sicherzustellen, dass entlang des oft jahrelangen Entwicklungsprozesses keine zwischenzeitlich verfügbaren Erkenntnisse oder Risiken unbeachtet bleiben.

Stimmt der Kunde der Machbarkeitsabschätzung bzw. dem daraus hervorgehenden genau spezifizierten Angebot über die Entwicklung eines oder mehrerer definierter Funktionsmuster zu, wird neben den Spezifikationen des Teilentwicklungsprojekts auch ein erster Entwurf des Pflichtenhefts erstellt.

Prozess zur Funktionsmusterausarbeitung

In der Ausarbeitungsphase des Funktionsmusters (Prozessphase 2B) wird neben der erneuten Überprüfung der technischen Randbedingungen von jedem Fachpartner die detaillierte Produktplanung vorgenommen und dabei alle Anforderungen möglichst genau festgelegt. Nach erfolgter Diskussion der beteiligten Fachpartner erfolgt die Herstellung des Funktionsmusters, begleitet von Einzelfunktions- und Einzelintegrationstests, (vgl. Abbildung 2-16).

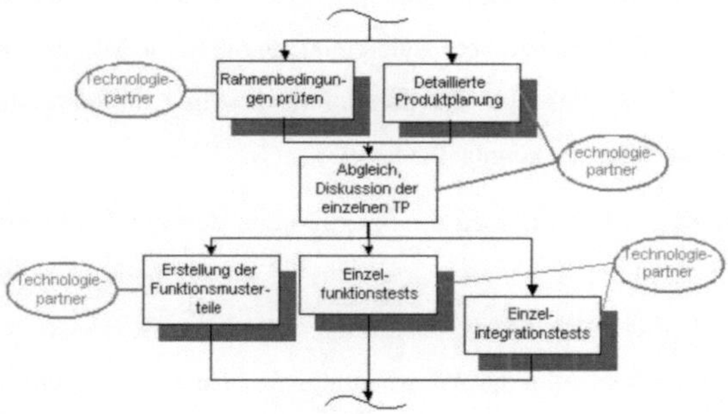

Abbildung 2-16 Ausschnitt aus dem Gesamtplan der Produktentwicklung, Ausarbeitungsphase des Funktionsmusters

Bei zufriedenstellendem Ergebnis können im internen Review (Prozessphase 2C) die Integration der einzelnen Funktionsmusterteile, eine Überprüfung der Gesamtfunktion und eine allgemeine Qualitätsprüfung vorgenommen werden. In Abstimmung mit dem Kunden erfolgt dann in eine Charakterisierung des Produkts anhand der Funktionsmuster. Insbesondere in der Funktionsmusterphase ist mit mehreren Zyklen des Teilentwicklungsprojekts zu rechnen. Am Ende der Funktionsmusterphase steht neben einer ausführlichen Dokumentation der Funktionsmuster auch das eigentliche Produkt-Lastenheft fest. Das Pflichtenheft wird bezüglich der Konkretisierung der Lösungen deutlich präzisiert und in einer neuen Version dokumentiert.

Die Phase des externen Reviews (2D) läuft neben der Vorstellung des Funktionsmusters beim Kunden ähnlich ab wie die vorher beschriebenen Phasen des externen Reviews.

Prototypenausarbeitung

Die Ausarbeitung (Prozessphase 3B) beinhaltet ähnlich wie im Funktionsmusterzyklus parallel zur Analyse der Design Rules eine detaillierte Planung des zu entwickelnden Prototyps – allerdings nun unter Berücksichtigung der späteren Limitierungen durch die Herstellungstechnologien, auch wenn das Herstellungsverfahren für den Prototyp noch ein anderes sein kann. Damit nimmt der technologieorientierte Wissenstransfer in der Prototypenphase einen großen Platz ein. Im Entwurf müssen nun auch abschließend alle Teilsystemelemente abgestimmt werden.

Aufgrund der bislang noch nicht gänzlich geklärten physikalischen Wechselwirkungen zwischen Materialien, Oberflächen und Herstellungstechnologien im Mikrobereich ist es bei mikrosystemtechnischen Prototypen notwendig, auch den Prototyp bereits im Rahmen einer Kleinserie unter späteren Produktionsbedingungen oder im Falle der Si-basierten MST als „Multi-Project-Wafer" Run[13] herzustellen. Bedingt durch verfahrenstechnische Probleme kann es deshalb trotz bereits nachgewiesener Erfüllung der Spezifikation technologiebedingt zu Änderungen im Pflichtenheft innerhalb der Kundenspezifikation kommen. Auch ist es sinnvoll, spätestens ab hier Materialfluss- und Logistikeinflüsse auf das Produktdesign zu berücksichtigen, da durch die Miniaturisierung bedingte Handhabungslösungen das Produkt und das parallel zu diesem Zeitpunkt anlaufende, endgültige Produktionsdesign beeinflussen können [LOHS05].

Die Einzelfunktions- und Einzelintegrationstests müssen die Spezifikation des Kunden hinsichtlich Funktion und Qualität erfüllen. Sind die Systemelemente erstellt, werden nach einer Prüfung der Rahmenbedingungen wie z.B. Schnittstellen des zukünftigen Produkts, Schwachstellen und Störgrößen beseitigt. Ein Integrationstest sollte die Ausarbeitungsphase abschließen und zur tatsächlichen Integration der Systemteile im internen Review (Prozessphase 3C) überleiten. Eine Überprüfung der Gesamtfunktion und der Qualität schließen sich an.

Hierauf soll die Gesamtdokumentation über den Prototyp, die Wissensablage und Dokumentation der Entwicklung folgen. Neben dem produkt- und herstellungsspezifischen Wissensmanagement sollten daher möglichst alle während des gesamten Produktentwicklungsprozesses von den Fachexperten diskutierten (auch die. verworfenen) Lösungsansätze erfasst, dokumentiert und wo

---

[13] In einem „Multi Project Wafer Run" werden Aufträge mehrerer Kunden mit jeweils kleinen Stückzahlen auf einem Wafer zusammengefasst.

möglich abstrahiert und in Form von Gestaltungsregeln abgelegt werden *(17. Randbedingung für die IuW-Infrastruktur).*

Industrialisierung

Die Ausarbeitungsphase der Industrialisierung (Prozessphase 4B) beginnt mit einer erneuten Prüfung der Rahmenbedingungen, Analyse der Gestaltungsregeln für die Automatisierungstechnik und davon abhängig auch einer finalen Auswahl der für die Serienfertigung in Frage kommenden Technologien. Nach der intensiven Verfahrens- und Prozesssuche erfolgen ggf. Fertigungstests zu bestimmten Auswahlkriterien und danach die Entscheidung durch das Team der Fertigungs-Fachpartner. In enger Abstimmung plant und prüft der Fachpartner für die Logistik in Frage kommenden Prozesse (ggf. ein externer Partner). Parallel dazu werden von den Fachpartnern und der Koordination das Vorgehen zur Qualitätssicherung bei der Produktion ausgearbeitet und darauf aufbauend Prüfpläne und Prüfmittel entworfen. Die voranstehend beschriebene Abläufe sind grafisch in Abbildung 2-17 dargestellt.

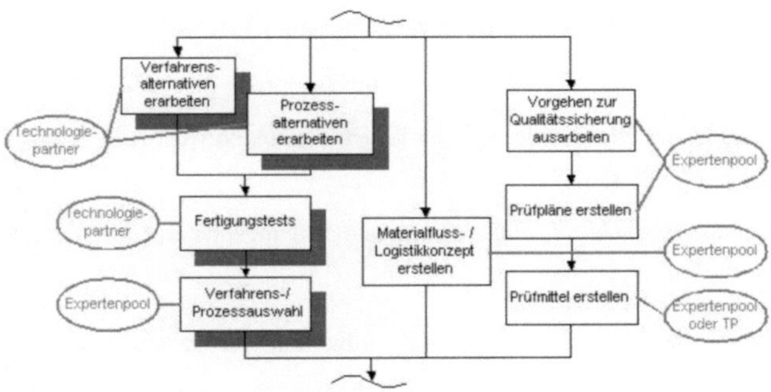

Abbildung 2-17 Ausschnitt aus dem Gesamtplan der Produktentwicklung, Ausarbeitungsphase des Industrialisierungsprozesses

Im internen Review (Prozessphase 4C) ist die abschließende Prozess-FMEA zur Identifikation von möglichen Fehlern und deren Risikopotential durchzuführen, gefolgt von einer ersten Grobkalkulation der Produktionskosten. Sie soll zur Einschätzung der Wirtschaftlichkeit der Produktion und als Entscheidungsgrundlage für eine eventuelle weitergehende Optimierung des Zyklus zur Industrialisierung dienen. Sobald die Gesamtdokumentation über den ausgearbeiteten Produktionsprozess, die verwendeten Ressourcen und daraus entstehenden Produkte angefertigt wurde, kann die Systemabnahme je nach Qualitätsstandard durch die Fachexpertengruppe, eine externen Auditierungsstelle oder durch den Kunden erfolgen.

Die strukturierte Aufbereitung des generierten Prozesswissens sowie die projektbegleitende Dokumentation, die von allen Beteiligten der Entwicklung durchgeführt wird, beenden den internen Review.

2.4.4.5 Modifizierter Prozess und erweitertes Konzept für das vertrauensbasierte Risikomanagement im Clan

Eine Risikoabschätzung mit Hilfe der an die VDA Richtlinie 6.1 angelehnte Fehlermöglichkeits- und -Einflussanalyse (FMEA) ermöglicht dem Konsortium, die Bewertung von technologischen Risiken entlang der Produkt- und der Produktionsentwicklung.

Das Risikomanagement ist aufgrund der möglichen Quereinflüsse entlang der sich ändernden Technologien und Wirkprinzipien ein iterativer Prozess. Zu Beginn des Projekts und zu Beginn jeder neuen Iterationsstufe muss sich die Projektkoordination daher einen Überblick über die wirtschaftliche und technische Machbarkeit verschaffen. Zusammen mit den Fachpartnern wird dabei eine grobe Vorgehensweise für das Entwicklungsprojekt festgelegt.

Die FMEA-Ansätze, die im Rahmen des Qualitätsmanagements entwickelt wurden, basieren auf einer Einteilung nach VDA Richtlinie 4.2:

- System-FMEA Produkt: Erstellung eines einwandfreien Produktentwurfs (Mischung aus System- und Konstruktions-FMEA).
- System-FMEA Prozess: Betrachtung von Fehlern in Fertigungsplänen (entspricht Prozess-FMEA).

Die FMEA wird in einem fachübergreifenden Team aus Koordination, Fertigungs- und Entwicklungspartnern durchgeführt, um möglichst das gesamte Themenfeld von allen Seiten zu durchleuchten. Die fachübergreifende Teamarbeit ist häufig schon innerhalb eines Unternehmens schwierig zu bewerkstelligen, da es aus Zeit- und Kapazitätsgründen nicht immer einfach ist, alle an einen Tisch zu bekommen.

Um das Problem der Terminkoordination für solche Gesamttreffen in der unternehmensübergreifenden Zusammenarbeit etwas zu entschärfen, wird daher ein modifiziertes Konzept zur verteilten FMEA vorgeschlagen, bei dem die Partner neben ihren eigenen Prozessrisiken auch die prozessschrittübergreifenden Risiken des Gesamtprozesses und die erwarteten Risiken bei ihren Konsortialpartnern beurteilen.

Die einzelnen Fachpartner führen dabei jede FMEA für die eigenen Prozesse, die Prozesse der anderen Projektpartner und prozessübergreifend durch. Die Fehleranalysen werden zentral abgespeichert, inhaltlich zusammengefasst und bereits gemäß der Einzelrisikoabschätzungen vorpriorisiert. Erst dann trifft sich das Gesamtteam zur Erörterung der Risiken im Plenum (ggf.

virtuell). Durch die Parallelisierung der Anfrage der verschiedenen FMEA bei allen beteiligten Partnern wird die Durchlaufzeit zusätzlich reduziert.

Unterstützt wird der sehr kommunikationsintensive Prozess durch Elemente und Werkzeuge der asynchronen Kommunikation und der synchronen Kommunikation. Bei dem vergleichsweise kritischen Thema der gegenseitigen Risikoanalyse darf die Risikoplanung nicht vollständig automatisiert werden. Ein intensiver Austausch hilft hier, im Falle von Missverständnissen das Vertrauen in der Kooperation durch die Möglichkeit der gegenseitigen Aussprache zu erhalten. Abbildung 2-18 fasst die durchzuführenden Einzel-FMEA grafisch zusammen.

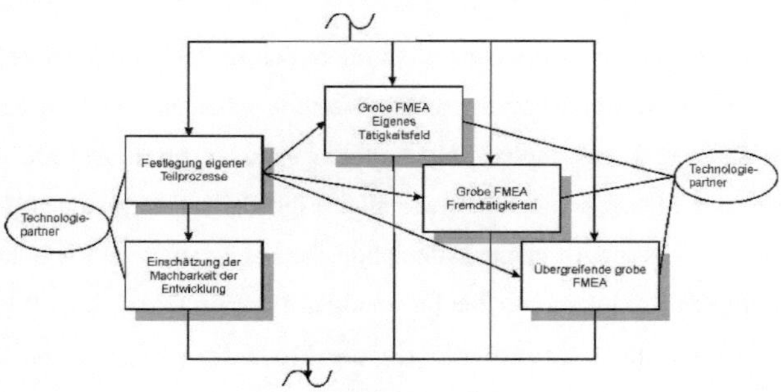

Abbildung 2-18 Risikoanalyse – Ausschnitt aus der Machbarkeitsphase der Entwicklung

Im Bild wird dabei grafisch auch der Zusammenhang zwischen dem Blickwinkel auf jeweils eigenen Teilprozessen der Partner und deren Wechselwirkung mit den anderen Aktivitäten dargestellt.

Das aus den obigen Schritten resultierende Konzept einer „Net-FMEA" der Unternehmenskooperation berücksichtigt dabei über die Produkt- und Prozess-FMEA hinaus auch Risiken der unterschiedlichen Unternehmen im Unternehmensnetzwerk.

Das Risikomanagement in Form eines permanenten Hinterfragens der Produkt- und Produktionsrisiken spielt in eng kooperierenden Unternehmen der MST eine wichtige Steuerungsrolle beim Erfolg eines Kundenprojekts gerade in MST-Projekten mit den bereits erwähnten Unsicherheiten in der Produkt- und Produktionsentwicklung. In einer vertrauensvollen Kooperation führt die gemeinsame Bewertung der Eigen-, Fremd- und Systemrisiken zu einer neuen, auf das schnelle bestmöglichen Lösen ausgerichteten Qualität der Zusammenarbeit *(18. Randbedingung für die IuW-Infrastruktur).*

2.4.4.6 Ausgewählte Aspekte der Produktionsplanung- und -steuerung

Wie bereits in Abschnitt 1.2.1 vorgestellt, ist das Thema „virtuelle Produktion" oder „virtuelle Fabrik" im Sinne einer verteilten Fertigung ein bereits gut untersuchtes Gebiet sowohl auf der

Geschäftsprozessebene als auch auf der softwaretechnischen Ebene [SCHU98]. In der Produktionsphase unterscheiden sich die Anforderungen einer mikrosystemtechnischen Produktion hinsichtlich ihrer organisatorischen Randbedingungen nicht mehr von Kooperationen z.B. im Bereich der Makrotechnologien, da spezifische Anforderungen bereits im Produkt- bzw. Fertigungsentwicklungsprozess berücksichtigt wurden. Im Folgenden soll daher nur auf Aspekte eingegangen werden, die für den speziellen Fall der Abwicklung im clanartigen Unternehmen von Relevanz sind.

Kapazitätsbereitstellung und –terminierung in der Clan-Kooperation

Hinsichtlich der Fertigung verhält sich die Clan-Kooperation intern aus Haftungs- und Gewährleistungsgründen immer wie eine Generalunternehmerschaft. Dementsprechend übernimmt der Generalunternehmer (in der Start- und Aufbauphase ein Fertigungspartner zusammen mit der Koordination, in der Betriebsphase die Koordinationsstelle allein) die Preisverhandlungen. Die interne Kalkulation erfolgt wie bereits im Abschnitt Kalkulation dargestellt. Im zweiten Schritt ist nun die exakte Terminierung der Produktion für die Fachpartner durchzuführen. Nach Rücksprache mit den beteiligten Kooperationspartnern erfolgen die Produktionsfreigabe und die Erstellung von Einzelaufträgen an die Partner durch den Generalunternehmer.

Die Auftragsabwicklung in einer Clan-Unternehmenskooperation kann man in den betrachteten Fällen als eine Kombination aus Reihen- und Streckengeschäft betrachten [ARLT04].

- Das Streckengeschäft ist dadurch charakterisiert, dass durch die Koordination ein Handel mit Waren erfolgt, die das (virtuelle) Lager nicht berühren, sondern unmittelbar vom Lieferanten an den Kunden geliefert werden. Das Streckengeschäft ist für die Kooperation geeignet, da der Warenfluss zentral koordiniert wird (Bestellungen), die Kooperation als Unternehmen aber weder über Lagerfläche noch über Transportmittel verfügt.

- Zu einem Reihengeschäft kommt es, wenn mit ein und demselben Gegenstand zwischen mehreren Unternehmen Umsatzgeschäfte abgeschlossen werden. Dabei wird die Verfügungsmacht über den Gegenstand direkt durch den ersten Unternehmer dem letzten Unternehmer verschafft. Dieser Punkt ist vor allem im Hinblick auf die spätere Auslieferung der Ware namens der Kooperation durch den letzten Partner in der Fertigungskette von Interesse.

Die Umsetzung in der Clan-Kooperation findet dabei folgendermaßen statt. Die Organisation des Produktionsprozesses wird nach Fertigungsschritten/-steuerung bei den Partnern und der übergreifenden Produktionsüberwachung entschieden. Die Beschaffung und Produktion liegt dabei im Sinne des „self contained“ Gedankens des Clans ebenfalls im alleinigen Verantwortungsbereich der Fachpartner, die intern die notwendige Priorisierung des Projekts gegenüber reinen unternehmensinternen Projekten durchsetzen. Auch hier spielt das dem Clangedanken implizite, gegenseitige Vertrauen eine wichtige Rolle.

Fertigungsstatus und Prüfparameter werden an die Koordination weitergegeben bzw. automatisiert an das Produktdatenmanagement übermittelt. Nach jedem Fertigungsschritt folgt eine Qualitätsprüfung am Warenausgang des fertigenden Partners. Auch die Qualitätsprüfung wird eigenverantwortlich von jedem Partner gemäß Kunden- bzw- GU-Spezifikation ausgeführt. Der Fachpartner leitet die Prüfungsergebnisse an die Koordination weiter. Es gelten dabei die im Rahmen der gemeinsamen Qualitätspläne festgelegten Prüfbestimmungen. Die Fachpartner selbst sind für die Warenausgangs- und -eingangsprüfungen verantwortlich. Auch hier kann gegenseitiges Vertrauen Zeit und Kosten sparen helfen, wenn der nächste Partner in der Kette auf eine Wareneingangsprüfung bis auf wenige Stichproben verzichten kann (sofern nicht gesetzliche Richtlinien etwas anderes vorschreiben und transportbedingte Risiken ausgeschlossen werden können).

Nachfolgende Prozessbeteiligte müssen sich darauf verlassen können, dass Angaben zur Qualität korrekt übermittelt werden, um selbst umfangreiche und zeitaufwendige Qualitätsprüfungen beim Wareneingang vermeiden zu können. Korrekte und vor allem zielführende Angaben sind Voraussetzung für eine erfolgreiche Problemanalyse und Lösungssuche bei Qualitätsproblemen. Auch die Wareneingangs- und Warenausgangsrückmeldung oder auch die automatische Übersendung der Prüfprotokolle an die Koordination z.B. über die MES-Systeme bei den Partnern kann die sonst übliche Wareneingangskontrolle beim Auftraggeber nicht ersetzen, wenn es sich um einen nicht vertrauenswürdigen Partner handelt. Im letzten Schritt erfolgen wieder die Abrechnung des Teilauftrags sowie die Übersendung der für die Auftragsdokumentation und das interne Wissensmanagement notwendigen Fertigungs- und Prüfdaten.

Planungs- und Steuerungssystem-Konzepte in der Betriebsphase sollten die teilautomatisierte Abstimmung der zur Verfügung stehenden Kapazitäten sowohl der Partner untereinander, als auch mit der jeweiligen betrieblichen Vertriebs- und Planungssoftware unterstützen. Für die Betriebsphase der MST-Unternehmenskooperation kann auch eine weitergehende Erfassung von Fertigungs- und Prüfdaten und deren Rückmeldung vorgesehen werden. *(19. Randbedingung für die IuW-Infrastruktur).*

Einen Sonderfall stellen hierbei Großserienaufträge mit ihren besonderen Anforderungen an (kunden-) spezifischer Dokumentation der Vorgänge, sowie Besonderheiten in der Auftragsabwicklung dar. Hier werden die Grenzen der Leistungsfähigkeit einer Abwicklung von Aufträgen in den Strukturen einer auf Klein- und Mittelserienfertigung ausgelegten clanartigen Kooperation erreicht. Für die Abwicklung von Großserienaufträgen bietet sich gegebenenfalls sogar der Wechsel des Kooperationsmodells hin zu einer herkömmlichen Generalunternehmerschaft bzw. die Gründung eines eigenständigen Unternehmens an.

Überwachung des Produktionsprozesses

Bei der Überwachung des Produktionsprozesses handelt es sich primär um die Überwachung der Qualität, der produzierten Mengen und der Termineinhaltung. Analog zur Produktionsverantwortung in den ersten beiden Entwicklungsphasen der Kooperation wird die Aufgabe durch die federführenden Partner, in der Betriebsphase durch die Koordination erfüllt.

- Werden Termine beispielsweise aufgrund von Nacharbeit nicht eingehalten, müssen die Fachexperten Fertigung nach Kompensationsmöglichkeiten suchen, um die Durchlaufzeit gering zu halten und nach Möglichkeit in dem geplanten Terminrahmen zu bleiben. Nach einer Entscheidung für eine Vorgehensweise werden die betreffenden Fachpartner und bei umfangreichen Verzögerungen auch der Kunde informiert.
- Die Mengenüberwachung der Koordination soll ein frühes Eingreifen bei zu großen Fehlmengen ermöglichen. Eine eventuell nötige Nachproduktion muss so früh wie möglich gestartet werden, um größere Terminüberschreitungen bei der Warenauslieferung an den Kunden zu vermeiden (vgl. die zuvor erläuterte Yield-Problematik bei der Kalkulation der Kooperation).
- Treten Qualitätsmängel oder auch zu große Fehlmengen bei der Produktion auf, wird der Supportprozess zur Problemanalyse und Lösungssuche gestartet. Bei der damit einhergehenden Problemanalyse versucht zuerst die Koordination, die Ursache und eine Lösung des Problems bilateral mit dem Partner abzuklären. Zur schnellen Abwicklung bedienen sich beide ebenfalls der für die Auftragssteuerung vereinbarten Geschäftsprozesse Gelingt keine schnelle Lösung, so wird erst der Expertenpool aus den beteiligten Fachpartnern, bei schwerwiegenderen Problemen auch der Kunde, in die Diskussion mit einbezogen, um eine Entscheidung zu treffen. Die stufenartige Gestaltung der Problemanalyse soll die Personalkosten und Kommunikationszeiten möglichst niedrig halten.

Auftragsbezogene Logistikplanung im Netzwerk

Die Logistik im Netzwerk hat sich an den Anforderungen des Produktes und der zu seiner Herstellung notwendigen Fertigungsschritte zu orientieren. Auch hier empfiehlt sich eine systematisierte Herangehensweise, in der folgende Hauptaspekte betrachtet werden müssen:

- die Produktspezifikation des Kunden,

- der überbetriebliche Materialfluss zwischen den Fachpartnern,
- der innerbetriebliche Materialfluss bei jedem Fachpartner,
- die Identifikation zur Losverfolgung und Produktionsdatenerfassung.
- etwaige Sonderanforderungen des Herstellungsguts an die Transportbedingungen (Temperatur, Schockempfindlichkeit,…)

Im Produktionsprozess selbst können neue Logistikanforderungen entstehen, die sich unter Umständen beim Durchlauf durch das Netzwerk mit dem Produktionsfortschritt verändern. So können z. B. Zwischenprodukte entstehen, die besonders empfindlich oder zerbrechlich sind, während das fertige Endprodukt durchaus robust ist.

Die Grundlage für die Logistikplanung bilden die Produktspezifikation und der Fertigungsplan, der alle Fertigungsschritte und alle Materialfluss- und Transportvorgänge innerbetrieblich und zwischen den Fachpartnern erfasst *(20. Randbedingung für die IuW-Infrastruktur).*

Es ist zweckmäßig, einen Logistikplan für die gesamte Herstellung des Produktes zu erstellen. Ausgehend vom Fertigungsplan muss er schrittweise verfeinert werden, bis er folgende Informationen enthält:

- alle Fertigungs- und Materialflussschritte,
- für jeden Schritt:
- Anforderungsliste für Einzelteil-/Zwischenprodukthandhabung und Umgebungsbedingungen
- Anforderungsliste für die Teile-/Losidentifikation und Fertigungs-/Prozessdatenverwaltung
- Anforderungsliste für Verpackung, Umgebungsbedingungen, Identifikation und Prozessdokumentation bei der Auslieferung des Endprodukts an den Kunden

Lieferung der Ware

Das Management der Warenlieferung in der verteilten Fertigung hat im Kontext der Auftragslogistik zwei Aufgaben zu erfüllen:

- Steuerung der Liefertermine

  Die Koordination muss die Steuerung der Liefertermine bei jedem Partner koordinieren, da nur sie über die notwendigen Gesamtinformationen bezüglich des Materialflusses verfügt. Die effiziente Koordination der Lieferungen kann Warte- und Liegezeiten deutlich reduzieren. Zur Sicherstellung der Nachverfolgbarkeit und Überprüfung der Transportbelastungen bieten sich Kennzeichnungen und Transportüberwachungs-einrichtungen an,

- Auslieferung an den Kunden
  Die Auslieferung wird zweckmäßigerweise vom letzten Partner in der Fertigungskette übernommen. Die Koordination veranlasst dabei aber die eigentliche Abwicklung der Auslieferung, erstellt und übermittelt alle notwendigen Lieferpapiere (Prüfprotokolle, Lieferschein, Zollbescheinigungen, ...) dem ausliefernden Partner bzw. dem Kunden.

2.5 Zusammenfassung

Im Kapitel 2 wurden zunächst die Besonderheiten einer entwicklungsintensiven Unternehmenskooperation der MST betrachtet und daraus ein neuartiges Konzept zum stufenweisen Aufbau einer clanartigen Unternehmenskooperation abgeleitet. Im nächsten Schritt wurde die Aufbau- und Ablauforganisation für das neuartige Kooperationsmodell entlang der ebenfalls erstmals identifizierten unterschiedlichen Entwicklungsstufen entwickelt. Das Modell geht, in bedeutenden Erweiterungen zu bisher publizierten Strategien davon aus, dass die grundlegenden Weichenstellungen zur konkreten Ausprägung der IuW-Infrastruktur bereits deutlich vor der Ausarbeitung des Geschäftsmodells gestellt werden und durch den spezifischen Markt bzw. die Branchenstruktur maßgeblich beeinflusst werden.

Das Gesamtkonzept der bedarfsgerechten Informationsbereitstellung integriert damit Anforderungen aus folgenden Bereichen:

- MST-Zielmärkte / OEM-Zulieferbranche an die Unternehmenskooperation,
- Netzwerktyp,
- Wandel der Kooperationsintensität als Funktion der sich entwickelnden Kooperation,
- Vorgaben aus der Aufbauorganisation,
- Vorgaben aus der Ablauforganisation.

Entlang der Ausarbeitung der Aufbau- und Ablauforganisation wurden dabei 20 Randbedingungen an die bedarfsgerechte Informationsbereitstellung und an das Wissensmanagement in einer eng kooperierenden clanartigen Unternehmenskooperation identifiziert.

Durch Erörterung jeder einzelnen Randbedingung werden im folgenden Kapitel die Anforderungen an das Informations- und Wissensmanagement einer MST-Unternehmenskooperation identifiziert.

3 Spezifikation der bedarfsgerechten Informations- und Wissensmanagement-Infrastruktur für das Clan-Unternehmen der Mikrosystemtechnik

In Kapitel 2 wurden mikrosystem- bzw. clanspezifische Randbedingungen an das bedarfsgerechte Informations- und Wissensmanagement entlang der Konzeption der Aufbau- und Ablauforganisation identifiziert. In Kapitel 3 erfolgt nun die Übertragung der Randbedingungen auf Anforderungen an die Software. Im zweiten Abschnitt des Kapitels werden die Anforderungen bzw. Lösungen im Kontext der Entwicklungsstufen der Kooperation erörtert. Die erarbeiteten Lösungsideen bilden die Voraussetzung für die Konzeption und prototypische Implementierung der Softwarekomponenten in Kapitel 4 sowie die Konzeption und prototypische Umsetzung der Software-Systemarchitektur in Kapitel 5.3.

3.1 Abbildung der Randbedingungen aus der Aufbau- und Ablauforganisation auf die Teil-Softwaresysteme und die Gesamtsystemarchitektur

Im Rahmen der Ausarbeitung der Anforderungen an die IuW-Infrastruktur erfolgt die Interpretation der Randbedingungen im Hinblick auf eine Abbildung der geforderten Eigenschaften bzw. Funktionen auf Softwarewerkzeuge und Systemarchitekturen der Informations- und Wissensmanagement-Infrastruktur, bzw. die Konzeption der unternehmensübergreifenden Software-Systemarchitektur.

Bis auf die Randbedingungen 3, 5, 6 und 11 handelt es sich um Anforderungen an spezifische Softwarekomponenten. Die verbleibenden Randbedingungen beziehen sich auf die verteilte Softwaresystemarchitektur bzw. die Kommunikation in verteilten Teams. Erstere Anforderungen werden daher im Folgenden zur Unterscheidung als Anforderungen an die IuW–Infrastruktur, letztere als Anforderungen an die IuW-Softwarearchitektur bezeichnet.

1. Randbedingung für die Konzeption der IuW-Infrastruktur: Für die Anforderungen eines KMU-Netzwerks der Mikrosystemtechnik mit einer Kombination aus Vertrieb, intensiver Entwicklung und Fertigung gemäß der in Abschnitt 2.1 beschriebenen Randbedingungen ist eine „Clan-Ausprägung“ der Kooperation die geeignete Form. Die clanartige Kooperation zeichnet sich durch eine lange, sich erst entwickelnde Kooperationsintensität aus, in der die Partner noch primär ihrem eigenen Kerngeschäft nachgehen. Die Auftragsvolumina nehmen erst mit fortschreitender Kooperationsentwicklung zu. Für die Unternehmenskooperation impliziert das:

- Der Bedarf an einer betrieblichen Software zur Unterstützung vertrieblicher Prozesse der Kooperation schwankt sehr stark. Je nach Ausprägung der Entwicklungsstufe reicht hier die Bandbreite von einfachen Lösungen auf der Basis von Informationssystemen über die lose Kopplung von ERP-Anwendungen bis hin zu komplexen Lösungen zur Abwicklung z.B. von Groß- und Größtserien (> 1 Mio. Stück/a).
- Bereits in der Startphase ist aufgrund der intensiven Abstimmungsprozesse eine ausgeprägte Produktentwicklungsunterstützung durch Informations- und Wissensmanagementwerkzeuge für dezentrale Teams sinnvoll.

2. Randbedingung für die IuW-Infrastruktur: Bei der in Abschnitt 2.2 gewählten „self contained" Organisation verbleibt die Bearbeitung insbesondere des Produktions- und vieler Supportprozesse durch die bereits bei den Partnerunternehmen etablierte Logistik und Fertigungs- und Versorgungsinfrastruktur. Für die Unternehmenskooperation impliziert das:

- Die Fertigungsplanung und –steuerung in den Einzelsystemen bleibt in den lokalen Planungs- und Steuerungssystemen der Kooperationspartner.
- Die Koordination benötigt Werkzeuge zur Erfassung und Aufbereitung von Überblickinformationen zu Statusmeldungen. Hier bieten sich Lösungen, wie z.B. eine Visualisierung von Projektstati in Form von „Management Dashboard"-Werkzeugen an.

3. Randbedingung für die Konzeption der IuW-Systemarchitektur: Die stufenweise Entwicklung einer Kooperation erfordert eine flexible, möglichst kontinuierliche Anpassung der IuW-Infrastruktur an die sich verändernden Aufgaben und Rollen in der Kooperation. Im Sinne einer Kontinuität der kooperationsbezogenen Unternehmensprozesse bei den beteiligten Partnerunternehmen muss die Softwarearchitektur skalierbar sein, d.h. den Wechsel von Umfang und Intensität der Kooperation unterstützen, ohne dass jedes Fall mit dem Aufbau einer neuen Infrastruktur begonnen werden muss. Umgekehrt muss die Software auch organisatorische Änderungen (BPR, Strategiewechsel, etc.) bei den Partnerunternehmen ohne größere Änderungen des Grundsystemkonzepts bewältigen. Für die Unternehmenskooperation impliziert das die Implementierung von Konzepten auf Basis von Webservices (bspw. SOA). Alternativ bieten sich Konzepte mit ähnlichem Grundansatz, wie z.B. flexiblen und modularen Lösungen auf Basis von EAI-Ansätzen zur Datenintegration an.

4. Randbedingung für die IuW-Infrastruktur: In der Startphase der Clan-Kooperation sind die Anforderungen an das Informations- und Wissensmanagement nach innen sehr stark auf das gegenseitige Kennenlernen, die Entwicklung einer „gemeinsamen Kommunikationsebene" und die Aufbereitung und Präsentation des eigenen (Teil-) Wissens im Kontext des Aufbaus des Wissens zu den gemeinsam entwickelten Gesamtprozessen ausgerichtet. Nach außen werden Werkzeuge zur Präsentation des gemeinsamen Angebots und zur Abwicklung von Kundenanfragen zu wählen. Für die Unternehmenskooperation impliziert das den Bedarf an:

- Synchronen Kommunikationswerkzeuge zur synchronen Kommunikation (z.B. „Shared collaboration" Dienste, Videokonferenzen Telefon, Projekt- und Kooperationstreffen),
- „Face-to-Face" Kommunikation (synchron, am gleichen Ort),
- Web-Portale zur Präsentation des gemeinsamen Angebots.

5. Randbedingung für die Konzeption der IuW-Systemarchitektur: Für alle drei Entwicklungsphasen wird von einer zentralen Steuerung der Kooperationsprozesse ausgegangen. Für die aufzubauende Infrastruktur bedeutet das die Notwendigkeit einer Standardisierung und Detaillierung vor allem der internen Prozesse zur strukturierten Überwachung der Abläufe. Folgende Maßnahmen müssen erfolgen:

- Modellierung der Kernprozesse als Basis für die spätere Umsetzung durch Workflowtechnologien. Für die im letzten Abschnitt identifizierten Teilprozesse müssen modular aufgebaute Standardbausteine für die Kernsequenzen der Unternehmenskernprozesse bereitgestellt werden.
- Aufbau eines unterstützenden Prozesswissensmanagementsystems bis hin zur Standardisierung der Schnittstellen bei den Materialfluss- und Logistiksystemen.

6. Randbedingung für die Konzeption der IuW-Systemarchitektur: Unterschiede in der Ausgestaltung der verschiedenen Entwicklungsstufen finden sich vor allem hinsichtlich der Intensität der Kernfunktionen sowie in den Aufgaben der Partner. Die zugehörigen Szenarien beeinflussen die Definition der Abläufe in den unterstützenden Informations- und Wissensmanagementsystemen. Darüber hinaus bildet sich die Zuordnung von Aufgaben, Kompetenzen und Verantwortlichkeiten in den Benutzerberechtigungen und Rollen der einzelnen Softwaresysteme ab. Für die Unternehmenskooperation impliziert die Randbedingung:

- Es ist eine auf einem - im informationstechnischen Sinne - zentralen Rollenkonzept basierende Softwarelösung erforderlich, die die Bereitstellung von Diensten zur zentralisierten Verwaltung von Informationen und Zugangsberechtigungen für die einzelnen Rollen, Akteursgruppen und Benutzer in den verschiedenen administrativen und operativen (Fach-)Gruppen übernimmt.
- Für die Steuerung der Zugangsberechtigungen und Workflows sollte ein durchgängiges, hinsichtlich der drei Aufbauphasen skalierbares Schema der Kernaufgaben für das Clan-Kooperationsmodell entwickelt werden.

- Für die Steuerung der Rollen und Unternehmenskooperation ist möglichst eine, auf einem zentralen Rollenkonzept basierende, Systemarchitektur vorzusehen. Als Minimalforderung ist eine Vereinheitlichung der Syntax und Semantik in allen Teilsystemen zu implementieren.

7. Randbedingung für die Konzeption der IuW-Infrastruktur: Im operativen Betrieb der Clan-Kooperation werden für ein Kundenprojekt aus dem Pool die für die Anfrage in Frage kommenden (und den Anforderungen an die Qualifikation entsprechenden) Abteilungen und Personen bei den Fachpartnern im Rahmen der Abstimmungsprozesse aufgabenspezifische Projektteams zusammengestellt. Dazu benötigt die Koordination Informationen zu den Fachpartnern. Es ergibt sich folgende Anforderung:

- Strukturierte Erfassung und Dokumentation der technischen Fähigkeiten, ggf. auch der Kompetenzen eines Unternehmens und der dort involvierten Fachpartner. Für die Beschreibung der technischen Kompetenzen der beteiligten Unternehmen ist eine produktorientierter Ablage ihrer technischen Fähigkeiten in Anlehnung an die Design Rules der Si-Mikrosystemtechnik sinnvoll. Falls bei großen Konsortien die Dokumentation der Fähigkeiten von Einzelpersonen notwendig wird, ist die Anlage einer Skill-Datenbank eine geeignete Lösung.

8. Randbedingung für die IuW-Infrastruktur: Die Koordination muss gerade in der Anlaufphase ein besonderes Augenmerk auf eine bedarfsgerechte, d.h. zeit- und kostengünstige, vertriebsbegleitende Informationsverteilung und Dokumentation richten.

- Für die Startphase der Kooperation bietet sich als kostengünstige Lösung ist einfaches, an die spezielles Anforderungen der Clan-Kooperation angepasstes Informationssystem ausreichend. Für die Dokumentation bietet es sich außerdem an, eine an die Kernprozesse angelehnte Struktur der Begleitdokumentation z.B. entlang der Anforderungen der ISO 9001ff. zu nutzen, um gegenüber dem Kunden eine zentrale Informationsquelle zu haben. In der Start- und Aufbauphase ist ein Abgleich mit den Datenbanken und Dokumentenmanagementsystemen anzustreben. In der Betriebsphase ist eine Synchronisation der kaufmännisch administrativen Informationen z.B. über verteilte PPS-Systeme denkbar.
- Die Ablage von Prozessparametern sollte darüber hinaus in Datenbanken so abgelegt werden, dass die Daten einfach abgerufen werden können.

9. Randbedingung für die IuW-Infrastruktur: Die Virtualisierung von Teilaufgaben, auch der Koordination, erfordert ein unternehmensübergreifendes Konzept bei der Definition der Rollen. Die klar definierte Organisation der Kernprozesse im Clans ermöglicht eine detaillierte und strukturierte Geschäftsprozessmodellierung trotz wechselnder Generalunternehmerschaften im Konsortium.

- Für die Umsetzung der Prozessstrukturen bzw. zur Strukturierung der Abläufe und insbesondere zur Definition der logischen Reihenfolge zwischen den Prozessschritten mit den einzelnen Informationsobjekten ist die Verwendung von Workflowtechnologien die geeignete Vorgehensweise.
- Zur Sicherstellung der von der Koordination geforderten Überwachung der wichtigsten Abläufe entlang der betrieblichen Kernprozesse bietet sich die zusätzliche Auswertung der Statusinformationen der Workflows an. Eine Anzeige der Ergebnisse sollte idealerweise überblickartig, z.B. bezogen auf ein einzelnes Projekt erfolgen.

10. Randbedingung für die IuW-Infrastruktur: Solange eine tiefgreifende Integration der Software für den Verbund bei den Partnern keinen Mehrwert für das eigene Unternehmen schafft, ist für die damit verbundene Umstellung der einzelnen lokalen Querschnittsysteme keine Akzeptanz bei den Partnern vorhanden. Die Partner wollen darüber hinaus möglichst wenig Doppelarbeit durch Mehrfacheingaben. Für die Unternehmenskooperation impliziert das:

- Monolithische, d.h. auf einer parallelen, eigenständigen Softwarelösung basierende Systemansätze sind zu vermeiden, solange sie nicht an die jeweilige Unternehmenssoftware angebunden werden.
- Die Minimalforderung für die Zusammenarbeit ist eine Vereinheitlichung der gemeinsamen Begriffswelt. Die Notwendigkeit von Doppeleingaben birgt hier neben der Gefahr von Eingabefehler vor allem auch das Risiko des Ignorierens durch die Mitarbeiter beim Partner. Zur Vermeidung sollte auf der Basis von heute für fast alle Softwaresysteme verfügbaren Schnittstellen eine einfache Verknüpfung von Benutzerrollen, Informationen zu Prozessen oder Aufträgen hergestellt werden. Diese muss eine flexibel in Umfang, Syntax und Semantik adaptierbare Schnittstellenfunktion mit bedarfsorientiert definierten Datensätzen bieten. Lösungen bieten sich hier aus dem Bereich der EAI oder SOA an (vgl. Abs 1.2).
- Zur Erfüllung der voranstehenden Minimalforderung müssen in den Entscheidungsprozessen zur Beschaffung neuer Software bei den Partnerunternehmen die Verfügbarkeit solcher, für den kooperationsinternen Datenaustausch geeigneten Schnittstellen als zusätzliches Entscheidungskriterium aufgenommen werden.
- Alternativ ist vor allem auch für sehr kleine Partner mit einem geringen Grad an Softwareunterstützung im eigenen Unternehmen auch die Eingabe der wenigen, relevanten Daten über ein (Web-)Interface vor Ort wünschenswert.

11. Randbedingung für die IuW-Infrastruktur: Entlang des Gedankens eines „Meta-„ MST-Produktentwicklungsprozesses wird der Entwicklungsprozess in viele kleine Teil-Entwicklungsprojekte aufgespalten, die innerhalb des „Metaprozesses“ beliebig oft neu gestartet werden können. Im Einzelfall können sogar zusätzliche Schritte eingefügt werden. Trotz dieser Flexibilität muss eine Überwachung und Verfolgung des Gesamtprojekts jederzeit möglich sein. Für die Unternehmenskooperation impliziert das:

- Das IuW-System muss entlang der Vorgaben auf Metaprojektebene die flexible Kombination und den flexiblen Start von semistrukturierten und strukturierten Workflows unterstützen.
- Ein bedarfsgerechtes Werkzeug muss die Entscheidungsfindung entlang des Produktentwicklungsprozesses unterstützen und dabei ggf. auch Änderungen / Iterationsrunden zulassen. Damit wird eine Applikationslogik zur Workflowsteuerung benötigt.
- Die Workflow-Logik muss die Verwendung von semistrukturierter Workflows bzw. starr strukturierten Workflows unterstützen.

12. Randbedingung für die IuW-Infrastruktur: Die voranstehende Anforderung an eine im Rahmen übergeordneter Prozessvorgaben flexiblen Ablaufsteuerung führt zu hohen Anforderungen an die Dokumentation. Bedingt durch die Vielzahl an parallel stattfindenden Teilprozessen sollte das Projektverfolgungssystem neben der Dokumentation der Workflows auch - nach außen kontextspezifisch, nach innen Technologie und auftragsspezifisch - die projektbegleitende Dokumentation der Prozesse unterstützen.

- Die Workflowlogik muss mit den Dokumentationsfunktionen des Informationssystems verknüpft werden.
- Im Einzelfall sollte das Gesamtsystem die Integration weiterer Werkzeuge zur Unterstützung des Entscheidungsprozesses unterstützen.
- Das Projektverfolgungssystem muss neben der Prozessorientierung auch die teambasierte Bearbeitung von Arbeitspaketen entlang des Gesamtprojekts und der Workflows in den Teilentwicklungsprojekten unterstützen.
- Ein Entscheidungsabfrage am Ende eines Zyklus muss am Ende jedes Workflows stehen. Die Entscheidung wird vom Expertenteam gefällt. Hinsichtlich des Workflows wird dabei die Entscheidung zwischen den Zuständen „Weiter“; „Wiederholen“ und „Abbruch“ herbeigeführt.

13. Randbedingung für die IuW-Infrastruktur: Jeder Prozess des Kooperations-Gesamtprozesses wird an verschiedenen Punkten durch die Einbindung nebenläufiger, nicht vorher planbarer Prozesse (Kalkulation, Risikomanagement, Simulationsprogramme, etc.) beeinflusst. Im Einzelfall müssen solche Supportprozesse auch außerhalb des Regelprozesses aufgerufen werden, um zum Beispiel Abwägungen in der Materialwahl oder Prozesswahl vornehmen zu können. Daraus ergeben sich folgenden Anforderungen:

- Entlang des vorgegebenen starr strukturierten Workflows sollte die IuW-Software auch auf Projektebene die Möglichkeit bieten, vordefinierte, unterstützende Unterworkflows (ggf. auch andere unterstützende Software) aus dem laufenden Projekt heraus aufzurufen, die an verschiedenen Stellen des Gesamtentwicklungsprojekts auch von externen Applikationen in leicht modifizierter Form immer wieder aufgerufen werden können.
- Ebenfalls müssen Fremdapplikationen aus dem IuW-System heraus aufrufbar sein. Diese werden dann ebenfalls als Prozesssequenz betrachtet.
- Für etwaige Ad-hoc Team-Prozesse muss eine synchrone Kommunikations- und Zusammenarbeitsplattform zur Verfügung stehen, An die Koordination muss seitens der Teams dann oft nur der Status übermittelt werden.

14. Randbedingung für die IuW-Infrastruktur: Das Projektverfolgungssystem muss neben der Prozessorientierung auch die teambasierte Bearbeitung von Arbeitspaketen entlang des Gesamtprojekts und der Workflows in den Teilentwicklungsprojekten unterstützen. Bedingt durch den hohen Grad an Strukturierungsinformation soll das Projektverfolgungssystem auch die projektbegleitende Dokumentation der Prozesse zum Beispiel durch die Verwendung von standardisierten Listen mit Kontrollfragen unterstützen. Für die Unternehmenskooperation impliziert das:

- Das IuW-Konzept muss die Definition von Teams zur Bearbeitung von Aufträgen unterstützen.
- Die Ergebnisdokumentation soll direkt bereits in Form von Kontrollfragen in die einzelnen Teilprojekte eingebettet werden.

15. Randbedingung für die IuW-Infrastruktur: Der MST-Entwicklungsprozess baut auf einer an projektorientierten Phasen und starr strukturierten Zyklen orientierten Vorgehensweise zur Durchführung und Dokumentation des gemeinsam erarbeiteten Prozesswissens auf. Entlang des Entwicklungsprozesses wird Wissen über Abhängigkeiten zwischen Prozessschritten generiert. Das Informations- und Wissensmanagementsystem muss dabei in der Lage sein, neben der Strukturierung von Informationen aus sehr verschiedenen Branchen auch die prozessualen Abhängigkeit zwischen einzelnen Prozessschritten bzw. deren Auswirkungen auf das zu erstellende Produkt zu dokumentieren. Das Informations- und Wissensmanagementkonzept muss die Möglichkeit bieten, das gelernte Prozesswissen zu dokumentieren.

- Möglichkeiten bieten sich durch Einsatz bzw. die Verknüpfung von Prozessmodellierungsansätzen und Ontologien zur Strukturierung des zu erfassenden Prozesswissens.

- Eine Synchronisation mit den Daten aus der Auftragsspezifikation und zur Produktionsverfolgung muss in der Betriebsphase realisiert werden, um den Abgleich mit der Produktspezifikation für spätere Auswertungen zu Einflüssen des Kontexts auf die Spezifikation zu erreichen.

16. Randbedingung für die IuW-Infrastruktur: Die Methodik der Gesamtkalkulation der Kooperation auf der Basis einer Zuschlagskalkulation bleibt über alle Entwicklungsphasen der Kooperation gleich. Je nach Entwicklungsstufe ändern sich aber die Akteure. Während in der Start- und Aufbauphase für Entwicklungs- bzw. Fertigungsprozesse die Verantwortung bei den Fachpartnern liegt, geht die Verantwortung in der Betriebsphase an die Koordination über. Damit ist für die Kooperation eine informations- oder ERP-systemgestützte Kalkulation erst in der Betriebsphase relevant.

- Aufgrund der heute nahezu in allen KMU eingesetzten Zuschlagskostenkalkulation ist bei den Kooperationspartnern in der Regel für die Kalkulation ihres Aufwände bis auf Abschläge für die Einsparung eigener Marketing- und Vertriebskosten keine Änderung an ihrer bisherigen Kalkulation notwendig.
- Die Kalkulation der Kosten der Koordination kann in den ersten beiden Phasen über ein handelsübliches, kaufmännisches Softwarepaket mit Kontierung und Faktura abgewickelt werden. Darüber hinausgehende Lösungen sind speziell in der Startphase nicht notwendig.
- Sofern die Kooperation in der Betriebsphase z.B. aufgrund der spezifischen Anforderungen einer Abwicklung von Großserienfertigungsaufträgen bereits über eine – inzwischen am Markt verfügbare - unternehmensübergreifende ERP-Systemarchitektur verfügt, müssen die zwischen den Partnern vereinbarten Vorgehensmethoden sowie die individuellen Zuschläge lediglich konfiguriert werden. Diese Methode ist aber nur effizient bei komplexen logistischen Aufgabenstellungen, wie z.B. Abrufaufträge des Kunden oder speziellen, variierenden internen Vereinbarungen wie Streckengeschäften entlang des Kundenauftrags, o.ä..

17. Randbedingung für die IuW-Infrastruktur: Neben dem produkt- und herstellungsspezifischen Wissensmanagement sind möglichst alle entlang des Produktentwicklungsprozesses von den Fachexperten diskutierten Lösungsansätze in Form von Gestaltungsregeln zu erfassen und zu dokumentieren.

- Das Wissensmanagement ist als kontinuierlicher Supportprozess zu betrachten, der in alle Expertentreffen entlang der Teilentwicklungsprojekte als weiterer Supportprozess eingebunden werden muss.

- Auch verworfene technische Lösungen sollten - wo möglich - erfasst und dokumentiert werden. Für die Bearbeitung der einzelnen Teilprozesse bietet sich hier eine Versionierung, z.B. von Mess- und Prüfprotokollen an.

18. Randbedingung für die IuW-Infrastruktur: In einer vertrauensvollen Kooperation muss die Risikoanalyse durch jeden Partner entlang einer Betrachtung von Eigen-, Fremd- und Systemrisiken für das Produkt und die Produktion durchgeführt werden. In den kommerziellen Anwendungen zur Risikoanalyse geschieht dies nur implizit bei der Betrachtung der Prozessrisiken. Eine Fremdbewertung der eigenen Prozessrisiken durch Dritte erfolgt nicht.

- Die Risikomanagementsoftware muss die Erfassung und Vorstrukturierung von Einzel- und Gesamtprojektrisiken ermöglichen.
- In das IuW-System muss ein Mechanismus zur FMEA eingebunden werden, die das Arbeiten in verteilten Teams unterstützt. Die Risikomanagementsoftware muss dabei die Zusammenführung von Einzelrisiken und deren Vorstrukturierung entlang vorher vereinbarter Leitlinien ermöglichen.
- Die endgültige Bewertung der Risiken muss gemeinsam im Team im Rahmen eines Projekttreffens oder eines virtuellen Treffens erfolgen.

19. Randbedingung für die IuW-Infrastruktur: Betriebliche Steuerungskonzepte für eine Unternehmenskooperation in der Betriebsphase müssen mindestens die gegenseitige manuelle Abstimmung der zur Verfügung stehenden Kapazitäten der Partner unterstützen. Im Idealfall geschieht dies bereits direkt mit der jeweiligen betrieblichen Standardsoftware. Im vollständigen Betriebsfall, insbesondere bei der Abwicklung von Großserienaufträgen ist alternativ eine produktspezifische, integrierende Lösung zu erwägen. Für die Unternehmenskooperation impliziert das den Bedarf an einer unternehmensübergreifenden:

- Abstimmung der Kapazitäten,
- Ressourcenplanung,
- Prüfdatenerfassung und –rückmeldung, ggf. über MES Systeme.

Diese Anforderungen sind bereits heute Bestandteil von verteilten ERP-Systemen oder SOA-Ansätzen, auf die im Bedarfsfall aufgrund der hohen Komplexität einer solch integrierten Anwendung zurückgegriffen werden sollte. Dieser Fall gilt nur für Größtserienfertigungen (> 1 mio Stück/a), die aufgrund der sich ab dieser Größenordnung ändernden organisatorischen Randbedingungen nicht nicht Gegenstand dieser Arbeit sind.

20. Randbedingung für die IuW-Infrastruktur: Materialflussaktivitäten müssen mindestens an den Schnittstellen und während des Transports dokumentiert und an die Koordination übermittelt werden. Für die Unternehmenskooperation impliziert diese Forderung:

- Eine Rückmeldung von Wareneingangs- und Warenausgangsdaten sowie Produktionsstati und Prüfdaten (ggf. auf Chargen und Lose herunter gebrochen) durch jeden Partner unmittelbar nach Beendigung der jeweiligen Aktivität.
- Entlang des Transports von Partner A zu Partner B sind für bestimmte Anwendungen der Mikrosystemtechnik (empfindliche mechanische Teile, bioaktive Flächen, etc.) die Transportbedingungen zu dokumentieren. Zu dokumentierende Parameter können dabei Höchst-/Mindesttemperaturen, Stöße etc.. sein. Für solche Einflüsse gibt es bereits spezielle Sensorlösungen zur Transportüberwachung. Die entsprechenden Informationen müssen durch jeden Partner ausgewertet und die Ergebnisse ebenfalls sofort an die Koordination weitergeleitet werden.
- Je nach Anzahl der Vorgänge erfolgt die Übermittlung entweder über asynchrone Kommunikation (Email oder Fax) zentrale, vorgehaltene webbasierte Lösungen (zentrale Server) oder vollintegrierte Lösungen (z.B. Kopplung von MES-Systemen mit ERP-Softwarelösungen für die verteilte Zusammenarbeit).

Damit sind die Anforderungen an die IuW-Infrastruktur für eine Unternehmenskooperation der Mikrosystemtechnik weitgehend definiert. Wie zu erwarten, decken die voranstehend erarbeiteten Anforderungen für die als eigenständige Einheit am Markt agierende, bezüglich ihrer Kernprozesse hochintegrierte, clanartige Kooperation spätestens in der Betriebsphase die meisten der in Abschnitt 1.2 identifizierten Typen Anwendungssysteme ab.

Nachdem nun die Anforderungen an eine clanartige Kooperation erarbeitet wurden, wird im folgenden Abschnitt der zum Teil bereits identifizierte Einfluss der stufenweisen Kooperationsentwicklung erarbeitet. Die Fallunterscheidung für die drei Betriebsfälle wird anhand der Vorstellung dreier Szenarien durchgeführt.

3.2 Entwicklung bedarfsgerechter Szenarien für die Entwicklungsstufen der clanartige Kooperation

Nicht jede der voranstehend aufgelisteten Anforderungen muss bereits zu Beginn einer Unternehmens-Kooperation erfüllt sein. So lassen sich aus der vorangegangenen Liste in Abhängigkeit der Kooperationsentwicklungsstufe Funktionen identifizieren, die im Sinne einer bedarfsgerechten Informationsbereitstellung bereits in der Startphase, erst in der Aufbau- oder sogar erst in der Betriebsphase benötigt werden.

Für eine *bedarfsgerechte* IuW-Infrastruktur fehlt daher noch die Abbildung der welche Methode / welcher Werkzeugtyp auf die verschiedenen Kooperationsstufen. Anhand der in Abschnitt 2.1 erarbeiteten Randbedingungen aus der Aufbau- und Ablauforganisation, sowie aus den in Abschnitt 3.1 abgeleiteten grundlegenden Anforderungen an die Informations- und Wissensmanagement-Infrastruktur der Clan-Kooperation werden im Folgenden drei generische Lösungsszenarien für die drei Entwicklungsstufen konzipiert. Die Ausarbeitung wird dabei anhand einer grafischen Darstellung der Lösungsräume bzw. der Veränderung dieser Lösungsräume für die Clan-Kooperation visualisiert. In jeder Grafik werden dabei eine Matrix aus den drei in Abschnitt 2.1 eingeführten betrieblichen Anwendungssystemtypen Führungssysteme, Administrations- und Dispositionssysteme und Querschnittsysteme gegen die Kernprozesse Vertrieb Entwicklung und Produktion der Kooperation aufgespannt. Für jede Entwicklungsstufe werden die folgenden Aspekte betrachtet:

- Kommunikation und Zusammenarbeit (Zusammenarbeit, dunkelgrau)
- Information und Wissen (Informationsaustausch, mittelgrau)
- Verfolgung betrieblicher und planerischer Abläufe (Betriebsdatenaustausch, hellgrau).

Aus der Flächenverteilung der einzelnen Aspekte lässt sich so bereits übersichtsartig der Schwerpunkt der notwendigen Anwendungssysteme erkennen.

Darüber hinaus ändert sich auch die Anforderung an den Integrationsgrad der in Frage kommenden Methoden und Werkzeuge entlang der Kooperationsentwicklung. Den Flächen selbst sind für die jeweilige Stufe ausreichende und dennoch die Anforderungen an eine Kontinuität des Gesamtkonzepts erfüllende Werkzeuge zugeordnet. Eine weitergehende Detaillierung hin zu konkreten Szenarien erübrigt sich zunächst, da eine detailliertere Betrachtung nur in Bezug auf ein konkretes Anwendungsszenario nach eingehender Analyse des Ist-Zustands bei den Partnern sinnvoll ist.

Konzept für das IuW-Szenario des Startmodells der Clan-Kooperation

Im Startmodell liegt der Schwerpunkt der Aktivitäten der Kooperation auf dem Informationsaustausch und der Kommunikation zwischen den Partnern. Bedingt durch die Möglichkeit einer auftragsbezogenen Auslagerung des Entwicklungs- und Produktionsprozesses an einen Fachpartner aus dem Konsortium sind die Werkzeuge der Kooperation vor allem auf die Unterstützung der Koordination bei der gemeinsamen Vermarktung, Akquise und Erstabschätzung von Kundenanfragen auszulegen. Zumeist ist in der Startphase auch die finanzielle Basis der gemeinsamen Aktivitäten noch sehr gering, so dass auch keine Mittel für eine ausgeprägte eigenständige Infrastruktur bereitstehen. In Abbildung 3-1 werden –bezogen auf den jeweiligen Aspekt- Beispiele von bedarfsgerechten Werkzeugen zur Unterstützung der Aufgaben der Koordination und der Partner genannt.

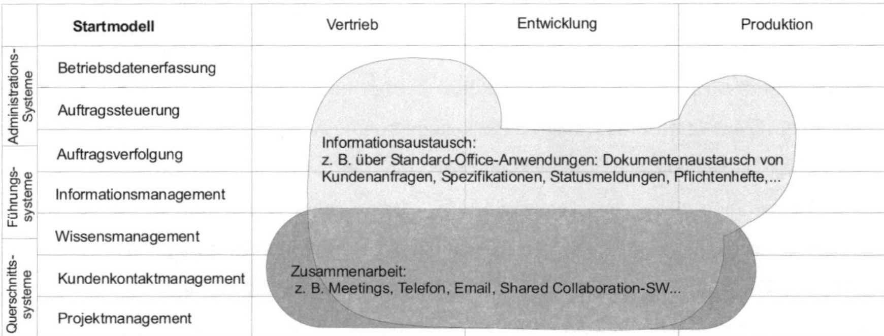

Abbildung 3-1 Informationsaustausch und Kommunikation im Startmodell

Bereits in der Startphase muss das Prozessdenken im Netzwerk verankert werden, auch wenn die Verfolgung des gemeinsamen Vertriebsprozesses noch wenig automatisiert ist. Für die Startphase eignen sich zumeist internetbasierte Dienstleistungen, wie gemeinsame Software die die unternehmensüber-greifende, räumlich verteilte Abwicklung von Projekten (Collaborative Work Software) unterstützt. Eine intensive Kommunikation z. B. in Form von Telefonkonferenzen oder auch zunehmend Voice-Over-IP Telefonkonferenzen sind für die Kooperation in der Anfangsphase ausreichend. Die Koordinationsstelle behilft sich aufgrund des klar gegliederten Kalkulationsschemas ebenfalls mit betrieblicher Verwaltungs- und Finanzsoftware zur internen Verwaltung ihrer Kundenaufträge. Für die Projektverfolgung und die Dokumentation der Kundenkontakte muss jedoch bereits in der Startphase ein Informationsmanagement-system eingesetzt werden.

Konzept für das IuW-Szenario des Aufbaumodells der Clan-Kooperation

Im Aufbau-Modell der Clan-Kooperation steigt mit der Kooperationsintensität auch die Vertraulichkeit der übermittelten Daten an. Insbesondere betrifft die voranstehende Anforderung die Übermittlung der fertigungsbezogenen Prozessdaten.

Der Schutz der Vertraulichkeit der Kundendaten erfordert zumindest eine hinreichende Verschlüsselung oder die Einrichtung von „Virtual Private Networks“ (VPN). Die VPN bedingen zwar einen erhöhten Aufwand zur Sicherstellung des Betriebs, bringen aber die Chance mit sich, bereits erste „dauerhafte“ gemeinsame Strukturen aufzubauen. In Abbildung 3-2 ist zu erkennen, dass nun neben der Informationsbereitstellung und der Kommunikation auch erste dispositive Elemente benötigt werden. Die Kennzahlensysteme oder Management-Dashboard-Funktionen ermöglichen der Koordination, die nun verantwortlich für die Prozess- und Anwendungsentwicklung ist, bereits ein frühzeitiges Erkennen von Prozessfehlern und ermöglichen ihr, frühzeitig Maßnahmen für Prozessanpassungen zu ergreifen. Die Informationsinfrastruktur wird um eine qualitätsgerechte gemeinsame Dokumentations- und Projektverfolgungsinfrastruktur erweitert.

Im Bereich der Informations- und Wissensmanagementlösungen sollten zentrale, serverbasierte Lösungen zur Erfassung und Speicherung vor allem von Informationen eingesetzt werden. Die Lösungen sind dabei nicht monolithisch zu realisieren, sondern sollten sich durch eine einfache Zugänglichkeit über Portalfunktionen bzw. lokalen Clients mit Schnittstellen zur jeweiligen Softwareinfrastruktur auszeichnen. Hinsichtlich der Kommunikation in der Kooperation werden - zur Reduktion der Vielzahl von Abstimmungs- und Planungstreffen - fast alle operativen Besprechungen nur noch über Videokonferenzsysteme und „Shared Application"-Umgebungen abgehalten. „Face-to-Face"-Kommunikation findet nur noch im Kontext kooperations-interner Strategiesitzungen statt.

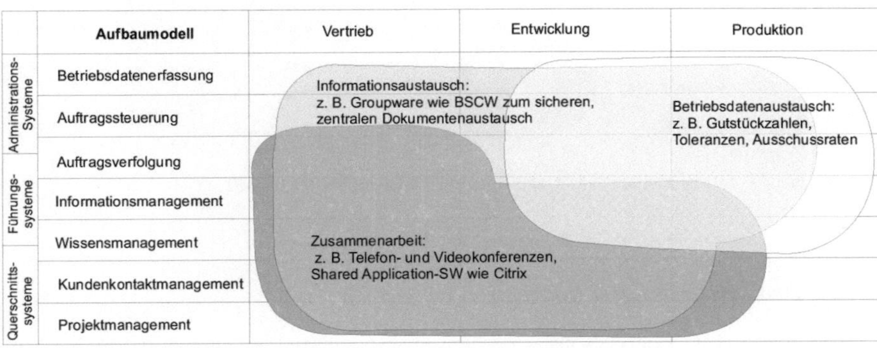

Abbildung 3-2 Informationsaustausch und Kommunikation im Aufbaumodell

Durch die Verlagerung der Produktionsverantwortung an einen Partner im Konsortium bleiben die Elemente der gemeinsamen Produktionssteuerung noch gering ausgeprägt. Der Koordination reicht hier in der Regel eine Statusmeldung über Auftragsbeginn und -ende sowie begleitende Informationen über den Kundenkontakt. Für den Entwicklungsprozess benötigt die Koordination ein Werkzeug, das in der Lage ist, neben der Entwicklungsdokumentation auch die Zusammenarbeit dezentraler Teams zusammen mit den Kommunikationswerkzeugen zu unterstützen.

Konzept für das IuW-Szenario des Betriebsmodells der Clan-Kooperation

Im Betriebsmodell der Clan-Kooperation liegt der Schwerpunkt der Aktivitäten neben der in den beiden voranstehenden Konzepten bereits adressierten Abwicklung von Kundenaufträgen auf der

Produktionssteuerung und Auftragsverfolgung. Damit kann das Unternehmensnetzwerk seitens der Software wie ein eigenständiges, über verschiedene Standorte verteiltes Unternehmen betrachtet werden.

Die Software deckt damit nahezu die gesamte Bandbreite der betrieblichen Funktionen ab. Zur Steuerung und Überwachung der gemeinsamen Produktion ist es vor allem bei der Steuerung von Großserienprojekten sinnvoll – und bei zunehmender Auslastung der Kooperationspartner auch konsensfähig -, eine Vernetzung der einzelnen ERP-Systeme anzugehen. Auch hier ist auf eine flexible ERP-Architektur zu achten. Flexibel bedeutet dabei „offen" hinsichtlich der Anbindung an die unter-schiedlichen betrieblichen Standardsysteme in den einzelnen Unternehmen (Abbildung 3-3).

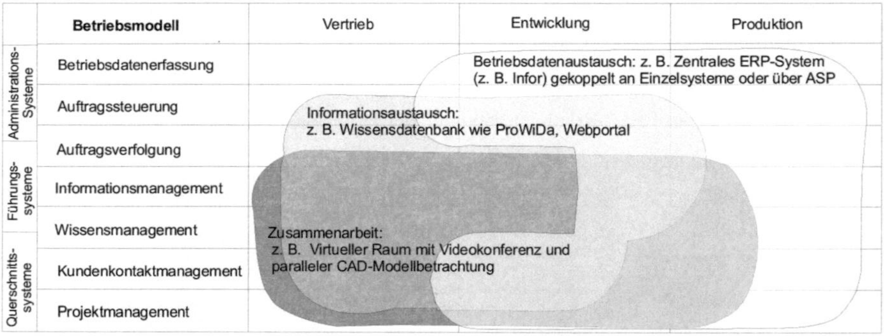

Abbildung 3-3 Informationsaustausch und Kommunikation im Betriebsmodell

3.3 Diskussion der drei Konzepte

Die drei voranstehenden Vorschläge beschreiben jeweils einen Lösungsraum für den Einsatz von betrieblichen Anwendungssystemen im Kontext einer engen Unternehmenskooperation mittelständischer Unternehmen.

Dem Begriff „bedarfsgerecht" im Titel der vorliegenden Arbeit ist bereits inhärent, dass es keine allgemeine Lösung für die entsprechenden Fragestellungen einer spezifischen Kooperation gibt. Für die in Abschnitt 2.1 beschriebene Clan-Kooperation der Mikrosystemtechnik lassen sich aber bestimmte Typen von Softwarewerkzeugen konzeptionell ableiten, die hinsichtlich ihrer Funktion und ihres Zwecks für alle Kooperationen im Bereich der Multimaterial-Mikrosystemtechnik Gültigkeit besitzen. Im Rahmen der vorliegenden Arbeit wurden dazu – auf der Basis der bisher erarbeiteten Anforderungen - zum Teil neuartige Werkzeuge entwickelt, die die Kooperation unterstützen. Auf diese Werkzeuge wird im folgenden Kapitel 0 eingegangen.

4 Konzeption neuer und Adaption kommerzieller Werkzeuge zur bedarfsgerechten Unterstützung des Informations- und Wissensmanagements in Clan-Unternehmenskooperationen

In den vorangegangenen Kapiteln wurden die Randbedingungen und Anforderungen an die unterstützende Informations- und Wissensmanagement-Infrastruktur einer Clan-Kooperation erarbeitet. Als charakteristisch für die Clan-Kooperation zeigten sich dabei die zeitlich ändernden, aufbau-organisatorischen Strukturen sowie die sich ändernden Aufgaben bzw. die Aufgabenteilung in den Kern-Geschäftsprozessen der Kooperation, die zum neuartigen Konzept der stufenweisen Kooperationsentwicklung im Clan führten. Aus diesen Randbedingungen heraus wurden in Kapitel 3 zunächst die Anforderungen an das Informations- und Wissensmanagement definiert und im nächsten Schritt drei Szenarien zum Informationsaustausch, Zusammenarbeit und Betriebsdatenaustausch abgeleitet.

Die stufenweise Änderung der Anforderungen zeigt im Bereich der Führungssysteme mit Beginn der Betriebsphase eine aus der erstmaligen Übernahme der Produktionsverantwortung durch die Koordination resultierende, schlagartige Zunahme des Funktionsumfangs. Während die Koordination aus informations-technischer Sicht in der Start- und Aufbauphase lediglich Begleitinformationen zur Auftragsverfolgung zu erfassen und zu dokumentieren hat, muss sie in der Betriebsphase zur effizienten Auftragssteuerung und -verfolgung der verteilten Fertigungsprozesse massiv auf entsprechende Management-Softwarewerkzeuge zurückgreifen.

Aufgrund der hierarchischen Auftragsabwicklung im Clan sind die Anforderungen an die Führungssysteme jedoch ähnlich denen anderer hierarchischer Fertigungsnetzwerke wie den „Supply Chains" oder den Generalunternehmerschaften, für die bereits eine Vielzahl von Softwarelösungen konzipiert wurden. Dementsprechend besteht hier nur ein geringer clanspezifischer Entwicklungsbedarf. Die das Informations- und Wissensmanagement unterstützenden Querschnittsysteme müssen bereits von Beginn der Zusammenarbeit an viel stärker die besonderen Anforderungen der Clan-Kooperation z.B. im Hinblick auf die Unterstützung des intensiven, gemeinsamen Entwicklungsprozesses adressieren. Es sind also bereits ab der Startphase besondere Lösungen erforderlich, deren Funktionalität entlang der Kooperationsentwicklung aber wiederum nur noch mäßig zunimmt.

Abbildung 4-1 zeigt zusammenfassend die zeitliche Änderung der Managementaufgaben in der Clan- Kooperation in Bezug auf die im Rahmen dieser Arbeit betrachteten Führungs- und Querschnittsysteme.

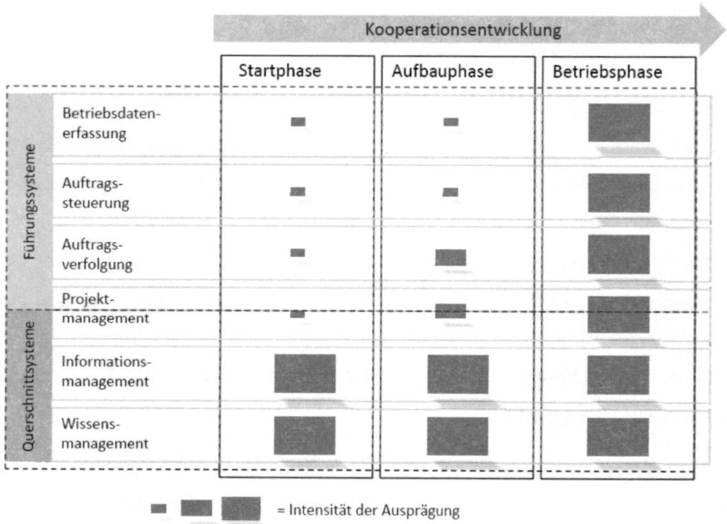

Abbildung 4-1 Änderung der Nutzungsintensität von Informationssystemen in der Clan-Kooperation

Aufgrund des identifizierten Anpassungsbedarfs wird der Schwerpunkt der weiteren Ausarbeitung auf der Konzeption und Umsetzung von Querschnittsystemen für die Clan-Kooperation gelegt. In den folgenden Abschnitten werden deshalb bedarfsgerechte Informations- und Wissensmanagementbausteine für die speziellen Anforderungen der Multimaterial-MST-Kooperation konzipiert und deren prototypische Umsetzung vorgestellt.

- Im Einzelnen wurden für die verschiedenen Bereiche Softwarekonzepte und –komponenten entweder stark an die besonderen Anforderungen einer engen Kooperation von mittelständischen Unternehmen der Mikrosystemtechnik angepasst oder auch neu entwickelt:
- Methoden und modifizierte Werkzeuge zur Erfassung, Strukturierung und Überwachung von Informationen,
- Neuartige Methoden und Werkzeuge zur Unterstützung des prozessorientierten Wissensmanagements für mikrosystemtechnische Prozesse,
- Adaption der aus dem Makro-Maschinenbau bekannten Methodik der Fehlermöglichkeits- und -einflussanalyse (FMEA) auf die Anforderungen einer Risikoanalyse in eng zusammenarbeitenden, verteilten Teams der Mikrosystemtechnik.

4.1 Modifiziertes, integrierendes Querschnittsystem zur Informationserfassung und –strukturierung entlang von Unternehmensaktivitäten und -prozessen

In der Unternehmenskooperation besteht für nahezu alle bereits beschriebenen Kern- und Supportprozesse Bedarf an der Strukturierung von Wissen entlang der Unternehmens-Kernprozesse. Neben den „lokalen“ Prozessen bei den Partnern sind für die Kooperation insbesondere die in Abschnitt 2.4 beschriebenen Prozesse der Kooperation, insbesondere der Koordination von Interesse.

Noch vor den administrativen Prozessen spielen in einer clanartigen Kooperation die Querschnittsysteme eine Rolle. Für das vertriebsorientierte Informationsmanagement wurde als Basis-System das von der Firma Infoman entwickelte Softwaresystem „Infonection“ ausgewählt und basierend auf den im Rahmen dieser Arbeit ausgearbeiteten Anforderungen zur Unterstützung der Koordination weiterentwickelt [INFO01].

Grundfunktionen der Infonection Software

Infonection ist eine konfigurierbare Software zur Unterstützung beratender, service- und rechercheorientierter Aufgaben in Unternehmen. Das Softwarewerkzeug ermöglicht Mitarbeitern zielgerichtet die wesentlichen Informationen über Kunden, Produkte und Projekte zur Verfügung zu stellen und später darauf zuzugreifen. Aufgrund der vollständigen Weborientierung des Werkzeugs und eines flexibel konfigurierbaren Rollenkonzepts eignet es sich sehr gut auch zur Nutzung eines auf mehrere Standorten verteilten Teams, wie sie im Konzept der Akteursgruppen der clanartigen Kooperation vorgesehen sind.

Infonection basiert auf einem objektorientiert strukturierten Datenmodell. Sogenannte Informationsobjekte stellen einen einheitlichen Speicherort für die verschiedenen Ausprägungen von Informationen in der Wissensdatenbank bereit. Inhalte werden als Attachments gespeichert. Dadurch wird die Möglichkeit geschaffen, unterschiedliche Daten-/Dateiformate einheitlich zu verarbeiten. Die übrigen Felder des Informationsobjektes ermöglichen die eigentliche Verknüpfung mit den Stammdaten (Kunden, Mitarbeiter, Produkte) und kategorisieren die enthaltenen Informationen. Infonection wurde als Webanwendung implementiert und setzt auf Lotus Notes auf. Dabei werden die Stammdaten, d.h. die nicht projektspezifischen Daten der Kooperation in die drei Kategorien *Kunden, Mitarbeiter* und *Produkte* eingeteilt. Dazu kommen Recherche-, Navigations-, Kommunikations- und Kooperationsfunktionen, die in der Basisversion speziell auf das Kundenkontaktmanagement innerhalb eines Teams in Form einer zentralen Informationsablage ausgerichtet sind.

Für die Anforderungen an die IuW-Infrastruktur war das System aufgrund seines modularen, objektorientierten Aufbaus besonders interessant. So unterstützt Infonection das ausgeprägte Rollenkonzept der verteilten, flexiblen Organisation. Kooperationsrelevante Informationen lassen sich ähnlich wie bei einer Topic-Map kontextorientiert verknüpfen. Bezogen auf Produkte oder Aufträge können über die Möglichkeit zur Speicherung von Hyperlinks, sowie über eine XML-Schnittstelle weitere Informationsobjekte oder externe Datenbanken eingebunden werden.

Im Folgenden werden die im Rahmen der Erstellung des Gesamtkonzepts identifizierten, wichtigsten Informationsobjekte aufgelistet, die ohne Anpassungsentwicklung bereits mit den Grundfunktion von Infonection konfiguriert werden können:

- Ablage von Mitarbeiter- und Unternehmenskompetenzen (Skills),
- Kundenanfragen und Kundenkontaktinformationen,
- Angebote,
- Produktblätter,
- Diskussionsbeiträge,
- Verfahrensanweisungen,
- Verträge,
- Produktinformationen.

Damit bildet Infonection bereits einen Teil der Dokumentation koordinationsspezifischer Querschnittsaufgaben – nämlich die strukturierte Erfassung von Informationen und deren Verknüpfung mit weiteren Kontextinformationen – ab.

4.1.1 Erweiterung um eine neue Workflowkomponente zur Unterstützung des Mikrosystem-Entwicklungsprozesses

Neben der voranstehend eingeführten Basisfunktionalität musste das System im Rahmen des Aufbaus der IuW-Infrastruktur vor allem konzeptionell hinsichtlich der in Abschnitt 3.1 spezifizierten ablauforganisatorischen Anforderungen erweitert werden. Eines der wichtigsten Ergebnisse aus der Anforderungsanalyse ergab die Notwendigkeit einer strukturierten, präzise dokumentierten Vorgehensmethodik bei der Planung, Durchführung und vor allem Überwachung der Kooperationsprojekte. Basis für die Implementierung bilden dabei die im Kapitel 2 dargestellten Konzepte zur Bearbeitung der Entwicklungsrichtlinien entlang der bereits definierten Geschäftsprozesse im MST-Entwicklungsprozess für Bauteile und Komponenten.

Die im Rahmen der vorliegenden Arbeit vorgeschlagene Konzeption einer an die organisatorischen Abläufe der MST-Unternehmenskooperation angepassten Workflowkomponente führte dabei zu signifikanten Erweiterungen des Infonection-Systems und stellt gleichzeitig einen wichtigen Baustein der geschäftsprozessorientierten Unterstützung auf der Grundlage der modellierten Geschäftsprozesse bzw. der Entwicklungsrichtlinien der Kooperation dar.

Anpassung des Basissystems und Erweiterung um eine neue Workflowkomponente

Ein Infonection Informationsobjekt ist zunächst nicht mehr als eine Vorlage, die inhaltlich um Rollen, Bemerkungen und Hyperlinks ergänzt werden kann. In erster Näherung lag es nahe, die textuellen Möglichkeiten dahingehend zu nutzen, dass die während der Bearbeitung des Teilprozesses anfallenden Informationen und Dokumentationen damit erfasst werden können. Konzeptionell wurden dazu bereits in Kapitel 2 Fragelisten zur Verifizierung des tatsächlichen Status eines Teilprozesses vorgeschlagen. Jeder Meilenstein der einzelnen Zyklen und Phasen des Entwicklungsprozesses wurde nun in Infonection analog zu den modellierten Geschäftsprozessen als Sequenz von Informationsobjekten angelegt, denen wiederum eine Sequenz von Kontrollfragen zugeordnet wurde. Ein einzelnes Informationsobjekt repräsentiert dabei einen einzelnen Prozessschritt.

Das einzelne Informationsobjekt stellt dabei die kleinste Einheit dar, der auch eine Rolle zugewiesen werden kann bzw. die eine vordefinierte Rolle besitzt. Das Informationsobjekt wird im Kooperationsszenario (

Abbildung 4-2) „Kontrollpunkt“ genannt, weil der Status des Objekts zur Freigabe des zugehörigen, übergeordneten Meilensteines von der zugehörigen Akteursgruppe bearbeitet und freigegeben worden sein muss. Einzige Ausnahme bilden - wie bereits in Abschnitt 2.4 erarbeitet - diejenigen „Kontrollpunkte“, die die Statusänderung eines einzelnen Meilensteins nicht beeinflussen können (z.B. Dokumentationsaufgaben).

Abbildung 4-2 zeigt grafisch den Zusammenhang zwischen Kontrollfragen, Kontrollpunkten und dem zur Bearbeitung notwendigen Prozessabschnitt. Die vollständige Liste aller Kontrollfragen bezogen auf „Kontrollpunkte“ und Meilensteine findet sich in Anhang 7.2. Jedes Informationsobjekt ist in der Lage, über die Möglichkeit des Aufrufs von Hyperlinks mit anderen Anwendungsprogrammen zu interagieren oder weitere Informationsobjekte aufzurufen. Damit können Programmaufrufe oder auch der Aufruf von Dokumenten aus Dokumentenmanagementsystemen heraus verknüpft werden.

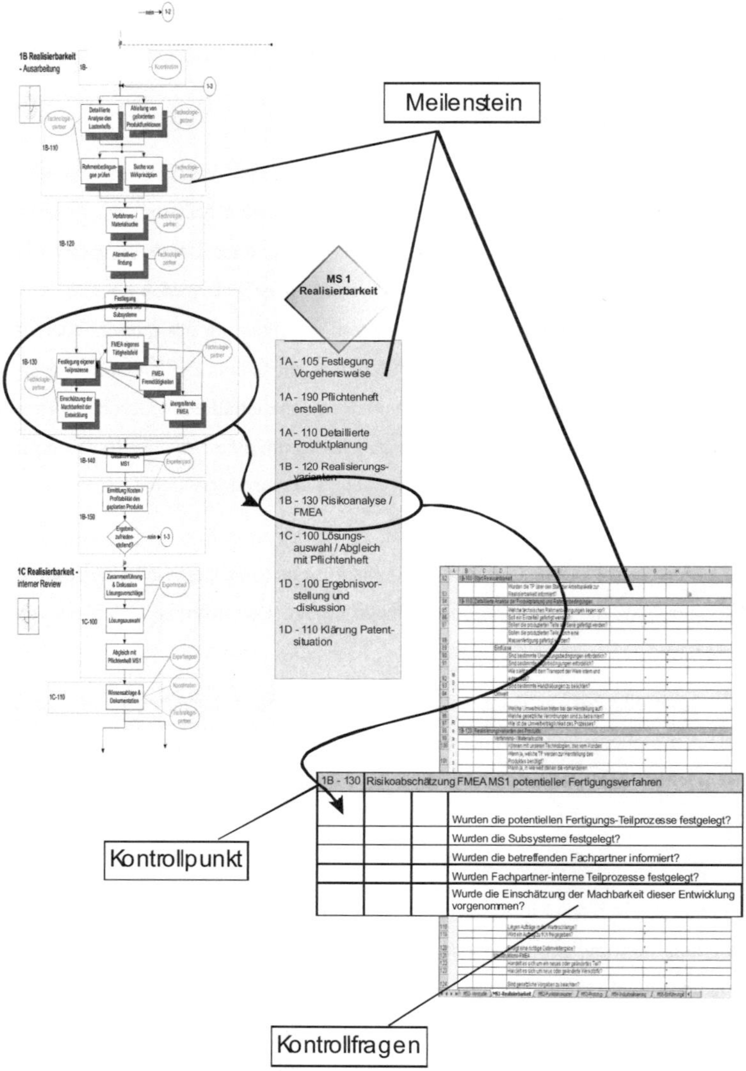

Abbildung 4-2 Zusammenhang zwischen Infonection-Informationsobjekt, Meilensteinen der ausgearbeiteten Entwicklungsrichtlinien und modellierten Prozessschritten am Beispiel des Aufrufs des Supportprozesses für die Risikoanalyse [MWF04]

Abbildung 4-3 zeigt ein Beispiel der grafischen Bedienoberfläche eines solchermaßen modifizierten Infonection Informationsobjekts. So können zum Beispiel im Entwicklungsprozess Begleitdokumente oder auch Programme zur Unterstützung der bereits genannten Supportprozesse via Hyperlink von dem System aus aufgerufen und dabei Informationen zur Initialisierung der Software übermittelt werden. Die Abbildung zeigt beispielhaft für den Prozessschritt „Patentsituation klären“ die Möglichkeit der Zuordnung von Kontrollfragen, sowie die Möglichkeit zur Einbindung weiterer Informationen.

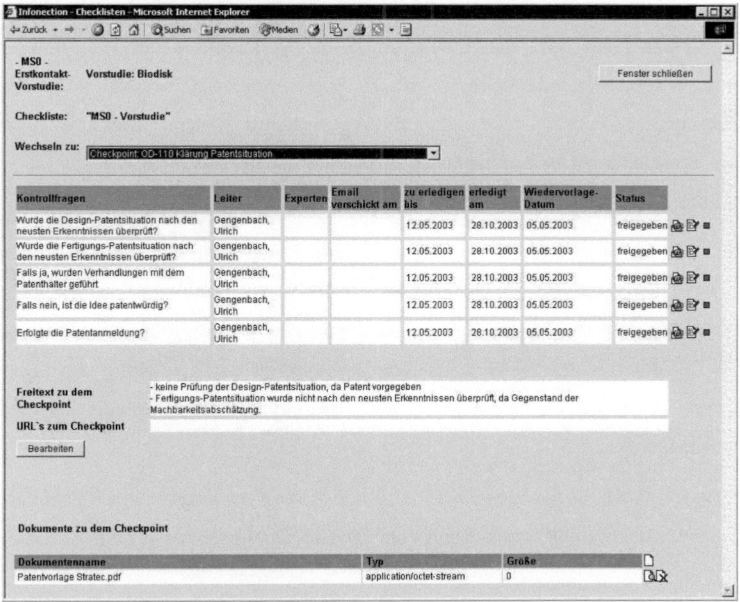

Abbildung 4-3 Screenshot eines modifizierten Infonection-Informationsobjekts mit den zugeordneten Kontrollfragen [MWF04]

Neuer Workflow-Mechanismus

Der für das System neu konzipierte Workflow-Mechanismus sorgt für die regelgesteuerte Verknüpfung der Informationsobjekte entlang der modellierten Kernprozesse. Kernelement der Anpassungsentwicklung ist neben der Implementierung einer Workflowsteuerungskomponente die Implementierung einer Push-Strategie[14] durch automatische Emailbenachrichtigungen beim Start eines neuen Prozessabschnitts. Mit Hilfe der Workflowsteuerungskomponente können die Kernprozesse der Kooperation modelliert und die einzelnen Informationsprozesse entsprechend angehängt werden. Supportprozesse werden ebenfalls als Workflows abgelegt, die allerdings nicht von vorneherein in die Kernprozesse integriert sind, sondern erst bei Bedarf aus dem Workflow heraus gestartet werden können.

---

[14] Unter Push-Strategie wird im Kontext des Workflowmanagements zumeist das „aktive“ Verteilen und Einfordern von Informationen an alle potenziellen Interessenten verstanden. Die Pull Strategie favorisiert im Gegensatz dazu die „aktive“ Beteiligung durch die Rezipienten.

Beim Anlegen eines Kundenprojekts erfolgt in der Erweiterung von Infonection eine Instanziierung einer Sequenz von Informationsobjekten, z.B. zur Ausführung des initialen Vertriebs-Workflows. Das Workflowmodul steuert nicht nur die einzelnen Instanzen von Kernprozess-Workflows, es dokumentiert auch den Status, sowie die Verknüpfung des Workflows mit weiteren Workflow Instanzen, z.B. beim Aufruf der Supportprozesse. In einem stark eingeschränkten Maß unterstützt der Workflow auch die regelbasierten Änderungen der Workflows im Hinblick auf Folgeaktionen zu den bereits spezifizierten Endzuständen ($\text{Start}_{\text{Folgeprozess}}$, $\text{Start}_{\text{Supportworkflow}}$, $\text{Abbruch}_{\text{Prozesskette}}$).

Aus der Dokumentation der den einzelnen Teil- und Supportprozessen zugeordneten Kontrollfragen sowie der entlang des Hauptworkflows aufgerufenen Supportprozesse lassen sich so automatisiert projektspezifische Dokumentationen erzeugen. Die Erfassung der Bearbeitungsstati und die bereits den Informationsobjekten inhärente Möglichkeit der Zuordnung von (Team-) Ressourcen erlaubt zudem die einfache Überwachung und strukturierte Informationsbereitstellung auf Managementebene.

Ist ein „Informationsobjekt“ abgeschlossen, so wird der Status vom zuständigen Bearbeiter im Infonection-System auf „erledigt“ gesetzt und vom System das Abschluss-Datum automatisch hinzugefügt.

4.1.2 Neues Modul zur Projektsteuerung und –überwachung

Neben dem bereits voranstehend erwähnten vertrieblichen Informations- und Dokumentationssystem wurde auch die konzeptionelle Forderung einer Projektsteuerung und –verfolgung auf der Basis der Spezifikationen neu umgesetzt.

Im Rahmen der Fortschrittskontrolle wird der Ist-Stand bezüglich der Projektkenngrößen (Arbeitspakete, zu liefernde Ergebnisse, Kosten, Zeiten, Ressourcen usw.) ermittelt. Eine grafische Unterstützung erlaubt dem Koordinator dabei eine direkte Übersicht auf verschiedene Verfeinerungsebenen („Management Dashboard“-Funktion).

Für die Darstellung der Übersichtsfunktionen des Koordinators wurde dabei ein „Ampeldesign“ konzipiert. Je nach Detaillierungsebene, in der er sich gerade bewegt, erhält der Koordinator Informationen über die Bearbeitungsstati von Detailfragen, Checklisten, Meilensteine des Kundenauftrags oder auch das ganze Kundenprojekt. So ist es möglich, sich auf eine einfache Art und Weise durch eine farblich unterlegte Statusanzeige Überblick über den Stand laufender Kundenprojekte zu verschaffen.

Abbildung 4-4 zeigt am Beispiel eines Kundenprojekts des BMBF Verbundprojekts MikroWeb-Fab (vgl. Kapitel 5) die im Rahmen der Umsetzung der konzeptionellen Ergebnisse von der Firma Infoman implementierte Management Dashboard-Funktion für den Entwicklungsprozess..

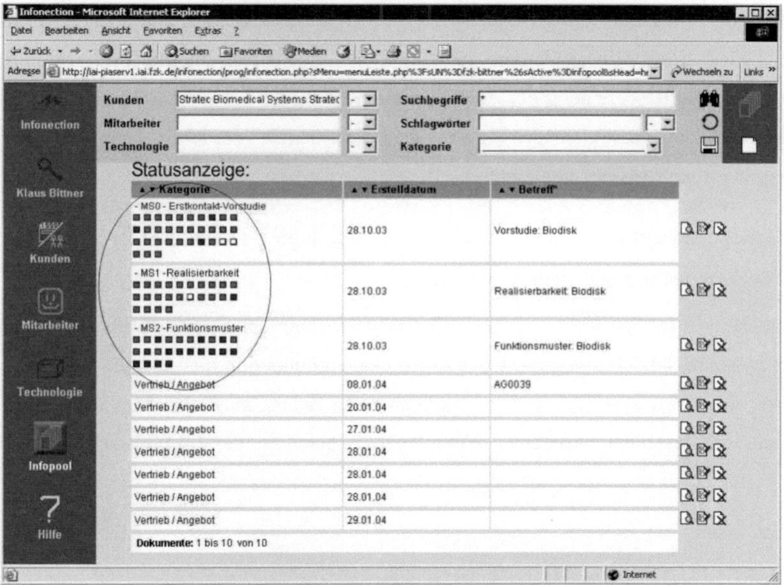

Abbildung 4-4 Neu entwickelte „Management Dashboard"-Funktionen in Infonection [MWF04]

Ausgeführt wurden in diesem Beispiel bislang drei Entwicklungsphasen: Vorstudie, Realisierbarkeit und die Funktionsmustererstellung. Die Kästchen unter den Überschriften repräsentieren die einzelnen Prozessschritte. Zur Anzeige des Bearbeitungsstands wurden vier Zustände konzipiert und implementiert (Weiß: nicht bearbeitet; Grün: erfolgreich erledigt; Gelb: in Bearbeitung; Rot: Verzögert oder nicht erfolgreich). Damit ist der Koordinator in der Lage, sich auf einen Blick eine Übersicht über das Gesamtsystem zu verschaffen. Durch Klicken auf die einzelnen Felder kann er direkt die Inhalte des zugehörigen Informationsobjekts abrufen.

4.2 Neuartiges Konzept eines prozessorientierten Wissensmanagements für die Multimaterial-Mikrosystemtechnik

Aus den Anforderungen in Kapitel 3 lässt sich erkennen, dass das Verständnis prozessbeeinflussender Abhängigkeiten in der clanartigen Kooperation eine zentrale Rolle einnimmt. Die auf dem Verständnis technischer Zusammenhänge resultierende Möglichkeit des Aufbaus einer Mikrosystemtechnik Datenbank auf Parameterebene bringt der Unternehmenskooperation bei entsprechender Nutzung deutliche Vorteile gegenüber anderen Systemdienstleistern, indem eigene mikrosystemtechnische, entwicklungsspezifische Daten sowie die Daten anderer Organisationen wiederverwertbar gespeichert und einfach recherchiert werden können.

Im folgenden Unterkapitel wird ein neuartiger Lösungsansatz zur Modellierung technischer Abhängigkeiten in der Mikrosystemtechnik vorgestellt. Im Rahmen dieser Arbeit wurde dazu eine Ontologie zur Beschreibung der Abhängigkeiten zwischen fertigungstechnischen Randbedingungen und daraus resultierenden Anwendungseigenschaften entwickelt, konzipiert und am Forschungszentrum Karlsruhe umgesetzt.

4.2.1 Neues Konzept der Kombination von „Technologie"-Taxonomien zur Strukturierung von technologischen Aspekten

Das entwickelte neuartige Konzept einer Mikrosystemtechnik-Ontologie geht davon aus, dass ein Mikrosystemtechnik-Prozessschritt sich durch eine Aufteilung in mehrere, ihn beeinflussende Aspekte aufspalten lässt. Die Diskussion erfolgt dabei entlang möglicher Kombinationen von technologiebeeinflussenden Aspekten. Wesentliche Aspekte in der Multimaterial-MST sind hierbei:

- Verfahren,
- Material,
- Design,
- Werkzeuge.

Die Detaillierung der Aspekte wird nun jeweils durch Taxonomien beschreibbar. Zur Strukturierung der Taxonomiebäume sind verschiedene Vorgehensweisen denkbar (für die Strukturierung der Verfahren z.B: die DIN 8580, o.ä.). In Einzelfällen kann eine weitere Präzisierung zu weiteren Aspekten vorgenommen werden, bei der auch noch Einflüsse der Maschinen (z.B. Spindeltoleranzen) oder die Erfassung weiterer Materialien (z.B. zur Beschreibung von Schichtsystemen) erfasst werden können.

Vererbung von Parametern und –werten in der MST-Generalisierungshierarchie

Ein weiteres Kernelement der konzipierten MST-Ontologie bildet die Anreicherung der voranstehenden Taxonomien mit Metainformationen. Ein solcher Taxonomiebaum entspricht einer

Generalisierungshierarchie[15] in der Informatik. Dabei werden jedem der in der Taxonomie auftauchenden Begriffe (Knoten im Baum) zusätzliche Attribute, welche die Begrifflichkeit näher spezifizieren, zugeordnet. Semantisch werden die zusätzlichen Attribute innerhalb der Taxonomiebäume vererbt, so dass ein Knoten alle Attribute von über ihm stehenden Knoten erbt. Ein analoges Konzept findet man in der objektorientierten Programmierung bei der strukturellen Vererbung, wo in einer abgeleiteten Klasse alle Attribute der übergeordneten Klassen verfügbar sind. Im Gegensatz dazu ist das hier vorgestellte Konzept aber flexibler, da in objektorientierten Programmiersprachen die Klassen meist statischer Natur sind. Der neuartige Ansatz bringt zwei Vorteile mit sich:

- Die Vererbung von Parametern bringt für alle Kinderknoten bzw. Blätter des Hierarchiebaums eine Standardisierung der zu erfassenden Informationen mit sich.
- Durch die Möglichkeit der Vererbung von Werten bzw. Wertebereichen lassen sich zunächst für alle Knoten „Startwerte" setzen, die dann im Laufe des Betriebs einer Unternehmenskooperation durch echte Werten ersetzt werden können.

Kompetenzen als n-Tupel von Generalisierungshierarchien

- Das dritte Kernelement des neuartigen Konzepts für eine Mikrosystemtechnik-Ontologie bildet die Verknüpfung der Knoten aus den verschiedenen Einzeltaxonomien zu im Folgenden als Kompetenzen bezeichneten n-Tupeln. Sie dienen zur Beschreibung der aus der spezifischen Kombination einzelner Knoten der verschiedenen Hierarchiebäume resultierenden anwendungsbezogenen Eigenschaften.

Konzeptionell wurden dabei folgende Fragen gelöst und damit ein neuer, ganzheitlicher Beschreibungsansatz für Einflussfaktoren auf Prozessschritte der Multimaterial-Mikrosystemtechnik entwickelt:

- Nach welchem Schema lassen sich Prozesse/Verfahren (technisch) strukturieren und in einer Datenbank abbilden?
- Wie lassen sich auftragsbezogene Prozessdaten in einer solchen Struktur so ablegen, dass sie später wiederverwertet werden können?
- Welche Prozessparameter müssen erfasst werden bzw. können später sinnvoll wieder genutzt werden?

---

[15] Eine Generalisierungshierarchie darf im Gegensatz zu einer Teilmengenhierarchie keine sich überlappenden Teilmengen von Entitäten aufweisen. Generalisierung kommt typischerweise dann vor, wenn ein Attribut eine Entitätenmenge in disjunkte Teilmengen zu zerlegen imstande ist. [ESPE02]

- Wie kann die Ablauflogik des Herstellungsprozesses erfasst bzw. gespeichert werden?

Die konkrete Durchführung eines Herstellungsschritts durch die auftragsspezifische Instanziierung einer Kompetenz wird als *Prozessschritt* bezeichnet. Der Prozessschritt beinhaltet -sofern verfügbar- die konkreten Fertigungsparameter als auch die Produktparameter des so erzeugten Bauteils oder Halbzeugs. Weiterhin lassen sich Prozessschritte zu *Prozessabschnitten* und diese weiterhin zu *Prozessketten* kombinieren.

Im folgenden Abschnitt soll nun anhand des Beispiels der Prozesswissensdatenbank ProWiDa eine auf den drei voranstehend genannten Grundprinzipien basierende Lösung vorgestellt werden.

4.2.2 Umsetzung des Konzepts in der Mikrosystemtechnik-Prozesswissensdatenbank ProWiDa

Auf der Basis des voranstehend erläuterten Grundkonzepts wurde die Prozesswissensdatenbank ProWiDa entwickelt. Sie dient zur strukturierten Ablage von Produkt- und Fertigungsparametern im Kontext der wichtigsten, den MST-Fertigungsprozess beeinflussenden, technologischen Faktoren. Dazu gehören neben den Parametern Verfahren, Material und Design auch die Produktionsmittel (Werkzeuge, Maschinen) sowie Sekundärwerkstoffe wie Substrate oder Schichten in Schichtsystemen.

Zusammen mit dem voranstehend vorgestellten Informationssystem bildet ProWiDa – bis auf das Risikomanagement und die ausschließlich betriebswirtschaftlichen Aspekte – den Produktentwicklungsprozess hinsichtlich der spezifizierten Prozessmodelle weitgehend vollständig ab. In ihrer Funktion als Datenbank für Prozessparameter liefert sie neben der Erfassung und Speicherung von Prozessparametern im Fertigungsprozess, den Fachpartnern in den Machbarkeitsabschätzungsphasen jedes einzelnen Zyklus des Produktentwicklungsprozesses sowie der Koordination Informationen beim Kunden-Erstkontakt.

Über das ausgeprägte Rollenkonzept, das zwischen verschiedenen Fachpartner- und Anwenderrollen unterscheidet, wird sichergestellt, dass die Dokumentation von Fertigungsparametern nur für die jeweiligen Fachpartner zugänglich ist. Die im Rahmen der Auftragsdurchführung erfassten anwendungsspezifischen Kompetenzen sind dagegen für alle Partner in der Kooperation einsehbar. Sie charakterisieren die im Rahmen der gemeinschaftlich durchgeführten Projekte eingebrachten technischen Fertigungsfähigkeiten jedes einzelnen Partners.

Die ProWiDa erlaubt die Ablage von Sollparametern im Sinne von Fertigungsspezifikationen. Zusätzlich ermöglicht sie die Definition von produkt- bzw. anwendungsbezogenen Wertebereichen, in denen z.B. eine bestimmte geometrische Grundstruktur gefertigt werden kann. Die drei in der Einführung erläuterten, grundlegenden Modellierungsansätze wurden in der ProWiDa erstmals implementiert und auf eine neuartige Art und Weise miteinander verknüpft:

- Die Implementierung der ProWiDa erlaubt den Aufbau und die Verknüpfung einer beliebigen Anzahl von technischen Aspekten. Die ProWiDa selbst stellt dabei keine eigenen Taxonomie-Bibliotheken zur Verfügung, sondern bewegt sich auf einer Metaebene dazu, nämlich auf der Ebene, auf der Taxonomien beschrieben werden.
- Attribute entsprechen in der ProWiDa auf Ebene der Taxonomien Fertigungs-, auf Ebene der Kompetenzen anwendungsspezifischen Parameter.
- Kompetenzen dienen zur Beschreibung der aus der spezifischen Kombination technischer Aspekte resultierenden anwendungsbezogenen Eigenschaften. Im Hinblick auf die Anforderung der Mikrosystemtechnik-Kooperation bezüglich der Dokumentation spezifischer Fähigkeiten eines einzelnen Partners können für eine einzelne Kompetenz unterschiedliche Instanzen des n-Tupels abgelegt werden, die jeweils die technischen Kompetenzen eines Partners repräsentieren.

Im Folgenden werden die verschiedenen ProWiDa-Modellierungselemente näher vorgestellt:

Modellierung mikrosystemtechnischer Verfahrenshierarchien

In der ProWiDa wurden die Verfahren in einer an die E DIN ISO 8580 angelehnten Struktur modelliert [EDIN 02]. Denkbar ist aber auch ein MST-spezifischer Ansatz unter besonderer Berücksichtigung der Basis-Strukturierungspotentiale der Technologien. Ebenso wie die Verfahren können auch Materialarten in Hierarchien strukturiert werden, z. B. metallische Materialien, nichtmetallische Materialien usw. Gehören zu einem Unternehmen (=Technologiepartner) mehrere Tochterunternehmen, so können diese ebenso hierarchisch in der ProWiDa abgelegt werden.

Abbildung: 4-5 zeigt einen Ausschnitt aus dem Taxonomiebaum „Basismaterialien“ in der ProWiDa. In dem Bild ist die hierarchische Organisation der Materialien zu erkennen. Die Navigation erfolgt ähnlich eines Verzeichnisbaums im Dateisystem. An jeder Stelle des Baumes können Parameter editiert bzw. die Wertebereiche vererbter, übergeordneter Parameter verändert werden.

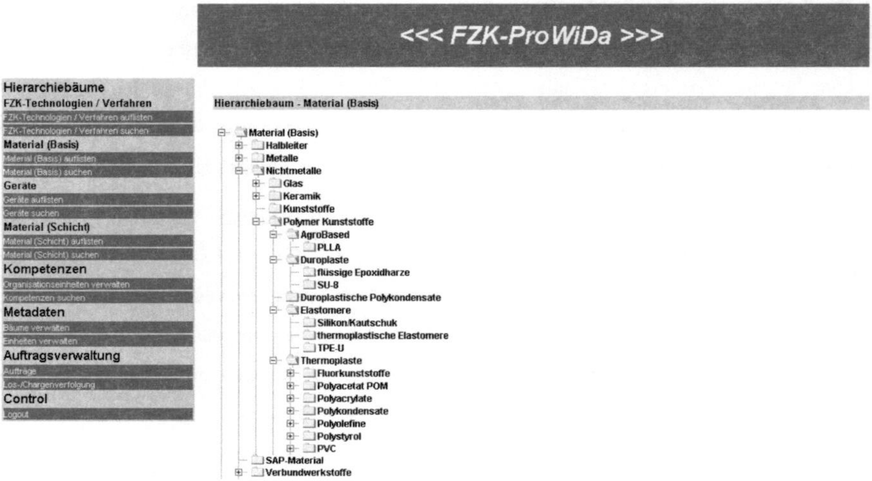

Abbildung: 4-5 Ausschnitt dem Material-Taxonomiebaum der ProWiDa [DICK08]

Die zuvor definierte Vererbungsbeziehung hat auch eine Auswirkung auf die definierten Attributwerte. Wird z.B. im Verfahrenshierarchiebaum ein Wert für das Attribut „Nuttiefe“ des Fertigungsverfahrens „Fräsen“ definiert, so gilt der Parameter bzw. der Parameterwert auch für alle Unterverfahren, wie z.B. „Profilfräsen“ und „Rundfräsen“.

Produktparameter, Fertigungsparameter und Wertebereiche

Der Attributwert kann auf den tieferen Ebenen beliebig verfeinert, d.h. sein Wert konkretisiert werden. Abbildung 4-6 zeigt beispielhaft die Attribute des Fertigungsverfahrens „Fräsen“ und deren „Standardwerte“. Ein Beispiel für ein Attribut ist das erzielbare Aspektverhältnis, das gerade für Mikrosysteme oft einen wichtigen Einfluss hat und nahezu in jedem mikrorelevanten Verfahren von Relevanz ist. Das Aspektverhältnis ist ein Parameter auf der obersten Verallgemeinerungsebene, der auf alle darunterliegenden Knoten und Blätter vererbt wird.

In Abbildung 4-6 lässt sich durch die unterschiedliche Schattierung der einzelnen Attribute auch erkennen, ob sie direkt für das Verfahren definiert oder ob sie vererbt wurden („Vererbtes Attribut aus höherer Hierarchieebene“). Ebenfalls wird in der Abbildung deutlich, dass in der ProWiDa den Attributen ein bestimmter Attributtyp zugeordnet wird.

Attribute des Verfahrens 'Fräsen'					
Attribut-Typ:			Produktparameter		
Name	Default-Wert (bzgl. Filter)	Einheit	Verfahren	Material	Typ
Aspektverhaltnis			Fräsen	Material	Produktparameter
Erzielbare Genauigkeit		µm	Fräsen	Material	Produktparameter
Erzielbare Nutbreite	0,03<=x<=0,05	µm	Fräsen	Material	Produktparameter
Kanalbreite	200<=x	µm	Fräsen	Material	Produktparameter
Maximale Bearbeitungshöhe		µm	Verfahren (DIN 8580)	Material	Produktparameter
Nuttiefe	9<=x<=13	µm	Fräsen	Material	Produktparameter
Oberflächenrauhheit Ra		0,001 µm	Zerspanen	Material	Produktparameter
Resultierende Geometrie		Text	Verfahren (DIN 8580)	Nicht-flüssiges Material	Produktparameter

Legende
Neues Attribut in Hierarchieebene
Vererbtes Attribut von höherer Hierarchieebene

Abbildung 4-6 Attribute des Fertigungsverfahrens „Fräsen“[DICK08]

Im ProWiDa Konzept lassen sich jedem Attribut verschiedene Wertebereiche zuordnen. Dabei wird zwischen den Attributtypen „Produktparametern“ und „Fertigungsparameter“ unterschieden.

- Fertigungsbezogene Parameter beschreiben die Maschineneinstellungen oder Werkzeugparameter eines Verfahrens / einer Maschine, wie z.B. die Vorschubgeschwindigkeit beim Fräsen.
- Produktbezogene Parameter beschreiben die technischen Potentiale eines Aspekts auf. Sie sind in Bezug auf ihre Bedeutung in erster Näherung recht gut mit den angegebenen Parametern in den Design Rules des Silizium MST (wo find ich die?) vergleichbar.

In Abbildung 4-6 werden aus Gründen der Übersichtlichkeit nur Produktparameter angezeigt. Weiterhin sieht man in Abbildung 4-7, dass es verschiedene Arten von Wertebereichen für die Standardwerte geben kann. So sind beispielsweise in der ProWiDa die folgenden Wertebereiche definiert:

- „untere Grenze <= x <= obere Grenze
- „x=“
- „untere Grenze <= x“
- „x <= obere Grenze“
- „x = obere Grenze / Freitext“

Wert	Einheit	Typ	Verfahrens-abhängigkeit	Material-abhängigkeit
Gültige Attributwerte				
10<=x<=12	µm	untere Grenze <= x <= obere Grenze	Fräsen	Kunststoffe
9<=x<=13	µm	untere Grenze <= x <= obere Grenze	Fräsen	Material
x<=13	µm	x <= obere Grenze	Fräsen	Metalle

Abbildung 4-7 Attributwerte des Attributs Nuttiefe [DICK08]

Kompetenzen

Eine Kompetenz bezeichnet inhaltlich die Fähigkeit eines Einzelnen/einer Gruppe oder eines Unternehmens etwas herzustellen/zu produzieren.

In der ProWiDa-Ontologie ist eine Kompetenz ein n-Tupel aus einzelnen Knoten aus den verschiedenen Taxonomiebäumen. Dabei darf aus einem Taxonomiebaum maximal ein Knoten für eine konkrete Kompetenz herangezogen werden. Es ist nicht notwendig, dass eine Kompetenz Knoten aus allen vorhandenen Taxonomiebäumen enthält. Die Menge Attribute (direkt bzw. abgeleitet), die dabei als Metainformationen an den Knoten der Taxonomiebäumen hängen, bilden dabei das Informationsgerüst, das eine Kompetenz beschreibt. Darüber hinaus können auch an Kompetenzen selbst zusätzliche Attribute zur Beschreibung von anwendungsspezifischen Eigenschaften angehängt werden. Um Informationen für die jeweiligen Attribute zu hinterlegen, können unterschiedliche Attributwerte in Abhängigkeit der Knoten unterschiedlicher Hierarchiebäume definiert werden.

Oft lassen sich erst in der Kompetenz die entlang eines Taxonomiebaums definierten Wertebereiche eines Attributes so einengen, dass sie inhaltlich verwertbar werden. So lässt sich die bereits erwähnte Oberflächenrauhigkeit erst sinnvoll durch die Kombination von Einflussfaktoren verschiedener Teilaspekte beschreiben.

In der nachfolgenden Aufzählung sind am Beispiel eines Mikrozerspanungs-Prozessschrittes folgende, den Fertigungsschritt beeinflussende Parameter aufgelistet:

- *Material* (E-Modul, für die Untergruppe Metalle z.B. auch noch Gefüge oder Wärmebehandlung),
- *Werkzeug* (Qualität Typ, oft auch direkt von den Maschinen und Geometrieparametern abhängig, Schneidezahl, Schneidegeometrie),
- *Geometrie* (Hohes Höhen-Breitenverhältnis der Nut bedingt zum Beispiel einen langen Werkzeugschaft und damit einhergehend eines höhere Durchbiegung des Werkzeugschafts),
- *Maschine* (z.B. Spindelspiel einer Werkzeugmaschine, Drehzahl, Vorschub).

Die schematische Abbildung 4-8 zeigt am Beispiel des Spritzgießens einer Mikrostruktur verschiedene Attribute einer „Spritzguss-Kompetenz“ die durch die Aspekte der Kompetenz beeinflusst werden (Oberflächenrauheit und Kantengüte).

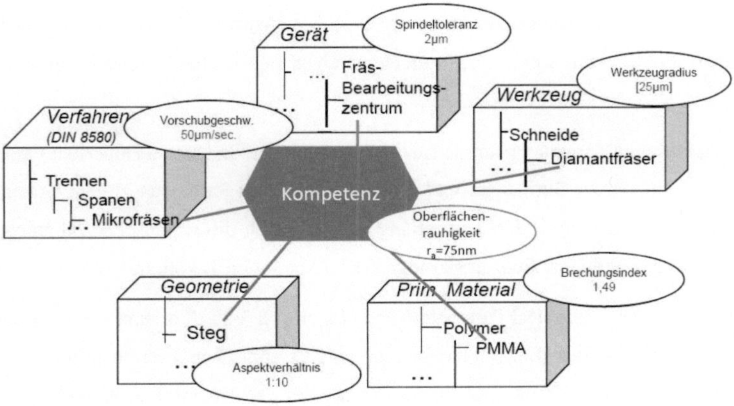

Abbildung 4-8 Schematische Darstellung der Kompetenz „Spritzgießen eines Steges mit Polystyrol (PS) an Arburg-Maschine“ [DICK04]

Insbesondere Produktparameter werden als Ergebnis eines n-Tupel von Aspekten durch die „Filterfunktion“ der anderen beeinflussenden Aspekte in ihrem Wertebereich eingeschränkt und damit hinsichtlich der beeinflussenden Faktoren deutlich konkretisiert.

Korrespondierendes Datenmodell der technischen Aspekte

Aufgrund der hohen Veränderlichkeit der prozessschrittbeeinflussenden Aspekte ist eine statische Modellierung von technischen Aspekten z.B. in Form einer Klassenhierarchie mit entsprechenden Attributen nicht sinnvoll. Im ProWiDa Konzept wurden die Artefakte auf einer Metaebene modelliert. Dies erlaubt eine dynamische Anpassung/ Erweiterung der Aspekte zur Laufzeit. Abbildung 4-9 zeigt einen Ausschnitt des der ProWiDa Kompetenz in Abbildung 4-8 zugrunde liegenden Metamodells.

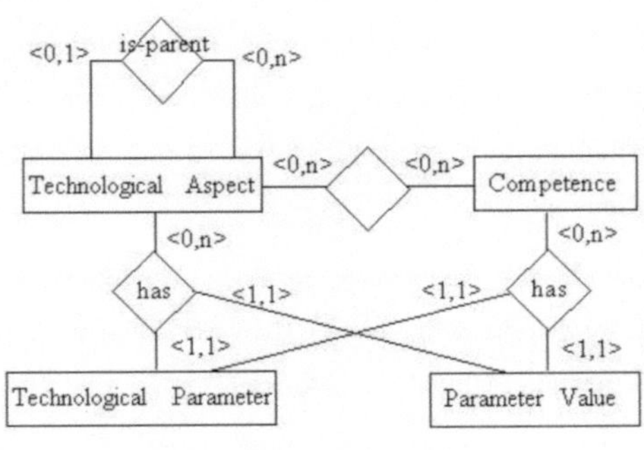

Abbildung 4-9 Entity Relationship Modell des ProWiDa Metamodells [DICK08]

Die Entität "Technical Aspect" formt zusammen mit der "is-parent"-Beziehung, die Generalisierungshierarchien für die technischen Aspekte (Verfahren, Material, ...). Jede Entität, welche keinen Verweis auf einen zugehörigen Elternknoten hat, wird dabei als Wurzelknoten einer Taxonomie angesehen. Somit lässt sich die Forderung nach einer flexiblen Anzahl von Taxonomien erfüllen. Durch die Hinzunahme eines technischen Aspektes ohne Verweis auf einen übergeordneten Knoten wird somit eine Wurzel für einen neuen Hierarchiebaum erzeugt, der dann weiter spezialisiert werden kann.

Die mit den technischen Aspekten über die Beziehung „has" verbundenen technischen Parameter erlauben die Zuordnung der fertigungs- und produktspezifischen Parameter zu den technischen Aspekten. Gemäß der Semantik der Anwendung vererben sich die technischen Parameter der technischen Aspekte an alle ihre Spezialisierungen (Kindknoten im Taxonomiebaum).

Die Trennung zwischen „Technical Parameter" und „Parameter Value" erlaubt die Variation des vorgegebenen Standardwertes (bzw. Intervals) für einen technischen Parameter innerhalb der einzelnen Taxonomien. Die Entität „Kompetenz" steht mit den technischen Aspekten in einer n:m-Beziehung, d.h. eine Kompetenz besteht aus m-technischen Aspekten, umgekehrt kann ein technischer Aspekt in n-Kompetenzen auftreten.

Die voranstehende n:m Beziehung unterliegt jedoch noch einer semantischen Beschränkung, die sich im ER-Modell nicht ausdrücken lässt. Dadurch, dass die technischen Aspekte auf Ebene 1 des Baums eigenständige Taxonomien bilden, darf eine Kompetenz nur mit solchen technischen Aspekten in Beziehung stehen, die keinen Knoten als gemeinsamen Vater haben. Damit wird gesichert, dass jede Kompetenz aus jedem Taxonomiebaum nur eine Ausprägung eines technischen Aspektes beinhaltet.

Kompetenzen werden zudem in der ProWiDa immer in Abhängigkeit zu einem Technologiepartner definiert, der über die spezifische Fertigungskompetenz verfügt. Der Koordinator oder der Technologiepartner selbst haben die Möglichkeit Informationen zu allen bzw. zu den eigenen Kompetenzen zu hinterlegen. Über die Definition von „externen Partnern" ist auch die Erfassung von Kompetenzen außerhalb der Kooperation möglich.

Abbildung 4-10 zeigt die partnerspezifischen Kompetenzen eines einzelnen Technologiepartners in der ProWiDa. Im dargestellten Beispiel werden die Kompetenzen durch das kleinste sinnvolle Aspekt-Tupel, der Kombination aus Verfahren und Material charakterisiert.

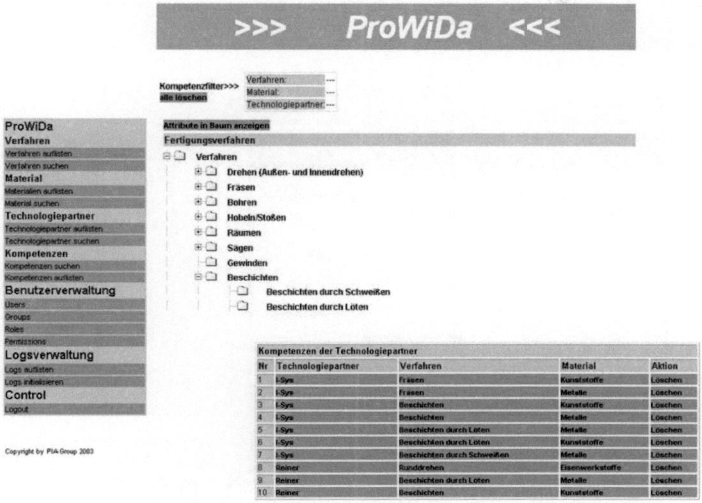

Abbildung 4-10 Übersicht der Technologiepartner-Kompetenzen in der ProWiDa

4.2.3 Verknüpfung von Prozessschritten

Da die Eigenschaften eines Produkts in der Mikrosystemtechnik in der Regel nicht nur durch die Herstellungsattribute eines einzelnen Prozessschrittes beeinflusst werden, ist es notwendig, auch die Verknüpfung mehrerer Kompetenzen zu berücksichtigen. In der ProWiDa ist dazu eine Aggregation von Prozessschritten zu Prozessabschnitten und darüber hinaus zu ganzen Prozessketten vorgesehen.

Der daraus resultierende, schachtelungsartige Ansatz wird in Anlehnung an das gleichnamige russische Spielzeug als „Matruschka-Prinzip" [DICK04] bezeichnet. Anhand dieses Prinzips lassen sich Prozessschritte zu Prozessabschnitten kombinieren. Prozessabschnitte lassen sich weiter zu Prozess-abschnitten kombinieren bis eine komplette Prozesskette beschrieben ist. Auf höchster Ebene finden sich zumeist Prozessabschnitte, die man mit dem umgangssprachlichen Begriff „Technologie" vergleichen kann.

Aus mikrosystemtechnischer Sicht ist dabei die Aggregation von Fertigungsaspekten nicht sinnvoll (Fertigungsparameter können sich nur auf einen Prozessschritt beziehen). Deshalb wird ein Prozessabschnitt nur noch über die aggregierten, fertigungsspezifischen Anwendungseigenschaften charakterisiert, deren Gesamtergebnis am Ende einer Prozesskette die Eigenschaften des

Funktions-elements beschreiben. Die in Abbildung 4-11 beispielhaft dargestellte Verknüpfung von Prozessketten erlaubt die Modellierung der Änderung von anwendungsspezifischen Eigenschaften entlang der gesamten Prozesskette.

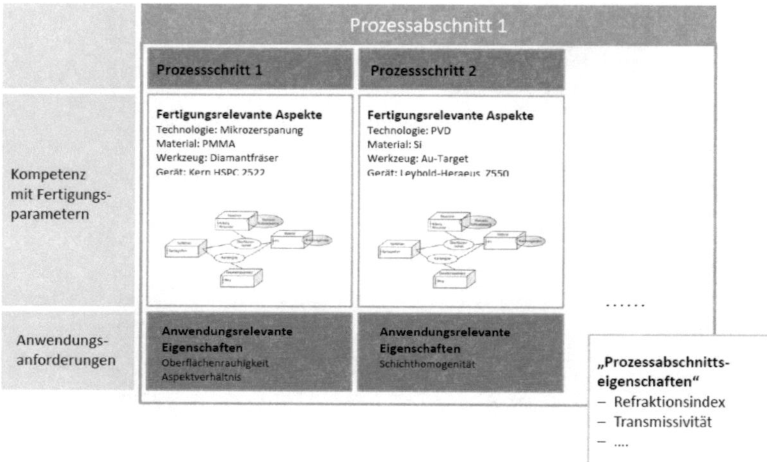

Abbildung 4-11 „Matruschka-Prinzip der Aggregation von MST Prozessketten [Dick04]

In dem dargestellten Beispiel zur Herstellung eines Bauteils mit optischen Eigenschaften beeinflusst die Herstellung eines Bauteils mittels Mikroreplikationstechnik mit spezifischen, fertigungsrelevanten Parametern (Spritzdruck, Material, Oberflächeneigenschaften des vorgeschalteten Spritzgusswerkzeugs, sowie des Designs der optisch relevanten Flächen oder Geometrien) die Oberflächenrauheit des Spritzgussteils. Durch den nachgelagerten Beschichtungsschritt durch PVD[16] und der damit aufgebrachten Dünnschicht ändert sich die Oberflächenrauigkeit und damit die optischen Eigenschaften. In der Kombination beider Verfahren sind die Einzelkennzahlen damit nicht mehr aussagefähig. Dafür lässt sich die Prozesssequenz durch diesen Ansatz nun als Ganzes charakterisieren, Änderungen im Material oder anderen das Ergebnis beeinflussenden Aspekten lassen sich durch Instanziierung dokumentieren.

Korrespondierendes Datenmodel der Prozesskette

Um die Workflowfunktionalität zu modellieren, wurde ein einfaches, aber sehr flexibles Modell entwickelt (Abbildung: 4-12). Schlüsselkomponente ist das Modellierungselement „Aktivität" (activity), das die datentechnische Grundlage der zuvor vorgestellten Konzepte „Prozesskette", „Prozesssequenz" und „Prozessschritt" bildet.

[16] PVD = Physical Vapour Deposition, ein vakuumbasiertes Dünnschicht Beschichtungsverfahren

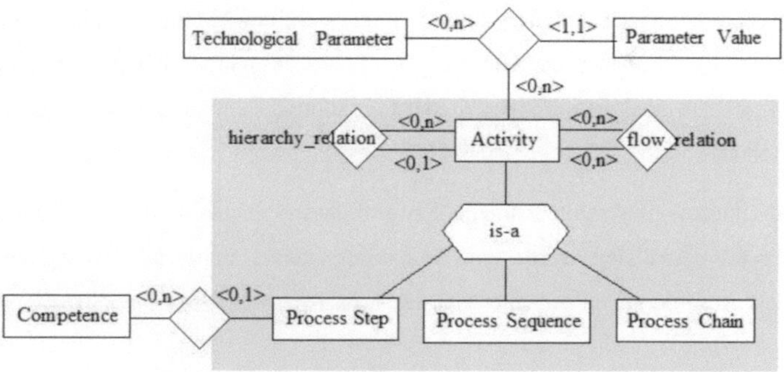

Abbildung: 4-12 Modellierung des Prozessketten-Workflows [DICK08]

Jeder beliebig komplexe Workflow kann durch die beiden Beziehungstypen „Hierarchie" (hierarchy) und „Fluss" (flow) modelliert werden. Grundelement eines jeden Workflows ist die Entität „Aktivität" vom Typ „Prozessschritt", die mit einer „Kompetenz" assoziiert ist. Entsprechend bilden die „Kompetenzen" die atomaren Einzelschritte des Workflows. Analog zu den „technologischen Aspekten", ist es auch bei den „Aktivitäten" möglich, „Technologie-Parameter" anzuhängen.

Diskussion des ProWiDa Ansatzes im Kontext der Anforderungen der Unternehmenskooperation

Die Prozesswissensdatenbank ProWiDa erfüllt durch eine Auftrennung des Einzel-Fertigungsschritts in die sie beeinflussenden Aspekte die Forderung einer auftragsunabhängigen Erfassung von MST-Fertigungs- und Produktparametern. Durch die Möglichkeit der Zuordnung der Kompetenzen zu den Technologiepartnern ist es zudem möglich, Kompetenzen auch Partnern innerhalb oder auch Lieferanten außerhalb des Netzwerks zuzuordnen.

Durch die hierarchische Strukturierung der Fertigungsaspekte (Taxonomien) und die hierarchische Anordnung von Eigenschaften bzw. Parametern (mit Methoden der Generalisierung und Vererbung) werden wiederkehrende Eingaben vermieden. Außerdem lässt sich so die Datenpflege und das Wiederfinden von Daten effizient gestalten. Kombinationen solcher Aspekte führen zu den Kompetenzen, die jede für sich die Fähigkeit eines Unternehmens zur Durchführung einer bestimmten Fertigungsaufgabe beschreiben. So schränkt die Möglichkeit der Suche nach anwendungsspezifischen Eigenschaften schon bei einer einfachen Kombination aus Geometrie- und Materialanforderungen die Ergebnismenge der in Frage kommenden Verfahren stark genug ein.

Wie den bisherigen Ausführungen zu entnehmen, liegt der ProWiDa im voranstehend beschriebenen Zustand eine „lightweight" Ontologie zu Grunde. Die Arbeiten zur Formulierung der prozessschrittübergreifenden Abhängigkeiten (über die Metaebene der Kompetenzen) führen damit auch zur Formulierung zusätzlicher Einschränkungen auf der Abfolge bestimmter Prozessschritte. Hierbei erfolgt dann auch der Übergang zur „Heavyweight"-Ontologie. Die bisherige Umsetzung der ProWiDa erfolgt als webbasiertes Informationssystem auf der Basis des Turbine-Frameworks [BINN04].

Im folgenden Abschnitt wird abschließend eine Erweiterungsmöglichkeit vorgestellt, die bislang nur als erster Prototyp realisiert wurde und deren momentaner Entwicklungsstand noch bei weitem nicht den Anforderungen an eine robuste, bedarfsgerechte Informationsbereitstellung genügt.

Erweiterungen des ProWiDa Konzepts

Die ProWiDa ist in ihrer aktuellen Version nicht als Expertensystem zur teilautomatisierten Identifikation der „optimalen" Lösungs-Prozessketten in Bezug auf eine gegebene Aufgabenstellung unter bestimmten Randbedingungen anzusehen. Sie stellt eher ein Werkzeug zur Strukturierung von MST-Prozessdaten dar, das den Koordinator im Sinne eines Case based Reasoning[17] Ansatzes unterstützt. Für die Koordination eines Mikrosystemtechnik-Netzwerks ist es jedoch äußerst interessant, ein System zu nutzen, das neben der wiederverwertbaren Speicherung von anwendungs- und fertigungsspezifischen Daten auch die Möglichkeit der Berechnung komplexer Prozessketten für eine bestimmte Aufgabenstellung ermöglicht. Ein neuartiger Ansatz zur Identifikation potentieller Lösungs-Prozessketten wurde hierzu im Rahmen einer Diplomarbeit entwickelt [NIED07]. An einem stark vereinfachten Beispielszenario wurden Methoden aus dem Bereich der künstlichen Intelligenz (KI) zur Identifikation von möglichen Lösungspfaden(-prozessketten) eingesetzt.

Das Konzept basiert auf der Adaption des Handlungsplaner-Ansatzes [NGT04] auf die Mikrosystemtechnik. Ziel ist die Identifikation von potentiellen Prozessketten zur Lösung einer bestimmten gegebenen Produktanforderung. Einer der Kernpunkte der Arbeit war die Entwicklung einer Notation zur Beschreibung der Abhängigkeiten von Parametern verschiedener Prozessschritten. Darauf aufsetzend wurde ein Modell zur Beschreibung des „Verhaltens" von Prozessschritten innerhalb einer Prozesskette entwickelt. Kernelement des Modellierungsansatzes bilden dabei sogenannte Eingangs-, Während- und Nachbedingungen, welche die Prozessschritte innerhalb einer Prozesskette erfüllen müssen.

---

[17] Fallbasiertes Schließen (engl. Case-Based Reasoning,) ist eine Technik, die es ermöglicht vorhandenes Erfahrungswissen, das in Form von sogenannten Fällen in einer Fallbasis gespeichert wird, zur Lösung neuer Probleme wiederzuverwenden.

- „Eingangsbedingungen", eines Prozessschritts müssen durch die Vorgängerprozesskette erfüllt werden. Sind die Eingangsbedingungen nicht erfüllt, so kann der Prozessschritt nicht zum Einsatz kommen. Ein solche Kriterium kann beispielsweise eine geometrische Randbedingung sein.
- „Während-Bedingungen" beschreiben die Fertigungsparameter, denen das Halbzeug während der Bearbeitung ausgesetzt wird. Ein Beispiel hierfür ist die Verfahrenstemperatur, die bei biobeschichteten Trägersystemen den Einsatz von Lasertechnologie verbietet, da sonst die empfindlichen biologischen Kulturen zerstört würden.
- Die „Nachbedingung" wiederum spezifiziert Anforderungen an die Nachfolgeprozesse, damit beispielsweise die Ergebnisse des aktuellen Prozessschritts nicht durch einen Folgebearbeitungsschritt wieder zerstört werden. Der Handlungsplaner analysiert nun die Vor- Während- und Nachbedingungen und bestimmt daraus iterativ die „optimalen" bzw. möglichen Prozessketten.

Der Handlungsplaner Ansatz ist zwar konzeptionell interessant, ein Einsatz im betrieblichen Alltag scheitert aber momentan noch an der notwendigen Beschreibung des Verhaltens und der Charakterisierung der Prozessschritte selbst. Hinzu kommt noch die bislang nur ansatzweise wissenschaftlich durchgeführte Beschreibung der Abhängigkeiten zwischen Prozessschritten.

4.3 Modifiziertes Konzept und prototypisches Werkzeug zur bedarfsgerechten Unterstützung des Risikomanagements in der Clan-Unternehmenskooperation

Für die technologieübergreifende Clan-Kooperation mit ihrem (technologiebedingt) hohen technologischen Risiken (vgl. Kap. 1.2 und 2.1) bildet die Explizierung und Dokumentation potentieller und identifizierter Risiken einen weiteren wichtigen Baustein beim Aufbau des Wissens über Prozesse und Applikationen der neuen, gemeinsamen Anwendungsfelder. Der im Rahmen der vorliegenden Arbeit entwickelte, im Folgenden vorgestellte Ansatz der „Net-FMEA" stellt eine Erweiterung bisheriger Lösungen hinsichtlich der besonderen Anforderungen einer clanartigen Kooperation der Mikrosystemtechnik dar.

Die Net-FMEA adressiert dabei den Aspekt der verteilten Entwicklung und trägt darüber hinaus dem besonderen Vertrauensverhältnis der Partner Rechnung, indem sie auch die kritische Reflektion der Fertigungsprozesse bei anderen Partnern unterstützt. Die Net-FMEA fasst dabei die System-FMEA für die Produkt- und System-FMEA in einem Dokument zusammen. Erstere wird zudem in drei Teilgruppen untergliedert:

- FMEA-Bewertung der eigenen Tätigkeitsfelder/Prozesse,
- FMEA-Bewertung der Prozesse der anderen Partner (Fremdtätigkeiten),
- FMEA-Bewertung der systemübergreifenden Prozesse.

Implementierung der Net-FMEA für die Zusammenarbeit in der Clan-Kooperation

Jeder an einem Kundenprojekt beteiligte Fachpartner wird an verschiedenen Stellen des Entwicklungsprozess aufgefordert, eine Risikoanalyse durchzuführen, die im Informationsmanagementsystem als Supportprozess abgelegt ist. Die Risikoanalyse ist im Gesamtentwicklungsprozess bereits als den relevanten Stellen „Machbarkeitsabschätzung" und „Entwicklung" der Ausarbeitungsphase eines Aktivität implementiert, kann aber jederzeit auch als eigenständiger Prozess aufgerufen werden (vgl. die Einbindung der FMEA im Entwicklungsgeschäftsprozesses in Anhang 7.1).

Mit diesem Supportprozess ist ein im Rahmen der Ausarbeitung des Gesamtszenarios für die clanartige Kooperation konzipiertes und umgesetztes Makroprogramm auf Basis des Softwarepakets Microsoft Excel verknüpft, das die verteilte Erfassung, die Zusammenführung und die baugruppenspezifische Priorisierung von Risiken erlaubt.

Die Koordination stellt dazu den Fachpartnern eine bereits mit Grunddaten zur spezifischen Aufgabenstellung vordefinierte FMEA-Vorlage im Microsoft Excel-Format zur Verfügung, in der bereits die Subsysteme des geplanten Produktes voreingestellt wurden. Über die zentralisierte Vergabe von Strukturierungsinformationen wird die spätere Zusammenführung der Einzelrisiken zu einer partnerübergreifenden Gesamtrisikoanalyse in einem weiteren Makro realisiert. Die Risikobewertung durch die Partner erfolgt auf Basis der Berechnungsmethoden zur so genannten Risikoprioritätszahl[18].Der hierfür notwendige Diskussionsprozess erfolgt zumeist „Face-to-Face" mit Hilfe einer unterstützenden Infrastruktur, die im nächsten Abschnitt beschrieben wird.

Prototypische Umsetzung der modifizierten Fehlermöglichkeits- und –einflussanalyse

Abbildung 4-13 zeigt einen Ausschnitt aus der Excel FMEA-Vorlage, in dem die Anzeige der kumulierten Einzelrisiken in einer Listendarstellung zu sehen ist.

---

[18] Die Risikoprioritätszahl (RPZ) beschreibt das Produkt aus der Wahrscheinlichkeit desAuftretens (A-Wert), der Bedeutung des Risikos (B-Wert) und der Entdeckungswahrscheinlichkeit (E-Wert). Die RPZ stellt die Bewertungsgröße für das Risiko einer Fehlerursache in der FMEA dar. Jede Fehlerursache erhält eine (individuelle) RPZ.

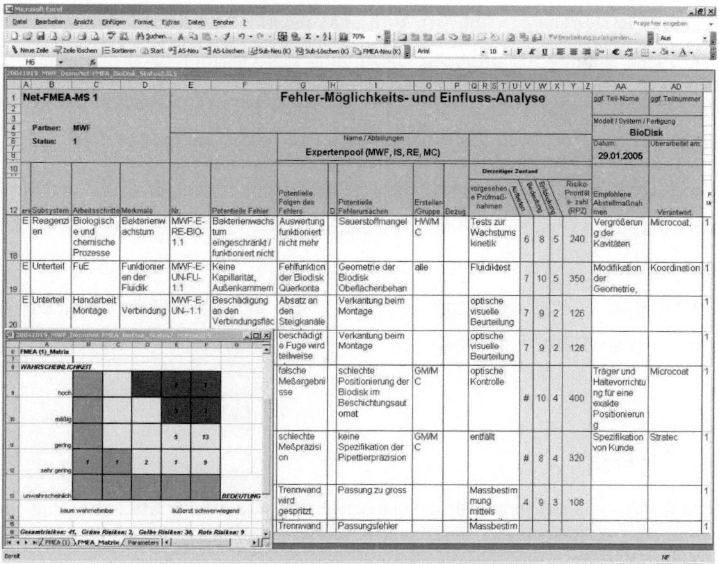

Abbildung 4-13 Risikobewertung mit dem Net-FMEA-Werkzeug auf MS Excel Basis [DICK06]

In der ersten Spalte der Risikoliste wird zunächst das Risiko klassifiziert. Dabei kann es sich um ein auf einen einzelnen Fertigungsschritt bezogenes Einzelrisiko (E), ein prozessschrittübergreifendes Systemrisiko (S) oder um ein anwendungsbezogenes Produktrisiko (P) handeln.

In der zweiten Spalte werden die Subsysteme angezeigt, auf die sich das Risiko bezieht. Im nächsten Schritt wird das identifizierte Risiko-Merkmal angezeigt sowie ein eindeutiger Schlüssel für das Risiko vergeben, aus dem auch die Art der Einschätzung (Eigenes Risiko oder Fremdrisiko) abgeleitet werden kann.

Aus den Antworten der Fachexperten werden die potentiellen Risiken daraus resultierende Folgefehler eingesteuert, sowie Prüfmaßnahmen vorgeschlagen und das Risiko entlang der folgenden drei Bewertungskriterien klassifiziert:

- Wahrscheinlichkeit des Auftretens,
- Bedeutung und
- Entdeckungswahrscheinlichkeit.

Das Produkt aus diesen drei Parametern ergibt dann das Gesamtrisiko RPZ:

$$RPZ_{Prozessmerkmal} = R_{Auftreten} * R_{Bedeutung} * R_{Entdeckung}$$

Eine hohe RPZ zeigt, dass das Risiko schwerwiegend ist und vorrangig Maßnahmen zu seiner Minderung zu ergreifen sind. In den beiden rechten Spalten werden empfohlene Maßnahmen zur

Verbesserung dokumentiert. Im eingeschobenen Bild links unten ist die Kumulation der Einzelrisiken und deren Visualisierung als bildliche Darstellung des Gesamtrisikos dargestellt. Die Matrix spannt dabei einen Risikobereich auf, der von unwahrscheinlichen Risiken mit geringer Bedeutung bis hin zu schwerwiegenden Risiken mit bedeutenden Konsequenzen reicht.

Risiken werden nach erfolgreicher Bearbeitung nicht gelöscht sondern entsprechend neu bewertet. Dabei werden die Risiken entsprechend ihrer Bewertung klassifiziert. Die grafische Anzeige zur Visualisierung kritischer (rot), zu berücksichtigender (gelb) und erfolgreich bearbeiteter (grün) Risiken unterstützt die überschlägige Bewertung des aktuellen Gesamtprojektrisikos durch den Koordinator (vgl. Abbildung 4-13).

4.4 Zusammenfassung

Im voranstehenden Kapitel 4 wurden drei für die clanartige Kooperation der Mikrosystemtechnik wichtige Werkzeuge konzeptionell entwickelt bzw. weiterentwickelt sowie prototypische Implementierungen vorgestellt. Die Ergebnisse beruhen zum Teil auf völlig neuen Entwicklungen (ProWiDa) und zum Teil auf signifikanten, konzeptionellen Anpassungen bereits eingeführter methodischer Konzepte bzw. Werkzeuge (FMEA, Infonection) und deren prototypischer Anpassung.

Darüber hinaus findet noch eine Reihe weiterer kooperationsrelevanter Softwaresysteme ihren Einsatz, die einen Beitrag zur Lösung der Abschnitt 3.1 identifizierten Anforderungen leisten können. Insbesondere ist hierbei die Nutzung von Werkzeugen zur Modellierung von Fertigungs-Geschäftsprozessen und zur Strukturierung von Informationen zu nennen. Die Anwendung solcher Werkzeuge durch die Koordination führt zu einer weiteren Effizienzsteigerung der Kooperation. Aufgrund der fehlenden Besonderheiten in Bezug auf die Anforderungen einer MST spezifischen Produktion wird im Rahmen dieser Arbeit auf eine ausführliche Erörterung verzichtet. Beispielhaft werden in Anhang 7.4 zwei softwarebasierte Lösungen aus dem Bereich der Strukturierung von Informationen und der betriebswirtschaftlichen Modellierung von Geschäftsprozessen auf der Basis ereignisorientierter Prozessketten vorgestellt. Beide Lösungen nehmen dabei die bislang erarbeiteten Konzepte auf.

Im folgenden Kapitel 5 wird nun im letzten Schritt das bedarfsgerechte, alle Teilsysteme integrierende Konzept für die Softwaresystem- und Kommunikationsarchitektur clanartigen Unternehmenskooperation und dessen prototypische Implementierung anhand des Beispiels der MikroWebFab-Kooperation, einem am Markt agierenden Netzwerk mittelständischer Unternehmen der Mikrosystemtechnik vorgestellt.

5 Prototypische Implementierung der integrierenden, bedarfsgerechten Kommunikations- und Softwaresystemarchitektur am Beispiel der MikroWebFab- Kooperation

Aufbauend auf den in Abschnitt 2.1 erarbeiteten Randbedingungen, organisatorischen Strukturen und Prozessen einer neuartigen, räumlich verteilten Clan-Unternehmenskooperation der Mikrosystemtechnik wurden in den folgenden beiden Kapiteln aus diesen Randbedingungen heraus die wesentlichen Anforderungen an eine bedarfsgerechte Informations- und Wissensmanagement-Infrastruktur identifiziert und auch bereits einzelne kooperationstyp-spezifische Erweiterungen bzw. Neuentwicklungen von Softwarewerkzeugen hierzu konzipiert und prototypisch implementiert.

Ein weiterer wichtiger Aspekt fehlt jedoch noch: Gemäß den Anforderungen aus Abschnitt 3.1 muss eine bedarfsgerechte integrierende Infrastruktur zum Datenaustausch geschaffen werden, die zumindest den Austausch von betrieblichen Daten entlang der identifizierten Kernprozesse unterstützt.

Die Analyse der Ausgangssituation bei den einzelnen Unternehmen zeigt eine heterogene Gesamtmenge an Softwaresystemen. Für diese Systeme existieren heute keine integrierten Standardlösungen außerhalb der bereits in Abschnitt 1.2 angesprochenen großen ERP-Architekturen für den betriebswirtschaftlichen und den PDM Bereich. Der Grund dafür liegt sicher zum einen an der Spezifität des speziellen Anwendungsfalls Multimaterial-Mikrosystemtechnik, zum Anderen aber auch an der Notwendigkeit einer Betrachtung des spezifischen Kooperationsfalls. Ein bedarfsgerechter Lösungsvorschlag kann daher nur sinnvoll entlang der Anforderungen eines konkreten Kooperationsbeispiels, ggf. unter Verwendung von standardisierten Austauschformaten erarbeitet werden.

In den folgenden Abschnitten soll die konzeptionelle Bearbeitung des Themas und die prototypische Umsetzung anhand eines realen Beispiels aus dem Bereich der MST - der MikroWebFab Kooperation – dargestellt werden. Nach einer kurzen Vorstellung der KMU-Kooperation wird im Einzelnen auf folgende, spezifisch auf die Randbedingungen die MikroWebFab Kooperation identifizierten Lösungen eingegangen:

- Szenario zur Unterstützung der verteilten, synchronen Kommunikation
- Verteilte Ressourcenplanung und fertigungsnahe Auftragssteuerung

- Konzeption und prototypische Umsetzung der Softwaresystemarchitektur: die MikroWebFab „Integrierende Infrastruktur“

5.1 MikroWebFab-Kooperation

Das BMBF Verbundprojekt MikroWebFab (MWF) wurde in den Jahren 2001-2004 mit dem Ziel, eine Methodik zum Aufbau eines Unternehmensnetzwerks der Mikrosystemtechnik zu erarbeiten und beispielhaft zu erproben, durchgeführt. Die Koordination erfolgte durch das Forschungszentrum Karlsruhe.

Die MikroWebFab-Kooperation ist heute ein interdisziplinäres Netzwerk mittelständischer Unternehmen mit Kompetenzen im Bereich der Mikrosystemtechnik / Bioanalytik und jeweils hohem Forschungs- und Entwicklungsanteil am Umsatz. Die Zusammensetzung des Konsortiums ist in vielerlei Hinsicht heterogen:

- Die Partner verfügen über disjunkte technologische Kernkompetenzen.
- Die Partner bedienen unterschiedliche Zielbranchen auf der Basis ihres Know-How. das von der Mikrozerspanungstechnik über verschiedene Mikroreplikationstechniken, Biobeschichtungsverfahren bis hin zur Produktionslogistik reicht.
- Die Größe der Unternehmen schwankt stark von < 10 Mitarbeitern bis zu mehr als 250 Mitarbeitern.

Alle Partner haben sich das Ziel gesetzt, dahingehend Nutzen aus der Kombination ihres zum Teil komplementären Technologie-Portfolios zu ziehen, indem sie gemeinsam neue Märkte erschließen und gemeinsam Komplettentwicklungs- und Fertigungsdienstleistungen als OEM-Anbieter am Markt anbieten.

Entwicklungsstufe der Kooperation

Gemäß der in Kapitel 2 entwickelten Methodik ist die MWF zum Zeitpunkt des Projektendes eine Kooperation zwischen der „Startphase“ und der „Aufbauphase“. Organisatorisch entspricht sie dabei einem zentral organisierten, rechtlich lose gekoppelten Netzwerk mit ausgeprägten unternehmensübergreifenden Entwicklungsprozessen.

Die Koordinationsstelle übernimmt – analog zum Startmodell - Marketing und Akquise für die gemeinsamen Aktivitäten, begleitet die Angebotserstellung, übernimmt das Management des gemeinsam erarbeiteten Technologie- und Prozesswissens und ist für das Projektmanagement der gemeinsamen Projekte verantwortlich. Aus Haftungs- und Gewährleistungsgründen übernimmt –analog zu Tabelle 2-1 - einer der Partner im Falle von über die Abschätzung der Machbarkeit hinausgehenden Kundenaufträgen die Generalunternehmerschaft. Die kaufmännische Abwicklung von Fertigungsaufträgen erfolgt damit vollständig durch die Vertriebsabteilung des jeweiligen Partners.

Softwarestatus der Partner am Ausgangspunkt der Kooperation

Aufgrund ihrer unterschiedlichen Zielmärkte und der unterschiedlichen Unternehmensgröße ist die Bandbreite bei den beteiligten Partnern sehr groß. Zwei Partner bewegen sich im Umfeld der Automotive-Industrie mit den für diese Branche typischen stark hierarchisch ausprägten organisatorischen, und - in Bezug auf die Administrations- und Dispositionssysteme - hierarchischen Strukturen. Der größte Partner verfügte über eine weitgehende Integration seiner betrieblichen Systeme auf der Basis von SAP. Die zwei kleinsten Partner nutzten dagegen bedarfsgerecht nur eine sehr kompakte Auftragsverwaltung.

Beispiel für einen verteilten Fertigungsprozess

Anhand eines - hinsichtlich des Abstraktionsgrads seiner Prozessschritte - kompakt gehaltenen Beispiels aus der unternehmensübergreifenden Entwicklung und Fertigung soll das Zusammenspiel zwischen den einzelnen Fertigungsschritten aufgezeigt werden. Abbildung 5-1 zeigt eine durchgängige Prozesskette für ein in der Bioanalytik einsetzbares „Biodisposable" im Folgenden Biodisk genannt.

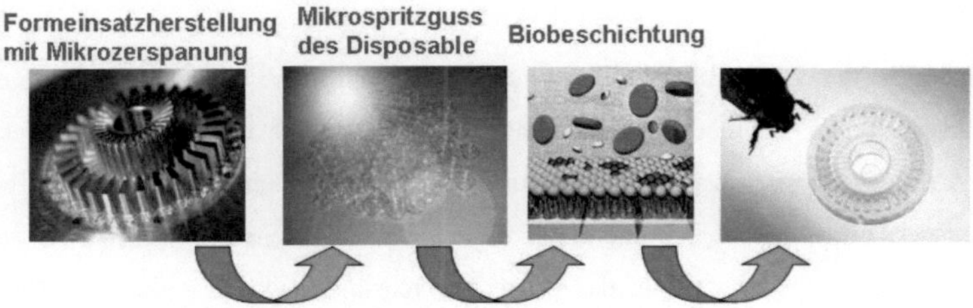

Abbildung 5-1 Fertigungsprozesskette der Biodisk-Beispielprozesskette

Die Fertigungsprozessschritte bestehen aus einem vorgelagerten Mikrostrukturierungsschritt für den zerspanend bzw. mikroerosionstechnisch hergestellten Werkzeug-Formeinsatz bei Partner „A".

Hinsichtlich der mikrosystemtechnischen Besonderheiten der Fluidik (Einfluss von Oberflächeneigenschaften, Änderung des Fließverhaltens in Mikro-Lumen) sind allein für den Mikrofluidikbereich intensive Abstimmungsprozesse zwischen Anwendungsentwicklern und Fertigungsentwicklern zur Spezifikation des Biodisposable notwendig. Als Beispiel für Problemstellungen kann die Berücksichtigung von Entformungshilfen beim Replikationsschritt angeführt werden.

Die Entformungsschrägen nehmen wiederum Einfluss auf das gewünschte Kapillarverhalten der fluidischen Steigknäle im System. Weitere Abstimmungsprozesse zwischen Biobeschichtungspartner und dem Produktionslogistiker hinsichtlich der Biokompatibilität des Deckelungsmaterials und der eindeutigen Charakterisierung der einzelnen Teile und Proben vervollständigen die notwendigen Abstimmungsprozesse innerhalb der Kooperation.

Die eigentliche Fertigung der Bauteile beginnt mit dem Mikroreplikationsschritt (hier die Herstellung von Trägerscheiben aus jeweils für die Zielapplikation geeigneten Polymer-Werkstoffen) bei Partner „B". Der Transport unter reinen Bedingungen erfolgt in geeigneten – von Partner „D" bereitgestellten Transportbehältnissen. Die Transportbehältnisse verfügen zum Einen über Möglichkeiten zur eindeutigen Identifizierung der Fertigungslose und Chargen. Zum Anderen gewährleisten sie eine eindeutige Positionierung als Voraussetzung für eine definierte Weiterbearbeitung und die spätere eindeutige Zuordnung von etwaigen biochemischen Reaktionen im Messgerät (im vorliegenden Fall: Trübungsmessung in einem Laboranalyseautomat) zu den Einzeltests. Bei Fertigungspartner „C" wird das Trägersystem mit Bioreagenzien beschichtet, je nach Anwendungsfeld mit unterschiedlichen auf die Kundenanforderungen angepassten Assays.

Nach zwei weiteren Prozessschritten, der eindeutigen Codierung des Gesamttests und der Deckelung des Trägersystems durch das definierte Aufbringen von Folien, die im konkreten Beispielfall ebenfalls bei Partner „C" durchgeführt wird, erfolgt dann der Versand an den Endkunden.

Die Komplexität der Zusammenarbeit nimmt, schon bei diesem vergleichsweise einfachen Beispiel, insbesondere während des MST-Entwicklungsprozesses trotz einer vergleichsweise geringen Anzahl an Fertigungsschritten drastisch zu. Fragenstellungen, wie der Einfluss des Replikationsverfahrens und des Trägermaterials auf die fluidischen Eigenschaften oder der Einfluss des Trägermaterials z.B. auf das Bakterienwachstum in den Kavitäten, sind bis heute wissenschaftlich nicht vollständig erklärbar und können daher teils nur durch empirische Versuchsreihen belegt werden. Die Abstimmungsprozesse auf dem Weg vom Labormuster zum Industrialisierungsprozess sind deshalb nicht voraus planbar. Vielmehr kann hier nur ein iterativer Produktentwicklungsansatz (vgl. Abschnitt 2.4) mit entsprechend klarer, aber flexibler Dokumentation (vgl. Kapitel 3) greifen, wie er administrativ z.B. in den Vorgaben der amerikanischen-Federal Drug Administration (FDA) gefordert wird.

MikroWebFab-Prototyp für zwei Betriebsphasen

In Kapitel 1 und 2 wurde bereits erörtert, dass das Forschungsgebiet zur Planung und Steuerung von vertrieblichen Abläufen sowie der Produktionssteuerung zwischen mehreren Unternehmen ein seit Jahren gut untersuchter, eigenständiger Wissenschaftsbereich ist, dessen Kernaussagen zur Automatisierung von Geschäftsprozess, Logistik und Materialfluss – sofern von Seiten des Fertigungsvolumens dafür Bedarf besteht - auch für Mikrosystem-Fertigungsnetzwerke Gültigkeit besitzen.

Im Abgleich mit der stufenweisen Vorgehensstrategie aus Kapitel 2 zeigte sich schon, dass die Investition in eine aufwändige, verteilte Ressourcen- und Produktionsplanungs-Infrastruktur erst in der Betriebsphase der Kooperation an Relevanz gewinnt. Eine Automatisierung der Auftragssteuerung bis in die Partnerunternehmen hinein rechnet sich nur bei großen gemeinsamen Auftragsvolumina und macht aufgrund des planerischen Aufwands und des Aufwands für den Betrieb des Systems nur Sinn, wenn die Überarbeitung/Anpassung der vertrieblichen und logistischen Prozesse bei den Partnern aufgrund des „Mengendurchsatzes“ eine Investition in die Überarbeitung der eigenen Kernprozesse und softwareseitig die Erweiterung um Schnittstellen zu den betrieblichen Logistiksystemen rechtfertigt. Eine detaillierte Analyse des Ist-Zustands im Hinblick auf die fertigungstechnischen, informationstechnischen, organisationalen Randbedingungen bei Industriepartnern des BMBF Verbundprojekts MikroWebFab im Rahmen einer ausführlichen projektinternen Befragung [KOLV02] sowie die Ergebnisse einer durchgeführten Befragung von Unternehmensnetzwerken im südwestdeutschen Raum [SAL104] ergab, dass die Kooperationspartner zu einem solch frühen Zeitpunkt tatsächlich keine direkte Kopplung ihrer Softwaresysteme favorisierten.

Zur Validierung der im Rahmen der vorliegenden Arbeit erzielten Ergebnisse wurden für den MikroWebFab-Prototyp daher zwei Lösungen implementiert:

- Im Rahmen der bedarfsgerechten Informationsbereitstellung für die Startphase der Kooperation wurde – analog zu den bereits erarbeiteten Kriterien an die IuW-Infrastruktur - der Schwerpunkt der Ausarbeitung des bedarfsgerechten unternehmensübergreifenden Szenarios auf die Unterstützung der unternehmensübergreifenden Produktentwicklung durch Kommunikationswerkzeuge gelegt. Über das in Kapitel 5.2 beschriebene Szenario hinaus entschieden sich die Partner für die Nutzung des angepassten Infonection-Systems als zentralem System zur Dokumentation der prozessorientierten Entwicklungsprozesse, die in der Startphase neben der Kommunikation die Hauptrolle spielen.

- Darüber hinaus wurde für eine spätere Aufbau- und Betriebsphase das Konzept der flexiblen Skalierung der Software-Systemarchitektur im Hinblick auf den Vollausbau in der Interaktion der administrativ/dispositiven Systeme untersucht. Dazu wurde zur Validierung des Konzepts in Abstimmung mit den Industriepartner eine integrierende Systemarchitektur auf der Basis der Werkzeuge ProWiDa, Infonection Infor.Com und ARIS[19] erarbeitet, die es erlaubt, die jeweils für die Kooperation geeigneten Funktionen dieser Werkzeuge sinnvoll zu kombinieren und darüber die Werkzeuge bedarfsgerecht entlang der stufenweisen Entwicklung zu adaptieren. Die Softwarelösung gibt den Partnern im Bedarfsfall die Möglichkeit, auch ihre eigenen betrieblichen Systeme zu integrieren. Das in Abschnitt 5.3 vorgestellt Szenario geht insbesondere auf den bedarfsgerechten Datenaustausch zwischen den Systemen ein.

5.2 Szenario zur Unterstützung der verteilten, synchronen Kommunikation

In den vorangegangenen Kapiteln wurde an verschiedenen Stellen die Relevanz der synchronen und asynchronen Kommunikation zwischen den Kooperationspartnern hervorgehoben. Die Kommunikation in der Unternehmenskooperation erfolgt gerade in der Startphase zunächst sehr intensiv über eingeführte Medien, wie Telefon, Email etc. oder auch über gemeinsame Besprechungen an einem Ort. Mit zunehmendem Vertrauen und gegenseitigem Verständnis der Kooperationspartner nimmt die Notwendigkeit einer synchronen Kommunikation, insbesondere der „Face-to-Face"-Kommunikation im Konsortium ab. Davon ausgenommen bleiben strategische Gespräche, da bei diesen die nonverbale Kommunikation einen wichtigen Platz einnimmt.

Ab einem bestimmten Zeitpunkt gewinnt vor allem bei nicht strategischen Besprechungen der Einsatz von Werkzeugen zur Substitution der „Face-to-Face" Kommunikation an Bedeutung. Abgesehen von einer Einschränkung bei der Übermittlung der nonverbalen Kommunikation können solche Werkzeuge insbesondere die Teamprozesse zu Entscheidungsfindungen in den technischen Kernprozessen der Kooperation ausreichend unterstützen.

---

[19] Da der Schwerpunkt der vorliegenden Arbeit auf der Entwicklung einer bedarfsgerechten IuW-Infrastruktur liegt und der Betriebsfall für die vorliegende Kooperation nicht gegeben war, wurde die Modellierungskomponente und das ERP System nur unter dem Aspekt des Datenaustauschs betrachtet. Weitere Informationen zum Einsatz der beiden Softwarewerkzeuge sind in Anhang 7.4.2 und 7.5 zusammengefasst.

MikroWebFab Prototyp

Im Rahmen des MikroWebFab-Projektes wurde dazu eine Besprechungsumgebung konzipiert, die auf einer Kombination aus Videokonferenzsystem auf ISDN-Basis und der gleichzeitigen Verwendung einer auf Citrix Metaframe [DREY02] basierenden „Shared Desktop"-Anwendung auf Basis eines Anwendungsservers[20] über eine Internet-Verbindung ergänzt wurde. Im Gegensatz zu den sehr teuren kommerziellen „Shared Collaboration"-Umgebungen, die von den Kosten her für die Anwendung in großen Konzernen optimiert sind, bietet der Ansatz eine günstige Alternative gerade für die Zusammenarbeit vergleichsweise weniger Partner (<5) bei ausreichender, skalierbarer Funktionalität der integrierbaren Anwendungen.

Durch die Entkopplung der Bildübertragung von den Anwendungsprogrammen kann ein Team ohne Beeinträchtigung der Ton- und Bildqualität gemeinsam Anwendungen auf dem Server unter Verwendung marktüblicher Kommunikationsprotokolle nutzen.

Versuche, die Bildübertragung bei Besprechungen mit mehreren Teilnehmern in einer internetprotokoll-basierten Videokonferenz durchzuführen, haben gezeigt, dass insbesondere ohne synchrone Übertragungstechniken, wie sie den Internet Basisprotokoll CSMA/CD; (Carrier Sense Multiple Access / Collision Detection) zugrunde liegen, immer noch starke Beeinträchtigungen im Übertragungsverhalten auftreten, die eine „Echtzeit" Übertragung ohne die Verwendung von reservierter Bandbreite vor allem bei mehreren Partner gleichzeitig kaum nutzbar werden lassen (laufzeitbedingte Verzögerungen, Synchronisationsprobleme, etc.). Die Einschränkung der synchronen Zusammenarbeit auf die Verwendung von Softwarewerkzeugen bei gleichzeitiger Nutzung von z.B. Telefonkonferenzschaltungen ermög-licht den verteilten MicroWebFab Teams dagegen auch bei weniger hohen Datenaktualisierungsraten eine problemlose, bedarfsgerechte gemein-same Bearbeitung von Aufgaben.

Die Unterstützung reicht dabei entlang der Bearbeitung der Kerngeschäfts-prozesse und Checklisten von einfachen Anwendungen wie Whiteboard oder Microsoft Word bis hin zur gemeinschaftlichen Entwicklung an einem virtuellen Arbeitsplatz. Abbildung 5-2 zeigt ein solches einfaches Szenario während der Erörterung des CAD-Layouts des zuvor beschriebenen mikrofluidischen Chips.

---

[20] Ein Anwendungsserver (engl: Application Server) ist ein Server, auf dem verschiedene Anwendungsprogramme ausgeführt werden. Im engeren Sinne bezeichnet der Begriff eine Software, die als Ablaufumgebung für Anwendungsprogramme diesen spezielle Dienste zur Verfügung stellt. Application Service Providing, das Anbieten von Diensten über öffentliche Netze wird oft auch zur „Virtualisierung" von betrieblichen Aufgaben eingesetzt, um den lokalen Administrationsaufwand zu reduzieren.

Abbildung 5-2 Beispiel für die parallele Nutzung von Videokonferenzsystem und CAD-Viewer in der MicroWebFab „Shared Desktop“ Umgebung [DICK06]

Zum Einsatz kommt dabei neben der voranstehend genannten „Shared Desktop“-Anwendung mit einem CAD-Viewer ein ISDN-basiertes Videokonferenzsystem zur Übermittlung der Sprach- und Bilddaten zwischen den Partnern. Im Einzelfall wurden hier Videokonferenzen mit bis zu acht verschiedenen Partnern abgehalten. Abbildung 5-3. zeigt ein Szenario während der Erörterung des Erreichens von Projektmeilensteinen in der MikroWebFab.

Bei einer projektinternen Befragung der Partnerunternehmen im MikroWebFab-Projekt wurde als Hauptvorteil einer Virtualisierung von technischen Treffen die Reduktion der Kosten für Projekttreffen, insbesondere bei den Entwicklungstreffen, so wie die Steigerung der Frequenz von kurzen Abstimmungsprozessen genannt. Durch die Tatsache, dass jeder Partner in der Lage ist, sich selbstständig in dem System anzumelden, werden auch „Ad-Hoc“-Treffen kleiner Arbeitsgruppen mit bis zu vier Teilnehmern zum Beispiel zur Diskussion von FMEA-Ergebnissen, Statusbestimmung eines Meilensteins im Entwicklungsprozess möglich, was zudem eine deutliche Beschleunigung des Entwicklungsprozesses unterstützt.

Abbildung 5-3 MikroWebFab Videokonferenz mit mehreren Partnern [DICK04]

5.3 *Konzeption und prototypische Umsetzung der bedarfsgerechten Softwaresystemarchitektur für den MikroWebFab-Prototyp*

Im folgenden Abschnitt wird auf das MikroWebFab-spezifische Gesamtszenario für die Aufbau- und Betriebsphase eingegangen. Der Schwerpunkt liegt dabei auf der Konzeption der bedarfsgerechten Software-Systemarchitektur.

Konzeption und prototypische Umsetzung einer bedarfsgerechten Softwaresystemarchitektur für den MikroWebFab-Prototyp

Ziel der konzeptionellen Überlegungen zur Erfüllung des Informations- und Datenaustauschbedarfs der MikroWebFab ist es, den Benutzern vor Ort die doppelte Eingabe von Daten bei der Bearbeitung und Dokumentation von Kundenaufträgen und den vertrieblichen Prozessen weitgehend zu ersparen, Fehler bei der manuellen Datenübertragung zu vermeiden und damit die Nutzerakzeptanz hinsichtlich der im Rahmen der Kooperation eingesetzten Werkzeuge zu erhöhen. Eine bedarfsgerechte Lösung dient damit primär zur Verknüpfung von Funktionen und Ergebnissen aus den heterogenen Softwarekomponenten zu einem Gesamtszenario. Die diesen Datenübertragungsprozess steuernde Software sollte dabei den Datenaustausch und die Verknüpfung der Inhalte zwischen den einzelnen Softwarekomponenten möglichst effektiv steuern.

Für den betrachteten Fall einer hinsichtlich Zielmärkte und Unternehmensgröße extrem heterogen zusammengesetzten clanartigen Unternehmenskooperation in der Start/Aufbauphase erübrigen sich damit Überlegungen zu monolithischen Lösungen. Aus informationstechnischer Sicht ist vom Stand der Entwicklung her zur Erfüllung der in Abschnitt 3.1 spezifizierten Anforderungen die Implementierung einer auf Webservices basierenden serviceorientierten Architektur naheliegend.

Eine „serviceorientierte Betrachtung" setzt aber die Verfügbarkeit von Webdiensten durch die einzelnen Softwareanbieter bzw. die Standardisierung von Schnittstellen bei den beteiligten Partnern zumindest in Teilbereichen voraus, soll der Aufwand zur Anpassung der Einzelsoftwarelösungen in Grenzen gehalten werden.

Kleinere Komplettanbieter und Anbieter von spezialisierter Software stellen die Funktionalitäten ihrer Software, zumeist aus der Historie ihrer eigenen Softwarearchitekturen bedingt, noch nicht oder erst in den neueren Versionen als Dienste zur Verfügung. Hinzu kommt, dass die Nutzer, also die anwendenden Fertigungsunternehmen selbst, in den nächsten Jahren aufgrund der erst erfolgten Umstellung auf ERP-Software nicht ohne Grund ihre Software erneut umstellen werden [CHAL06]. So hat selbst die am MikroWebFab-Projekt als Partner beteiligte Firma Infor.COM als Nummer drei hinter SAP und Oracle den unter „Open SOA" angekündigten

Ansatz zwar lange angekündigt, eine entsprechende Lösung ist allerdings erst seit Ende des Jahres 2007 verfügbar. Alle drei genannten Anbieter bieten damit Lösungen in diesem Bereich an, die jedoch aufgrund der hohen Einführungskosten gerade im kleineren Mittelstand keine Akzeptanz finden [MULL06].

5.3.1 Konzept für den bedarfsgerechten Datenaustausch zwischen den Softwarekomponenten der Informations- und Wissensmanagement Infrastruktur

Integrationstiefe des Informationsaustauschs

Basierend auf den in Kapitel 3 erarbeiteten Anforderungen wurden im Rahmen einer Diplomarbeit [PARU03] die Möglichkeiten zur Intensität des Austauschs fertigungsrelevanter Daten untersucht. Die Ausarbeitung ergab, dass ein umfassender SOA- oder EAI -Ansatz (vgl. Abschnitt 1.2) der sowohl Daten, Programme als auch Prozesse als Integrationsgegenstand berücksichtigt als auch applikations- und technologieunabhängig ist, die voranstehend geforderte Komplexität des Datenaustauschs bei weitem übererfüllen würde. Aufgrund der vergleichsweise geringen aber dennoch spezialisierten Anforderungen einer mittelständischen Clan-Unternehmenskooperation an den Austausch von Daten (Verfügbarkeit, Kosten, Prozesse, Kompetenzen,) sowie aufgrund des bereits erörterten „self contained Ansatzes“ ist mit einem vergleichsweise geringen Umfang des wirklich notwendigen Datenaustauschs zwischen den Softwarekomponenten auf Koordinationsebene und zwischen den Partnern selbst zu rechnen. Ein Austausch mit den lokalen Planungs- und Steuerungssystemen der Partner ist zumindest in der Aufbauphase ebenfalls noch nicht sinnvoll.

Damit beschränkt sich der notwendige Datenaustausch zunächst auf die Interaktion der in Abschnitt 2.4 vorgestellten Softwareprogramme, wobei konzeptionell die Erweiterung der Anzahl solcher Programme vorgesehen werden muss, um das Risiko der Notwendigkeit einer kompletten Überarbeitung der Softwarearchitektur zumindest auf das Erreichen des nächsten Meilensteins der Kooperationsentwicklung zu verschieben. Nach den bisherigen Erfahrungen wird im Fall der MikroWebFab-Kooperation auch dann kein Ersatz der eingesetzten Software notwendig werden. Im Bedarfsfall einer fertigungszentrierten, verteilten Großserienfertigung werden diese Aktivitäten ausgekoppelt und unter rechtlich eigenständigen organisatorischen Randbedingungen (Generalunternehmerschaft, Arbeitsgemeinschaft, etc.) durchgeführt. Die zugehörigen, spezialisierten Softwarelösungen können dort wiederum als eigenständige, meist für die Auftragssteuerung und –überwachung eines speziellen Produkts eingesetzt werden. Durch diese Auskopplung bleibt das deutlich flexiblere, auf die Entwicklung von Innovationen ausgerichtete, Grundkonzept des clanartigen Unternehmensnetzwerks bestehen.

Für den Datenaustausch der entwicklungs- und kooperationsintensiven Clan-Unternehmenskooperation ist ein teilautomatisierter Austausch von Daten zur Vermeidung von Übertragungsfehlern zu favorisieren. Aufgrund der unterschiedlichen sich im Einsatz befindlichen Programme ist es unumgänglich, dass sich überlappende Objekttypen gemeinsam genutzt bzw. redundant gehalten werden. Dies sind für das zu untersuchende Szenario vor allem die Stammdaten zu Kunden, Technologien, Prozessen und Ressourcen, sowie auftragsbezogene Daten. Im Einzelnen sind das:

- Daten über Technologiepartner und ihre Kompetenzen,
- Auftragsrelevante Informationen wie Anfragen und Aufträge,
- Informationen über Kunden,
- Informationen über Produkte bzw. über die Produktherstellung.

Integrationskonzept

Um durch die Implementierung von Punkt zu Punkt-Verbindungen eine „chaotische" Schnittstellenlandschaft zu vermeiden, muss der gesamte Datenaustausch innerhalb der Softwareinfrastruktur in die Planung einbezogen werden. Basierend auf den voranstehend erwähnten Anforderungen wurde für den Austausch der fertigungsrelevanten Daten wie für den gesamten Datenaustausch innerhalb der Softwaresysteme der Kooperation ein Middleware-basierter Ansatz verfolgt (siehe Abbildung 5-4). Für die Architektur einer solchen Middleware-basierten Integration bietet sich eine Datenkopplung in der Nabe-und-Speiche-Architektur an. Die Nabe-und-Speiche-Architektur zeichnet sich entgegen anderer Lösungen durch den Einsatz einer Middleware, d.h. einer zentralen Anwendung zum Datenaustausch aus [KAIB02].

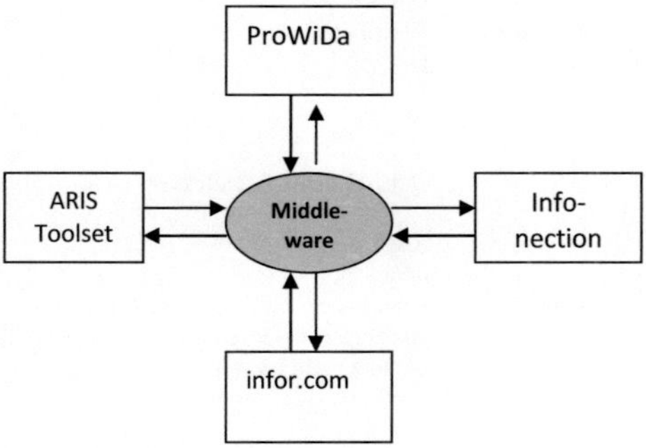

Abbildung 5-4 Datenaustausch über die zentrale Middlewarelösung im MikroWebFab Szenario

Um den Integrationsaufwand und auch den späteren Wartungs- bzw. Migrationsaufwand so gering wie möglich zu halten, wurde für den Fall des MikroWebFab-Prototyps auf die in den vorhandenen Teilsystemen angebotenen Schnittstellen zur Datenkopplung zurückgegriffen.

Aufgrund der bei allen Systemen vorhandenen Verfügbarkeit von XML als „Quasi-„Standardformat bot sich XML als Austauschprotokoll an. Ein Problem stellten die nicht standardisierten Austauschformate der zu verknüpfenden Systeme Aris, Infonection, ProWiDa und Infor.Com dar. Auf die aus der Vereinbarung gemeinsamer Datenobjekte resultierende Gesamtarchitektur des Datenaustauschs wird im folgenden Abschnitt 5.3.2 vorgestellt.

5.3.2 Erweiterte MikroWebFab-Middlewarekomponente

Im Rahmen einer durchgeführten projektinternen Untersuchung zu verschiedenen Datenkopplungslösungen wurden mehrere konzeptionelle Ansätze auf die in Abschnitt 3.1 aufgelisteten Aspekte hin untersucht. Der Schwerpunkt der Untersuchung lag dabei auf der Betrachtung des Integrationskonzepts, der Datenübertragung, der Erweiterbarkeit von Objekttypen, sowie des Mechanismus des Datenaustauschs [PARU03]. Für das MikrowebFab-Szenario wurde insbesondere die von den Projektpartnern Infoman und Infor bereits in einem früheren Projekt entwickelte Prototyp-Middleware "eccServer" auf die notwendige Datenkopplungsfunktionalität untersucht. Für das prototypische MikroWebFab-Szenario fasst Tabelle 5-1 das Ergebnis der Analyse hinsichtlich der Anforderungen der MikrowebFab Kooperation an eine Middleware-Komponente zusammen.

Nr.	Anforderung	eccServer
Integrationskonzept		
1.	Datenaustausch (auf Daten- oder Funktionsebene)	Datenebene
2.	Datenintegration (echte Datenintegration oder Datenkopplung)	Datenkopplung
3.	Aufruf des Datenimports- und –exports über vorhandene Schnittstellen	ja
Integrationsansatz und Architektur		
4.	Middleware-Ansatz	Nabe-Speiche-Architektur
Datenübertragung		
5.	Unterstützte Datenformate	XML
6.	Konvertierung von Datenformaten	nein
7.	Transportmedium (Gem. Dateisystem, Netzwerk, Datenträger)	Dateisystem und Netzwerk (über http)
8.	Verschlüsselungsmechanismen	Aufgrund der Gesamtkonzeption als ASP Lösung nicht notwendig
Objekttypen		
9.	Beachtung der funktionellen Zusammenhänge (zeitliche Reihenfolge des Datenaustausches)	nein, aufgrund des geringen Integrationsgrads nicht nötig
10.	Erweiterbarkeit in Bezug auf die Bearbeitung von Objekttypen	möglich, aber nicht implementiert
11.	Flexibler Zuordnungsmechanismus	möglich, aber nicht implementiert
12.	Berücksichtigung von Änderungen bzw. Löschvorgängen	möglich, aber nicht implementiert
Weitere Funktionen		
13.	Eindeutige Zuordnung der Daten	Primärschlüsselaustausch
14.	Art des Datenaustausches (zeit- oder ereignisgesteuert)	zeitgesteuert
15.	Synchronisation des gesamten Datenbestandes in Echtzeit	nein, aufgrund des geringen Integrations grads nicht notwendig

Tabelle 5-1: Möglichkeiten und Einschränkungen des Datenaustausches über den eccServer

Das Ergebnis zeigt, dass diese Middlewarelösung bereits über einige wünschenswerte Eigenschaften hinsichtlich der geforderten Anforderung einer Integration heterogener Softwarekomponenten verfügte und die im Rahmen der Ausarbeitung des Gesamtkonzepts spezifizierten, aber bislang fehlenden Eigenschaften mit vertretbarem Aufwand ergänzt werden konnten. Im weiteren Projektverlauf wurde deshalb die Erweiterung des eccServers favorisiert. Nachfolgend wird auf das Basis-Funktionsprinzip des eccServers näher eingegangen:

Funktionsprinzip des eccServers

Der eccServer wurde ursprünglich für den einfachen Datenaustausch zwischen zwei Systemen entwickelt. Ziel des Konzepts war es, in den Systemen teilweise redundant gehaltenen Datenarten, wie z.B. Angebots- oder Auftragsdaten zu synchronisieren. Die Kommunikation zwischen den beteiligten Anwendungen erfolgte über die XML-Austauschplattform mit Hilfe von Objekttypen (Entities), die in XML-Dateien an den eccServer übermittelt werden. Der eccServer ist dabei für die Abbildung der Datensätze von den einzelnen Anwendungen verantwortlich. Auf Filesystem-Ebene wird hierfür eine Art „Briefkastenverzeichnis“ der Vermittlungsschicht genutzt, das für alle beteiligten Anwendungen freigegeben ist. Jedes System hat dabei ein Import-Verzeichnis (Eingangsbriefkasten) und für jeden zu exportierende Objekttyp jeweils ein Export-Verzeichnis (Ausgangsbriefkasten). Vom eccServer wird für jeden Objekttyp eine Datenbanktabelle (Indextabelle) gepflegt, in der sowohl der eccServer-Primärschlüssel, der beim ersten Versenden eines Datensatzes für diesen automatisch generiert wird, als auch die eindeutigen Identifikatoren (ID, Primärschlüssel) der Anwendungssysteme eingetragen werden.

Dies setzt wiederum voraus, dass die anwendungseigenen Primärschlüssel aller abzugleichenden Objekttypen dem eccServer bekannt sind. Für die Zuordnung des entsprechenden Objekttyps (vgl. Abschnitt 4.2.3) im anderen System muss somit der Primärschlüssel der sendenden Anwendung gegen den Primärschlüssel der empfangenden Anwendung vom eccServer ausgetauscht werden. Für den Import bzw. Export der Nachrichten sowie für die evtl. notwendige Konvertierung in das definierte XML-Format bzw. in das anwendungskonforme Format ist nicht der Server zuständig. Die Verarbeitung der Informationen muss in der jeweiligen Anwendung umgesetzt werden.

Die Kommunikation über die XML-Austauschplattform erfolgt asynchron, d. h. die empfangende Anwendung muss nicht aktiv sein und es wird generell keine Rückmeldung von ihr erwartet. Sobald die XML-Datei vom eccServer im Eingangsbriefkasten einer Anwendung gespeichert ist, bleibt es dem Anwendungsbenutzer bzw. –entwickler überlassen, wann die Daten importiert werden. Nach dem erfolgreichen Datenimport muss seitens der Anwendung gewährleistet sein, dass die XML-Datei aus dem Eingangsverzeichnis gelöscht wird. Während der Import der Daten in die Zielanwendungen nach dem Pull-Prinzip umgesetzt wird, erfolgt der Daten-Export bei den Anwendungen nach dem Push-Prinzip. Das bedeutet, dass der Export entweder sofort nach jeder Änderung der Datenbasis oder in periodischen Abständen geschehen kann.

Damit stellte der eccServer in seiner ursprünglichen Ausprägung eine einfache Middleware mit einem sehr eingeschränkten Satz an Objekttypen dar, die sich im Wesentlichen auf das Empfangen, das Verteilen von Nachrichten sowie das Austauschen von Primärschlüsseln konzentriert. Die folgende Abbildung zeigt schematisch die voranstehend erläuterte Vorgehensweise des eccServers (Abbildung 5-5).

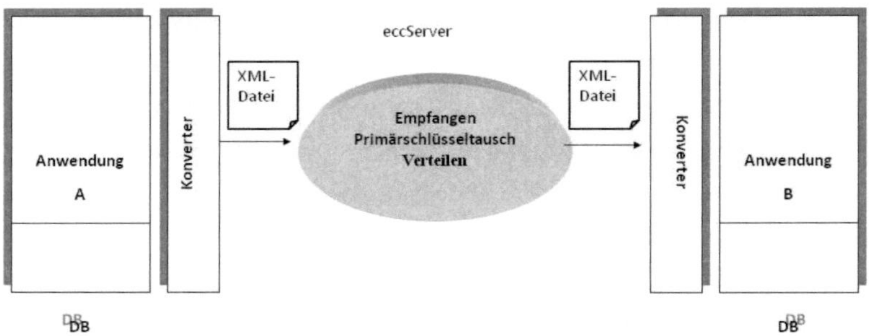

Abbildung 5-5 Schematische Funktionsweise des eccServers

5.3.3 Erweiterung des Datenaustauschformats für das MikroWebFab-Szenario

Der eccServer wurde hinsichtlich der aus der Nabe-und-Speiche-Architektur resultierenden Forderungen an die Informationsverteilung an mehrere Clients erweitert. Zwei wesentliche Erweiterungen waren hierzu notwendig:

- Die Anzahl und Flexibilität der übertragenen Datenobjekte war sehr eingeschränkt.
- Die Anwendung unterstützte bis dato nur eine Punkt-zu-Punkt–Verbindung zwischen den beiden Werkzeugen. Für das MikroWebFab-Szenario wurde eine Integration zweier weiterer Komponenten vorgeschlagen.
- Dazu führt der eccServer im Bedarfsfall (unterschiedliches XML-Format) noch vor dem Versenden eines Datensatzes eine XSLT[21] Transformation durch, so dass an die Anwen-

[21] XSLT ist eine XML-Sprache, welche die Übersetzung von beliebigen XML-Dokumenten in allgemeine Unicode-Streams erlaubt. Häufigste Anwendung dürfte jedoch die Erzeugung von anderen XML-Formaten aus bestehenden sein. Vom Sprachgesichtspunkt aus handelt es sich bei XSLT um eine funktionale Programmiersprache.

dungen bereits transformierte Formate geschickt werden können. Im Falle der prototypischen Implementierung war die Nutzung der Funktion aufgrund der gleichen Datenformate nicht nötig, da aufgrund von Schnittstellenanpassungen bei allen Partner alle Anwendungen bereits über ein einheitliches Format miteinander kommunizieren konnten und damit nur die Informationsverteilung durch den eccServer realisiert werden musste. Im Folgenden wird nun ausführlicher auf die Erweiterung des Datenaustauschprotokolls und die Interaktion der Teilsysteme eingegangen.

Erweiterung der Objekttypen

Um den eccServer an die Anforderungen an ein verteiltes Informations- und Wissensmanagement der verteilten Kooperation anzupassen wurden deshalb für den MikroWebFab-Prototyp die folgenden Erweiterungen – gemäß des im Rahmen der vorliegenden Arbeit ausgearbeiteten Konzepts – vorgenommen.

In der von den Projektpartnern übernommenen Konfiguration des eccServers wurden bereits Objekttypen zur Verfügung gestellt, die sich auf Informationen über Firmen und Personen sowie die darauf basierenden Auftragsdaten beziehen. Für alle genannten Objekttypen hält dabei das Softwarewerkzeug Infonection den „Master-"Bestand, d.h. die initiale Anlage eines Datensatzes erfolgt dort. Es handelt sich um:

- „Company" (entspricht einem Kunden der MikroWebFab) [„Master-"Bestand in Infonection]
- „Person" (Kontaktperson innerhalb eines Unternehmens) [„Master-"Bestand in Infonection]
- „Offer" (Kundenanfrage) [„Master-"Bestand in Infonection]
- „Order" (Auftrag)
- Zu den bereits bestehenden wurden weitere, neue Objekttypen festgelegt. Dazu zählen die folgenden Objekttypen:
- „Technology Partner",
- „Competence",
- „Process",
- „Material",
- „Production Line",
- „Technical Attributes"
- „Commercial Attributes"

für fertigungsrelevante Parameter. Die neuen Objekttypen werden zum Teil zwischen allen Systemen des MikroWebFab-Werkzeugkastens ausgetauscht. Im Folgenden werden die neuen Objekttypen vorgestellt:

- *Objekttyp „Technology Partner“* [„Master“-Bestand in Infonection]

Der voranstehende Objekttyp umfasst alle relevanten Informationen über die Technologiepartner des virtuellen Unternehmens MikroWebFab wie z. B. eine eindeutige Kennung, Name, Adresse oder Ansprechpartner und wird nicht nur in infor.com und Infonection benötigt sondern auch in der ProWiDa abgelegt. Mit der Implementierung des Objekttyps wird die Dynamik der MikroWebFab berücksichtigt, die damit flexibel durch die Aufnahme neuer Technologiepartner in den virtuellen Verbund ihr Kompetenz-Portfolio erweitern kann.

- *Objekttyp „Process“* [„Master“-Bestand in der ProWiDa]

Durch die Festlegung des „Process“ Objekttyps werden die Erfassung sowie die strukturierte Ablage aller relevanten Verfahren der MST erleichtert. Alle Verfahren werden zunächst in Anlehnung an die in der E DIN 8580 festgelegte Struktur in den Hierarchiebäumen in der ProWiDa angelegt und können dann an diejenigen Systeme übertragen werden, die die Information ebenfalls benötigen. Durch Import können die Informationen automatisch sowohl im ARIS-Toolset als auch in infor.com übernommen bzw. generiert werden. Während im ARIS-Toolset die Verfahren hierarchisch abgelegt werden können, berücksichtigt infor.com lediglich eine flache Struktur als Ablage innerhalb einer Liste. In Infonection werden Verfahren nur in Zusammenhang mit einer Technologiepartner-Kompetenz vermerkt und nicht gesondert erfasst.

- *Objekttyp „Material“* [„Master“-Bestand in der ProWiDa]

Das Material wird analog zu den Verfahren zunächst strukturiert in Hierarchiebäumen in der ProWiDa erfasst und dann als Objekttyp an infor.com übertragen, das als einziges weiteres System die Information gesondert und analog zum Objekttyp Process unstrukturiert speichert.

- *Objekttyp „Competence“* [„Master“-Bestand in der ProWiDa]

Die Kompetenz eines Technologiepartners, die durch ein MST-Fertigungsverfahren mit Verwendung eines bestimmten Materials charakterisiert ist, stellt eine zentrale Information dar, die in jedem System der MikroWebFab genutzt wird. Die Grundlage hierfür stellen die Objekttypen „Technology partner“, „Process“ und „Material“ bereit. Erst nachdem die Informationen erfasst sind, kann eine Kompetenz definiert werden. Das Anlegen der Kompetenz soll zunächst in der ProWiDa erfolgen. Die Information kann als Objekttyp „Competence“ an die restlichen Systeme übertragen werden und muss somit nicht explizit in den jeweiligen Systemen neu erfasst werden. Die charakteristischen Attribute einer Kompetenz wie technische und/oder kaufmännische Parameter werden gesondert in einem eigenen Objekttyp für fertigungsrelevante Parameter übertragen.

Für die Machbarkeitsabschätzung sind - wie schon erwähnt - sowohl technische als auch kaufmännische Informationen notwendig, die sich auf die Kompetenzen der jeweiligen Technologiepartner beziehen. Damit charakterisieren die Parameter die Kompetenzen in technischer und/oder kaufmännischer Weise näher. Dabei werden die technischen Daten in der ProWiDa und die kaufmännischen Daten in infor.com erfasst bzw. verwendet und sollen in das vorkonfigurierte Szenario (Anhang 7.4.2) für die Machbarkeitsabschätzung des Prozessmodel-lierungswerkzeugs „ARIS Toolset“ übermittelt werden.

- *Objekttyp „Production Line“* [„Master-“Bestand in der ProWiDa]

- Mit dem Objekttyp *„Production Line“* soll ein Fertigungsprozess für ein Mikrosystem mit allen relevanten Verfahren bzw. eine Produktionsanleitung beschrieben werden, die Angaben über das zu fertigende MST-Produkt sowie die dazu notwendigen Verfahren in Form von Kompetenzen beinhaltet. Mit Hilfe der MikroWebFab-Machbarkeitsabschätzung soll eine optimale Prozessschrittkette im ARIS Toolset ermittelt werden, die anschließend in Form des Objekttyp *„Production Line“* übertragen werden kann. Die Information wird für die Produktionsplanung und –steuerung in infor.com sowie für die Erfassung der technischen Prüf-Parameter in der ProWiDa benötigt. Der Objekttyp *„Production Line“* beinhaltet dabei lediglich die Angaben der Kompetenzen ohne die dazugehörigen fertigungsrelevanten Parameter, da diese bereits an den modifizierten eccServer übertragen wurden und somit bereits in den entsprechenden Anwendungen repliziert wurden.

Anlegen und Austausch von Datenobjekten bei der Konfiguration und während der Bearbeitung eines Kundenauftrags im MikroWebFab-Prototyp

Der Datenaustausch innerhalb des MikroWebFab-Werkzeugkastens wurde analog zur Workflowmethodik in eine Konfigurationsphase („Build-Time“) und eine Ausführungsphase („Run-Time“) aufgeteilt.

- In der „Build-Time“-Phase werden alle Vorgänge betrachtet, die erfolgen müssen, bevor die Koordinationsstelle Kundenanfragen, Produktionsabwicklungen usw. softwaretechnisch abwickeln kann.
- Die „Run-Time“-Phase folgt entlang der Logik der Abwicklung eines Kundenauftrags und wird durch die erste Kundenanfrage initiiert. Sie beinhaltet die wesentlichen Geschäftsprozesse der Anfrage- bzw. Auftragsabwicklung in der Unternehmenskooperation.

„Build-Time"-Phase

Der Datenaustausch in der Build-Time Phase bezieht sich auf das initiale Anlegen von Informationen (Stammdatenanlage). Abbildung 5-6 zeigt grafisch die Verteilung der bei einem Kundenauftrag erzeugten bzw. aufgerufenen Entitäten, wobei die Stellen, an denen die Entitäten erzeugt werden, grau unterlegt sind und aufgerufene Entitäten weiß unterlegt wurden.

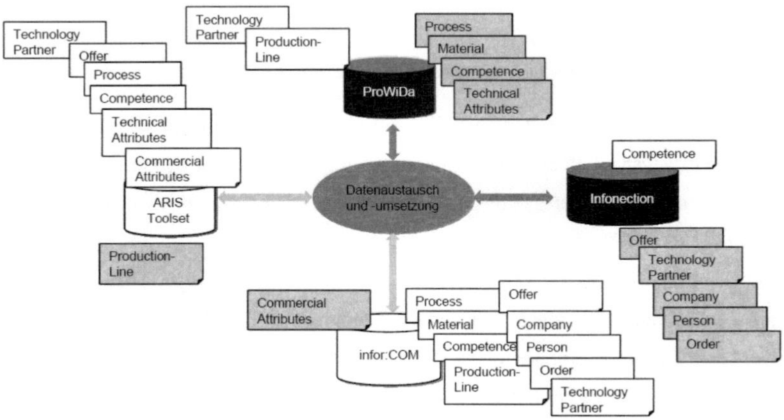

Abbildung 5-6 Anlegen und Austausch von Datenobjekten in der integrierenden MikroWebFab- Infrastruktur

Die Reihenfolge der Ziffern in Abbildung 5-7 zeigt die chronologische Abfolge von Aktivitäten beim Anlegen bzw. der Änderung von Entitäten durch die unterschiedlichen in das Szenario integrierten Softwarebausteine, wobei der Datenaustausch über die Middleware-Schnittstelle erfolgt.

Zunächst werden Daten über die beteiligten Technologiepartner im Unternehmensverbund MikroWebFab angelegt. Die Informationen werden initial in Infonection erfasst und dann in Form des Objekttyps *„Technology Partner"* durch den erstmaligen Datenimport in infor.com sowie in der ProWiDa automatisch angelegt.

Anschließend erfolgt das Anlegen von technologischen Kompetenzen *(„competences")* in der ProWiDa durch die einzelnen Technologiepartner selbst. Nach dem Erfassen des Kompetenz-Portfolios der MikroWebFab werden die angelegten Kompetenzen als reine Struktur-Information ohne die zugehörigen Parameter aus der ProWiDa exportiert und an die übrigen Systeme weitergeleitet. In infor.com werden dabei die Kompetenzen um betriebswirtschaftlich relevante Daten wie Kosten und Zeiten ergänzt.

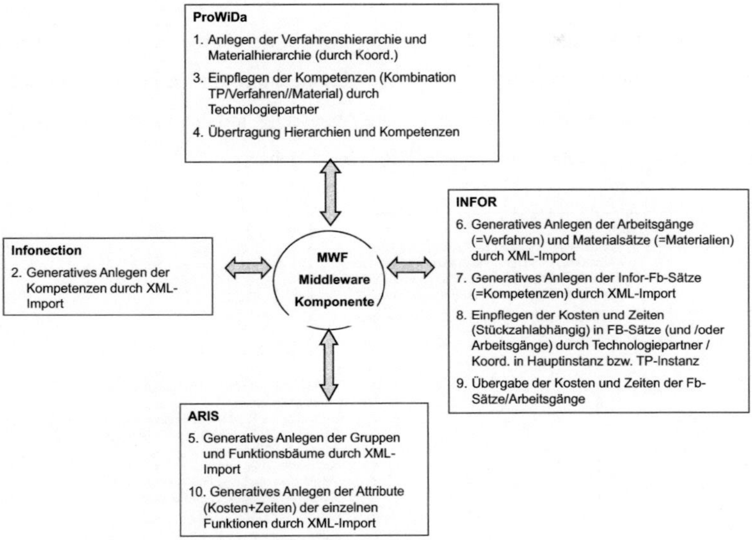

Abbildung 5-7 Softwareübergreifendes Anlegen der Stammdaten im MWF Prototyp

In Bezug auf die Objekttypen „*Competence*", „*Process*" und „*Material*" kann die ProWiDa als das Leitsystem für die beiden Objekttypen bezeichnet werden; das bedeutet, dass der „Master-"Bestand der Informationen nur in der ProWiDa gehalten wird. Grundsätzlich wird dem Leitsystem auch die Löschberechtigung für Objekttypen zugesprochen, die allerdings je nach Objekttyp auch einem anderen oder mehreren Systemen gewährt werden kann.

„Run-Time"-Phase

In der Run-Time Phase werden vor allem auftragsbezogene Informationen erfasst[22]. Abbildung 5-8 zeigt die chronologische Abfolge beim Anlegen und bei der Bearbeitung eines Kundenauftrags entlang der definierten Kernprozesse der Kooperation. Die Ziffern zeigen auch hier die Reihenfolge der Bearbeitungsschritte an.

Beim Kunden-Erstkontakt werden in Infonection kundenspezifische Daten (Person, Company) sowie die dazugehörigen Anfragen bzw. Aufträge (Objekttypen „*Offer*", „*Order*") gespeichert, die den bestehenden Objekttypen entsprechen. Für die anschließende Mikrosystem-Entwicklung

[22] Zur Laufzeit eines Kundenprojekts können die Objekttypen *Process, Material* und *Competence* in der *Build-Time* Phase, grundsätzlich auch in der *Run-Time* Phase neu angelegt werden, wenn z. B. neue Verfahren hinzukommen oder bei Änderungen aktualisiert werden müssen.

und/oder Produktion kann der Fertigungsprozess durch einen Datenimport sowohl in infor.com als auch in der ProWiDa angelegt werden. Dabei entspricht der Fertigungsprozess (= Objekttyp „*Production Line*“) einer bestimmten Abfolge von Kompetenzen, die in infor.com die Ressourcenliste für das zu fertigende Produkt darstellt. Die Anpassung und die prototypische Implementierung der Systemerweiterungen sind in [PARU03] beschrieben.

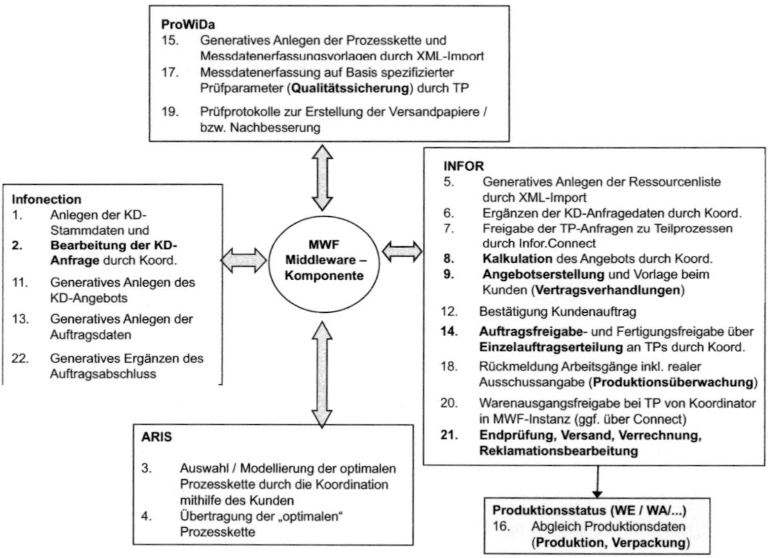

Abbildung 5-8 Auftragsdurchführung zur Laufzeit im MikroWebFab Prototyp

Mit der angepassten Serverarchitektur und dem in den beiden voranstehenden Abbildungen dargestellten erweiterten Austausch von Informationen zum einen während der Initialisierung des Gesamt-Softwaresystems und zum anderen zur Laufzeit von Fertigungsprojekten konnte so ein einfacher, bedarfsgerechter und erweiterbarer Mechanismus zur Informationsverteilung zwischen einzelnen Softwarekomponenten in einer verteilten Unternehmenskooperation umgesetzt werden

Umsetzung

Bei infor.com und Infonection wurde zur Implementierung des Konzepts auf der bilateralen, proprietären XML-Schnittstelle aufgebaut und die dort verfügbaren Objekte für den Datenaustausch um die im vorstehenden Abschnitt gezeigten Objekte ergänzt. Für die ProWiDa wurde eine Erweiterung der XML-Schnittstelle implementiert. Das voranstehend vorgestellte Gesamtszenario des MikroWebFab Prototyps wurde im Rahmen des MikroWebFab-Projekts umgesetzt.

Die voranstehend vorgestellte ganzheitliche, auf flexible Integration ausgerichtete Lösung konnte mit dem im letzten Abschnitt vorgestellten Szenario zwar nachgewiesen werden, sie bleibt in Anbetracht der enormen Kosten für die Umstellung bei den Partnern sowie auch aus deren Verpflichtungen im jeweiligen Kerngeschäft gegenüber anderen Partnern heraus als Lösungsansatz nur für die bereits erwähnten Fälle in der Betriebsphase der Kooperation sinnvoll.

6 Zusammenfassung und Ausblick

Für die Zusammenarbeit von mittelständischen Unternehmen der Mikrosystemtechnik stellt die interdisziplinäre Zusammenarbeit hinsichtlich der Intensität des Wissensaustauschs qualitativ eine neue Herausforderung dar. Die erforderliche Kooperationsintensität ist bis heute eine Hürde für die beschleunigte Einführung mikrosystemtechnischer Anwendungen durch den Mittelstand.

Die vorliegende Arbeit stellt zur Überwindung dieser Markteinführungsbarrieren ein neues Konzept für das bedarfsgerechte Informations- und Wissensmanagement in der Multimaterial-Mikrosystemtechnik vor.

Die inhaltlichen Schwerpunkte der Arbeit umfassen:

- die Identifikation der strategischen und organisatorischen Randbedingungen der Kooperation,
- die Ableitung von Anforderungen an das Gesamtsystems und die Spezifikation der notwendigen funktionalen Elemente zur Unterstützung wissensintensiver Prozesse,
- die Konzeption neuer bzw. die Adaption kommerzieller Werkzeuge zur bedarfsgerechten Unterstützung des Informations- und Wissensmanagements in der Kooperation,
- die Entwicklung einer bedarfsgerechten Softwaresystemarchitektur zur Unterstützung des Informations- und Wissensmanagements sowie
- die prototypische Demonstration des Gesamtszenarios anhand des Unternehmensnetzwerks MikroWebFab.

Die wichtigsten Ergebnisse der Arbeit sind:

- ein Konzept und Vorgehensmodell zur bedarfsgerechten Informations- und Wissensbereitstellung in Kooperationen mittelständischer Unternehmen der Multimaterial-Mikrosystemtechnik,
- die konzeptionelle Erweiterung des von A. Picot eingeführten, bisher aber noch nicht im Detail wissenschaftlich untersuchten Clan-Konzepts im Hinblick auf die unterschiedlichen Entwicklungsphasen einer Unternehmenskooperation der Mikrosystemtechnik,
- die Identifikation einer Kooperationsstrategie für eine Unternehmenskooperation mittelständischer Unternehmen der Multimaterial-Mikrosystemtechnik,
- die Konzeption und Ausarbeitung eines modularen Vorgehensmodells zur Unterstützung des unternehmensübergreifenden MST-Entwicklungsprozesses in der Kooperation, das

den spezifischen Randbedingungen der Mikrosystemtechnik hinsichtlich der gleichzeitigen Entwicklung von Produkt- und Fertigungsprozessen genügt,

- ein Konzept zur anwendungsunabhängigen Erfassung und Dokumentation von anwendungs- und fertigungsrelevantem mikrosystemtechnischem Wissen – die neuartige ProWiDa Methodik.
- ein Konzept zur Umsetzung der ProWiDa-Methodik auf ein Softwaresystem auf der Basis von zu n-Tupeln zusammengefassten Generalisierungshierarchien,
- ein Konzept für ein bedarfsgerechtes, auf die technischen und finanziellen Rahmenbedingungen der Unternehmen anpassbaren Kommunikationsszenarios für die verteilte Zusammenarbeit,
- die konzeptionelle Erweiterung des Informationsmanagementsystems Infonection um „Management Dashboard Funktionen" zur Steuerung unternehmensübergreifender Abläufe,
- die konzeptionelle Transformation der Anforderungen des flexiblen MST-Entwicklungsprozesses hin zu einem Konzept, bestehend aus starr- und semistrukturierten, workflowbasierte Elementen zur Unterstützung der organisatorischen Besonderheiten des Clan-Ansatzes,
- eine Erweiterung der Methodik der Fehler-Möglichkeits- und Einflussanalyse auf eine neuartige Net-FMEA Methodik zur Erfassung und Bewertung des unternehmensübergreifenden Prozessrisikos,
- die erfolgreiche Erprobung des Konzepts zur bedarfsgerechten Informationsbereitstellung anhand des prototypischen Szenarios der MikroWebFab zur Unterstützung des evolutionären Entwicklungsprozesses einer KMU-Kooperation.

Die hierbei vorgeschlagenen Konzepte, Methoden und Softwarewerkzeuge wurden weitgehend im Rahmen des BMBF-Verbundprojekts MikroWebFab von den beteiligten Projektpartnern umgesetzt.

Aus dem Verbundprojekt ist dabei inzwischen eine Unternehmenskooperation hervorgegangen, die seit einigen Jahren erfolgreich am Markt operiert und sich gemäß dem stufenweisen Entwicklungsmodells entwickelt.

Das Konzept und Vorgehensmodell für das bedarfsgerechte Information- und Wissensmanagement ist grundsätzlich auch auf Kooperationen mittelständischer Unternehmen in anderen Schlüsseltechnologien übertragbar, wobei branchenspezifisch Anpassungen notwendig werden.

Im dem Zusammenhang ist auch die weitere Entwicklung des vorgestellten ProWiDa-Systems zu betrachten. Der auf Technologien, Materialien und Geometrien der Multimaterial-Mikrosystemtechnik vorgestellte Ansatz muss im Falle einer Ausdehnung des Konzepts auf andere Anwendungsbereiche konzeptionell weiter angepasst werden. Die voranschreitende Flexibilisierung und Modularisierung von informations- und kommunikationstechnischer Standardsoftware sowohl auf maschinennaher als auch im Bereich der Verwaltung wird jedoch zunehmend die Umsetzung der in der vorliegenden Arbeit vorgestellten, methodischen Ergebnisse zur teilautomatisierten Erfassung der Prozessdaten unterstützen.

Für die Multimaterial-Mikrosystemtechnik besteht der nächste Schritt in der Auswertung der in dem System gespeicherten Fertigungs- und Prüfdaten mit dem Ziel einer von den Anwendungsanforderungen ausgehenden Ableitung der technologischen Möglichkeiten. Die in dieser Arbeit vorgeschlagene Ableitung mit Hilfe des Handlungsplaner-Ansatzes hat das Potential, Abhängigkeiten zwischen den Prozessschritten nicht nur zu erfassen, sondern auch bezogen auf den einzelnen Anwendungsfall zu bewerten. So ist es – die Verfügbarkeit der Prozessdaten vorausgesetzt - möglich, eine „Selbstoptimierung" von Prozessketten in der Planungsphase zu erzielen.

Nicht zuletzt wird die weiter voranschreitende Entwicklung der MikroWebFab-Kooperation zeigen, ob das neuartige Konzept einer Kooperation gleichberechtigter Partner auf der Basis einer stufenweisen Entwicklung mit intensivem Informations- und Wissensaustausch nachhaltig funktioniert. Die MikroWebFab-Kooperation befindet sich inzwischen fast in der Aufbauphase. Aufgrund der markt- und strategiebedingten Zeiträume zwischen den Meilensteinen der Kooperationsentwicklung ist eine Validierung des Konzepts jedoch erst in den einigen Jahren zu erwarten.

7 Anhang

7.1 Grafische Gesamtdarstellung des Entwicklungsgeschäftsprozesses

Hinweis: In der Buchversion befindet sich das Ablaufdiagramm als DIN A2 Faltblatt auf der Innenseite der Umschlags-Rückseite.

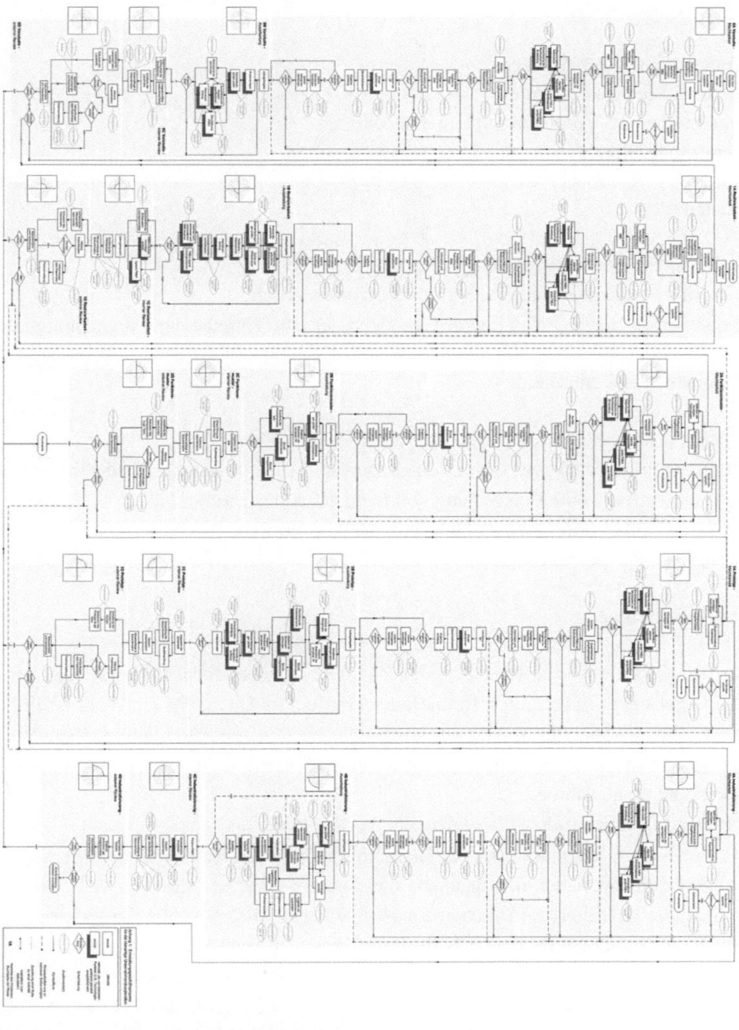

Abbildung 7-1 Entwicklungsgeschäftsprozesse in der Clan Kooperation

7.2 Kontrollfragen und Kontrollpunkte

Anhang 7.2 enthält die Liste der Kontrollfragen zu den voranstehend grafisch dargestellten Geschäftsprozessen für den Entwicklungsprozess (die Nummern entsprechen der Nummerierung der Rauten in den Ablaufdiagrammen).

Meilenstein 0: Kundenerstkontakt

0 Analyse der Marktsituation

- Nachfragepotential der Anfrage.
- Eigene Ressourcenauslastung.
- Kostenverhältnis im Vergleich mit anderen Märkten.
- Markteintrittsbarrieren.

1 Kundendaten erfassen

- Existieren bereits Stammdaten zu dem Kunden?
- Wenn ja, sind Änderungen an den Stammdaten erforderlich?
- Wenn nein, erfolgte eine Erfassung der Kundendaten mit Vergabe einer Kundennummer?

2 Kooperationsrelevanz entscheiden

- Passt diese Anfrage in die Kooperationsstrategie?
- Besitzt die Anfrage einen gewissen „Neuigkeitswert“, d. h. ist es kein Wiederholauftrag?
- Erfordert die Anfrage eine Bearbeitung von mehr als einem Partner?
- Wenn nein, ist eine Weitergabe an einen entsprechenden Partner möglich?
- Bei Absage --> Sprung zu Frage Nr. 7.

3 Anfragetiefe bestimmen

- Möchte der Kunde eine Leistungsübersicht? (Diese Angebotsform trifft auf Kunden zu, die zum angefragten Erzeugnis Informationen erhalten möchten. Da die Wahrscheinlichkeit einer Auftragserteilung gering ist, wird nicht auf die speziellen Kundenbedürfnisse eingegangen. Stattdessen erhält der Kunde Standardbeschreibungen, um ihm eine Leistungsübersicht zu gewähren.)
- Wenn ja, sind Infomaterialien, Prospekte etc. vorhanden?
- Möchte der Kunde einen Richt- oder Budgetpreis? (Bei dieser Angebotsform wird auf das Kundenbedürfnis näher eingegangen, allerdings in einer Kurzfassung, d. h. der Kunde erhält keine detaillierten Angaben im Hinblick auf Preis und die Baugruppen. Der Preis dient als Grundlage für ein im Falle einer Zusage zu erstellendes Festpreisangebot.)
- Möchte der Kunde ein Festpreisangebot? (Hierbei wird das Kundenproblem exakt bearbeitet. Das erstellte Angebot ist detailliert und speziell auf die Bedürfnisse und Anforderungen des Kunden ausgerichtet. Die für dieses Angebot erstellten Angaben sind für den Anbieter verbindlich. Diese Angebotsart tritt dann auf, wenn eine Erteilung eines Auftrags stattgefunden hat und somit der Konkretisierungsgrad hoch angelegt ist).

4 Auftragsart bestimmen

- Handelt es sich hierbei um einen
- ..Entwicklungsauftrag (hierbei hat der Kunde eine Vorstellung eines möglichen Produktes, die Entwicklung liegt bei der Kooperation)?
- ..Fertigungsauftrag (hierbei hat der Kunde eine genaue Vorstellung vom Produkt, die Kooperation fertigt bis auf kleine Anpassungen gemäß der Kundenspezifikation)?
- ..Dienstleistungsauftrag?

5 Patent- und Lizenzfragen prüfen

- Existiert ein ähnliches Produkt, das bereits patentiert ist? Welche Fertigungspatente müssen beachtet werden?
- Wenn ja, ist eine Verhandlung mit dem Patenthalter möglich?
- Wie ist die Patentsituation im relevanten Technologiefeld? Gibt es eine Alternative durch geringfügige Designänderungen?
- Bei Absage --> Sprung zu Frage Nr. 7.

6 Technische Machbarkeit untersuchen

- Sind die Technologien, die zur Bearbeitung des Kundenauftrags benötigt werden, in der Kooperation vorhanden?
- Wenn ja, inwieweit sind diese verfügbar?
- Bei Absage --> Sprung zu Frage Nr. 7.

7 Rückmeldung an Kunden

- Erfolgte eine Rückmeldung an den Kunden?
- Wenn ja, wie hat dieser reagiert?

8 Fachexperten der Technologiepartner einberufen

- Wurden die zur fachlichen Bearbeitung der Kundenanfrage notwendigen Mitglieder für den Expertenpool zusammengestellt?
- Wurden alle Experten zur Versammlung benachrichtigt?

MS1 – Machbarkeitsabschätzung

9 Produktidee des Kunden analysieren

- Durch die Produktidee wird für ein am Markt befindliches Problem eine Lösung zu finden versucht. Die Produktideen stammen hierbei von den Kunden (Umsetzung eigener Produktideen ist zunächst nicht geplant)

10 Patent- und Lizenzfragen durch Partner überprüfen

- Werden fertigungsrelevante Patente anderer verletzt?
- Besteht die Möglichkeit, ein aus dem Entwicklungsvorhaben resultierendes Patent anzumelden?
- Wenn ja, welche Instrumente kommen für den Know-how-Schutz in Frage (siehe auch: http://www.gruenderleitfaden.de/produkte/knowhow.htm)?
- Möglichkeiten des Nachahmungsschutzes:
- Patente (in Deutschland --> Deutsches Patentamt, für Europa --> Europäisches Patentamt) Voraussetzungen:
- Neuheit (weltweit und vor Anmeldung nicht bekannt),
- Erfindungshöhe,
- Gewerbliche Anwendbarkeit.
- Gebrauchsmuster.
- Topographieschutz (Mikroelektronik,10 Jahre).
- Geschmacksmuster (5 Jahre, kann bis auf 20 Jahre verlängert werden).
- Marken (Name, Symbol oder Bezeichnung).
- Wie schnell ist es möglich, dass potentielle Wettbewerber die Innovation nachahmen können?
- Bei Absage --> Sprung zu Frage Nr. 16.

11 Technische Machbarkeit bewerten

- Bei Absage der Partner oder bei eigener negativer Bewertung nach gemeinsamer Diskussion --> Sprung zu Frage Nr. 16.

12 Vorgehensweise/Teilprozesse festlegen (grob)

- Sind die Teilprozesse an die entsprechenden Partner vergeben?
- Sind die Partner auch informiert?
- Welcher Zeitaufwand ist für die jeweiligen Teilprozesse erforderlich?
- Welcher Arbeitsaufwand ist für die jeweiligen Teilprozesse erforderlich?

13 FMEA durchführen

Die FMEA wird von allen Partnern in Koordination im Team durchgeführt. Sie dient zur vorherigen Erkennung von Fehlern.

- Konstruktions-FMEA,
- Fertigungs-FMEA. Die Fertigungs-FMEA muss unter dem Aspekt der Virtualisierung noch unterteilt werden in
    - eigene Prozesse,
    - Nachbarprozesse,
    - Zusammenspiel der eigenen Prozesse mit den Nachbarprozessen.
    - Worin sind Risiken zu sehen?
    - Wie können diese vermieden werden?
    - Welche Prozesse sind besonders fehleranfällig bzw. risikoreich?

- o Wer ist für den jeweiligen Prozess zuständig?
- o Welche Fehler könnten durch Weitergabe des Produktes an den nächsten Partner entstehen?
- o Welche Auswirkungen kann die Bearbeitung des Produktes durch den vorherigen Partner auf unsere Vorgehensweise haben?
- o Wie oder in welchen Zeitabständen wird eine Kontrolle durchgeführt?
- o Wie sind diese Fehler zu bewerten, inwieweit können sie behoben werden?
- o Welche Auswirkungen hat ein Fehler auf das Unternehmen?
- o In welchen Bereichen (Konstruktion, Fertigung etc.) können Fehler auftreten?

14 Machbarkeit abschätzen

- Gibt es unberechenbare Risiken?
- Können alle Fehler/Risiken beachtet und überwacht werden?
- Ist eine Fortführung der Kundenanfrage möglich?
- Bei Absage --> Sprung zu Frage Nr. 16.
- Wenn nein, wurde der Kunde darüber informiert?

15 Kosten/Profitabilität ermitteln (grob)

- Wird zur Berechnung der Kosten das Target Costing oder das Kosten-Plus-Verfahren verwendet?
- Werden unsere Kosten gedeckt?
- Reicht der Umsatz aus, um einen zufriedenstellenden Gewinn zu erzielen?
- Wurden die vorgeschriebenen Steuern beachtet?
- Werden Entwicklungen von den Auftraggebern finanziert?
- Zahlungsweise des Kunden?
- Welche Finanzierungsmöglichkeiten werden dem Kunden angeboten?
- Inwieweit sind die (variablen und fixen) Kosten der Partner transparent?
- Wie hoch ist der Grad der Transparenz gegenüber dem Kunden?
- Wie groß ist der preisliche Verhandlungsspielraum?

16 Rückmeldung an den Kunden

- Wurde der Kunde über den aktuellen Stand informiert?
- Ist eine Fortführung des Projektes möglich?
- Wenn nein, wurden die Partner darüber informiert?
- Wurde der Projektabbruch dokumentiert und abgelegt

17 Abgabe eines vorläufigen Angebots an den Kunden

- Wurden die Angebotsunterlagen erstellt?
- Wurden die vorläufigen Angebotsunterlagen dokumentiert und abgelegt?
- Wurde das Angebot dem Kunden unterbreitet?
- Ist der Kunde zufrieden mit dem Angebot?
- Wenn nein, ist der Kunde zufrieden mit dem überarbeiteten Angebot?
- Wenn nein, wurden alle Projektteilnehmer über den Projektabbruch informiert?

- Wenn nein, wurden die Daten über den Projektabbruch dokumentiert und abgelegt?

18 Fachexperten der Fachpartner einberufen (2)

- Wurde der Expertenkreis für dieses Projekt bereits neu zusammengestellt?
- Wurden alle Mitglieder des Expertenkreises informiert?

MS2 – Funktionsmuster

19 technische Machbarkeit eines Funktionsmusters zeigen

- Liegt die Machbarkeit eines Funktionsmusters vor?
- Wenn ja, welche Technologien kommen dafür in Frage?
- Wenn ja, erfüllt das Funktionsmuster die Anforderungen des Kunden?
- Wenn nein, worin sind die Ursachen zu sehen?
- Wenn nein, sind Substitutionsmöglichkeiten für die Erzeugung eines Funktionsmusters gegeben?
- Wenn nein, erfolgte eine Rückmeldung an den Kunden?
- Ist der Kunde bei Erhalt der Rückmeldung zu einer Änderung bei der Erzeugung des Funktionsmusters bereit?
- Wenn ja, erfolgte ein Änderungsvorschlag?
- Wenn nein, wurden die Partner über den Projektabbruch informiert?
- Bei Absage --> Sprung zu Frage Nr. 25.

20 Festlegung der Teilprozesse für das Funktionsmuster

- Wurden die Teilprozesse diskutiert und an die entsprechenden Partner vergeben?
- Erfolgte eine Information der Partner darüber?
- Wie lange dauert die jeweilige Bearbeitung eines Teilprozesses?
- Wie groß ist der jeweilige Arbeitsaufwand eines Teilprozesses?

21 Gesamt-FMEA bewerten

- Treten bei der Bewertung der gesamten FMEA Risiken auf?
- Wenn ja, worin sind Risiken zu sehen?
- Wenn ja, sind diese Risiken tragbar und kann von einer Weiterführung des Projektes ausgegangen werden?
- Wenn nein, ist durch eine Umstellung oder Änderung eines Teilprozesses eine Fehlerbehebung möglich?
- Bei Absage --> Sprung zu Frage Nr. 25.

22 Randbedingungen festlegen

23 Projektplan erstellen

- Wurden die einzelnen Teilschritte diskutiert?
- Wurden die Teilschritte aufeinander abgestimmt?

- Wurde der Projektpartnerplan erstellt und schriftlich dokumentiert?

24 Profitabilität bewerten

25 Rückmeldung an Kunden

- Erfolgte eine Rückmeldung an den Kunden?
- Ist eine Fortführung des Projektes möglich?
- Wenn nein, wurden die Partner über den Projektabbruch informiert?
- Wurde der Projektabbruch dokumentiert und abgelegt?

26 Angebot erstellen

- Wurden die Angebotsunterlagen erstellt?
- Sind die Zahlungsbedingungen festgelegt?
- Sind die Lieferbedingungen im Angebot enthalten?
- Sind Beteiligungen an besonderen Kosten festgelegt worden (z. B. Teuerungsrate)?
- Sind die rechtlichen Bedingungen festgelegt worden?
- Wurde das Angebot mit den Partnern abgestimmt?
- Wurde alles berücksichtigt, was von den Partnern gefordert wurde?
- Wurde das Angebot dokumentiert und abgelegt?
- Ist das Angebot dem Kunden übermittelt worden?
- Ist der Kunde zufrieden mit dem Angebot?
- Wenn nein, erfolgt eine Angebotsbearbeitung?
- Ist der Kunde mit diesem Ergebnis zufrieden?
- Wenn nein, wurden alle Partner über die Absage des Kunden informiert?
- Wenn nein, erfolgte eine Dokumentation mit Ablage über den Projektabbruch?
- Bei Absage --> Sprung zu Frage Nr. 25.

MS3 – Prototyp

27 Technische Machbarkeit des Prototyps zeigen

- Liegt ein Funktionsmuster vor?
- Wenn nein, worin sind die Ursachen zu sehen?
- Wenn ja, welche Abweichungen sind noch auszuführen?
- Wurde eine Machbarkeitsabschätzung für den Prototyp vorgenommen?
- Wenn das Ergebnis der Machbarkeitsabschätzung negativ ist, worin sind die Ursachen zu sehen?
- Bei Absage --> Sprung zu Frage Nr. 33.

28 Festlegung der Teilprozesse für den Prototyp

- Wurden die Teilprozesse diskutiert und an die entsprechenden Partner vergeben?
- Erfolgte eine Information der Partner darüber?
- Wie lange dauert die jeweilige Bearbeitung eines Teilprozesses?
- Wie groß ist der jeweilige Arbeitsaufwand eines Teilprozesses?

29 Gesamt-FMEA bewerten

- Treten bei der Bewertung der gesamten FMEA Risiken auf?
- Wenn ja, worin sind Risiken zu sehen?
- Wenn ja, sind diese Risiken tragbar und kann von einer Weiterführung des Projektes ausgegangen werden?
- Wenn nein, ist durch eine Umstellung oder Änderung eines Teilprozesses eine Fehlerbehebung möglich?
- Bei Absage --> Sprung zu Frage Nr. 33.

30 Randbedingungen festlegen

31 Projektplan erstellen

- Wurden die einzelnen Teilschritte diskutiert?
- Wurden die Teilschritte aufeinander abgestimmt?
- Wurde der Projektplan erstellt und schriftlich dokumentiert?

32 Profitabilität bewerten

33 Rückmeldung an Kunden

- Erfolgte eine Rückmeldung an den Kunden?
- Ist der Kunde zufrieden mit dem Prototyp?
- Wenn nein, ist eine Fortführung des Projektes möglich?
- Wenn nein, wurden die Partner über den Projektabbruch informiert?
- Wurde der Projektabbruch dokumentiert und abgelegt?

34 Angebot erstellen

- Erfolgte die Erstellung der Angebotsunterlagen?
- Sind die Zahlungsbedingungen festgelegt?
- Sind die Lieferbedingungen im Angebot enthalten?
- Sind Beteiligungen an besonderen Kosten festgelegt worden (z. B. Teuerungsrate)?
- Sind die rechtlichen Bedingungen festgelegt worden?
- Wurde das Angebot mit den Partnern abgestimmt?
- Wurde alles berücksichtigt, was von den Partnern gefordert wurde?
- Wurde das Angebot dokumentiert und abgelegt?
- Ist das Angebot dem Kunden übermittelt worden?
- Ist der Kunde zufrieden mit dem Angebot?
- Wenn nein, erfolgt eine Angebotsnachbearbeitung?
- Ist der Kunde mit dem Ergebnis zufrieden?
- Wenn nein, wurden alle Partner über die Absage des Kunden informiert?
- Wenn nein, erfolgte eine Dokumentation mit Ablage über den Projektabbruch?
- Bei Absage --> Sprung zu Frage Nr. 33.

MS4 – Industrialisierung

35 Technische Machbarkeit zeigen (Industrialisierung)

- Liegt ein Funktionsmuster/Prototyp vor?
- Wenn nein, worin sind die Ursachen zu sehen?
- Ist eine Industrialisierung des Produktes unter Berücksichtigung der wirtschaftlichen Randbedingungen sinnvoll machbar?
- Wenn nein, was ist der Grund dafür?
- Bei Absage --> Sprung zu Frage Nr. 41.

36 Festlegung der Teilprozesse (Industrialisierung)

- Wurden die Teilprozesse diskutiert und an die entsprechenden Partner verteilt?
- Erfolgte eine Information der Partner darüber?
- Terminierung: Wie lange dauert die Bearbeitung eines Teilprozesses?
- Wie groß ist der Arbeitsaufwand eines Teilprozesses?

37 Gesamt-FMEA bewerten

- Treten bei der Bewertung der gesamten FMEA Risiken auf?
- Wenn ja, worin sind Risiken zu sehen?
- Wenn ja, sind diese Risiken tragbar und kann von einer Weiterführung des Projektes ausgegangen werden?
- Wenn nein, ist durch eine Umstellung oder Änderung eines Teilprozesses eine Fehlerbehebung möglich?
- Bei Absage --> Sprung zu Frage Nr. 41.

38 Randbedingungen festlegen

39 Projektplan erstellen

- Wurden die einzelnen Teilschritte diskutiert?
- Wurden die Teilschritte aufeinander abgestimmt?
- Wurde der Projektplan erstellt und schriftlich dokumentiert?

40 Profitabilität bewerten

41 Rückmeldung an Kunden

- Erfolgte eine Rückmeldung an den Kunden?
- Ist der Kunde zufrieden mit dem industriell erzeugten Produkt?
- Wenn nein, ist eine Fortführung des Projektes möglich?
- Wenn nein, wurden die Partner über den Projektabbruch informiert?
- Wurde der Projektabbruch dokumentiert und abgelegt?

42 Angebot erstellen

- Erfolgte die Erstellung der Angebotsunterlagen?
- Sind die Zahlungsbedingungen festgelegt?
- Sind die Lieferbedingungen im Angebot enthalten?
- Sind Beteiligungen an besonderen Kosten festgelegt worden (z. B. Teuerungsrate)?
- Sind die rechtlichen Bedingungen festgelegt worden?
- Wurde das Angebot mit den Partnern abgestimmt?
- Wurde alles berücksichtigt, was von den Partnern gefordert wurde?
- Wurde das Angebot dokumentiert und abgelegt?
- Ist das Angebot dem Kunden übermittelt worden?
- Ist der Kunde zufrieden mit dem Angebot?
- Wenn nein, erfolgt eine Angebotsbearbeitung?
- Ist der Kunde mit dem Ergebnis dieser zufrieden?
- Wenn nein, wurden alle Partner über die Absage des Kunden informiert?
- Wenn nein, erfolgte eine Dokumentation mit Ablage über den Projektabbruch?
- Bei Absage --> Sprung zu Frage Nr. 41.

MS5 Einführungsbeschluss

43 Reproduzierbarkeit prüfen

- Erfolgte eine Prüfung der Reproduzierbarkeit?
- War das Ergebnis zufrieden stellend?
- Wenn nein, worin liegt die Ursache?
- Wenn nein, kann die Ursache behoben werden?

44 Scale-up beenden

- Wurde alles für eine Umstellung auf Großserie berücksichtigt?
- Ist eine Umstellung möglich?
- Wenn nein, worin liegen die Ursachen?

45 Prozesse validieren

- Wurden alle benötigten Dokumente erstellt?
- Wenn nein, was war der Grund dafür?

46 Prozessrisikoanalyse erstellen

- Wurde eine Prozessrisikoanalyse erstellt?
- Wenn ja, wie sieht das Ergebnis aus?
- Wenn nein, was ist der Grund für das Fehlen?

47 Verkaufspreis erstellen

- Sind die Herstellkosten korrekt kalkuliert?

- Wurde der Verkaufspreis ermittelt?

48 Product Master Record erstellen

- Erfolgte eine Gesamtdokumentenerstellung?
- Wenn nein, warum?
- Wenn ja, wurden alle Daten berücksichtigt?

49 an Kunden melden

- Wurde der Kunde über den aktuellen Stand informiert?
- Ist eine Fortführung des Projektes möglich?
- Wenn nein, wurden die Partner darüber informiert?
- Wurde der Projektabbruch dokumentiert und abgelegt?

7.3 Ergänzende Ausführungen zum Stand der Technik

In Anhang 7.3 werden weitere, sich nicht ausschließlich auf das Thema der vorliegenden Arbeit beziehende Aktivitäten im Umfeld der Forschung zu den Themenbereichen: Virtuelle Unternehmen, Wissensmanagement, Entwicklung im Bereich der Softwaremethoden zusammengefasst. Darüber hinaus wurden ergänzende Erläuterungen zu den diese Arbeit begleitenden Themenfelder eingegangen.

7.3.1 Dienstleistungs-, Entwicklungs- Fertigungs- und Kooperationsnetzwerke

Der Druck sich zu Netzwerken zusammenzuschließen besteht insbesondere bei arbeitsteiligen Systemtechniken wie dem Flugzeugbau, der Raumfahrt aber auch bei den erst im Entstehen begriffenen Technologien wie Biotechnologie, Mikrosystemtechnik oder Nanotechnologie. Die Art, wie die Unternehmen miteinander kooperieren bzw. welche Informationsströme zwischen ihnen stattfinden müssen, hängt wesentlich von den Zielstellungen der Kooperation ab. Die Kooperationsform orientiert sich eher an den unterschiedlichen Zielen der Zusammenarbeit und der damit variierenden notwendigen Intensität. In der Innensicht kann ein Unternehmensnetzwerk dabei eine mehr oder weniger intensive Form der Zusammenarbeit von Partnern unterschiedlicher fachlicher Herkunft annehmen.

Kooperationsnetzwerke oder virtuelle Unternehmen sind an sich nichts Neues. In der Fertigungsindustrie werden Joint Ventures, wie etwa zwischen Siemens und Fujitsu bereits seit vielen Jahren geschlossen.

Deren Erfolg beruht nicht zuletzt auf einem oft sehr hohen Organisationsgrad der Arbeitsteilung und der Zusammenarbeit.

Dienstleistungsnetzwerke bilden sich, um firmenübergreifend Beratungs- oder Entwicklungsdienstleistungen zu erbringen. Beispiele hierfür sind Ingenieursnetzwerke oder Beratungsnetzwerke. Ihr Schwerpunkt besteht oft darin, Einzelkompetenzen zu bündeln und in einen Gesamtkontext (z.B. Beratungsnetzwerk) eingebettet am Markt anzubieten.

Entwicklungsnetzwerke (bislang vor allem bei Großprojekten üblich und zeitlich befristet) dienen zumeist zur Umsetzung einer oft noch visionären Idee, wobei weltweites Wissen, Finanzierung und Risikostreuung entscheidend sind. Der Schwerpunkt bei Entwicklungsnetzwerken liegt dabei meist auf Managementaktivitäten.

Fertigungsnetzwerke: In Fertigungsnetzwerken werden Entwicklungs- und Fertigungs- Know-how gebündelt und Produktionsdienstleistungen angeboten. Eines der bekanntesten Beispiele ist das Airbus-Konsortium, das sich von einem zunächst losen Netzwerk im Lauf der Jahre zu einem multinationalen Konzern entwickelt hat.

7.3.2 Motivation: Mehrwert durch Aufstieg in der Wertschöpfungskette

Begriffe wie Kooperationen oder virtuelle Unternehmen zur arbeitsteiligen Lösung komplexer Aufgabenstellungen im Verbund sind schon seit einigen Jahren Gegenstand der Forschung zu industrieller Organisation. So werden Fertigungsprozessketten großer Konzerne zunehmend in Lieferketten (*Supply Chains*) [SCHO99] z.B. der Automobilindustrie weitgehend an externe Zuliefernetzwerke delegiert. Es ist zu erwarten, dass sich diese Entwicklung analog zu anderen Abläufen zum einen noch weiter verstärkt und zum anderen in wenigen Jahren auch noch stärker auf die Zusammenarbeit im Mittelstand übertragen wird.

Auch die Mikrosystemtechnik (MST) ist von diesem Wandel direkt und indirekt betroffen. Meist sind Mikrosystemtechnikunternehmen als Unterlieferanten in größere Prozessketten der großen Produktanbieter eingebunden. Durch diese Integration ist bereits heute ein Teil der MST-KMU Teil solcher rein auf Zulieferung ausgerichteter Fertigungsnetzwerke. Hier sind sie –oft mit wenigen Prozessen im eigenen Unternehmen- lediglich als Unterlieferant in den unteren Stufen der gesamten (vertikalen)Wertschöpfungskette eines Produkts beteiligt.

Aufgrund der bislang noch bei großen Konzernen angesiedelten Wertschöpfung aus der Gesamtsystementwicklung sind sie nicht in der Lage, Mehrwert aus dem oft lukrativeren (Sub-) Systementwicklungsprozess zumindest einer Baugruppe zu schöpfen [GENG02].

Sehr viel seltener ist aber der zweite Fall, dass aus der Technologie selbst heraus Produkte oder Baugruppen entstehen. Eine Ursache liegt möglicherweise darin, dass den KMU die notwendige Organisations-, System- und Branchenkompetenz fehlt. Damit einher geht oft auch eine nicht adäquate Infrastruktur, die nicht den strategischen Zielstellungen angepasst ist. An diesem Punkt setzt der vorliegende Beitrag konzeptionell an.

KMU´s können aber auch große strukturelle Vorteile geltend machen: Sie sind oft flexibler in der Produktion von Serien vor allem mittlerer Stückzahl, die zudem oft noch kundenspezifisch angepasst werden können.

Damit unterscheidet sich der für die Mikrosystemtechnik zu erwartende Ansatz einer Kooperation mittelständischer Unternehmen deutlich von bislang in der Forschung untersuchten Ansätzen. Deren Zielrichtung ist zumeist die Verknüpfung von Produktionskernkompetenzen unter massivem Einsatz von Informations- und Kommunikationstechnik mit einem reduzierten organisatorischen Aufwand im Vordergrund. Gegenüber einem Produktionsauftrag ist in der MST jedoch ein wesentlich höherer Aufwand zur Koordination des Entwicklungsprozesses selbst bei reinen Fertigentwicklungen notwendig.

Politik, Industrie und die Forschung beginnen, initiiert durch den zunehmendem Druck im globalen Wettbewerb, die voranstehend genannten Themenstellungen interdisziplinär für die fertigenden Industrien und auch für den komplexeren Bereich der entwicklungsintensiveren Schlüsseltechnologien anzugehen. In der strategischen Forschungsagenda der „European Technology Platform“ Manufuture, deren Ziel es ist, den Transfer der europäischen Industrie hin zu einer wissensbasierten Ökonomie zu beschleunigen stellt die Säule der „neue Formen der Zusammenarbeit mittelständischer Unternehmen“ einen gleichberechtigten Schwerpunkt neben technischen Fragestellungen [MANU06] dar (Abbildung 7-2).

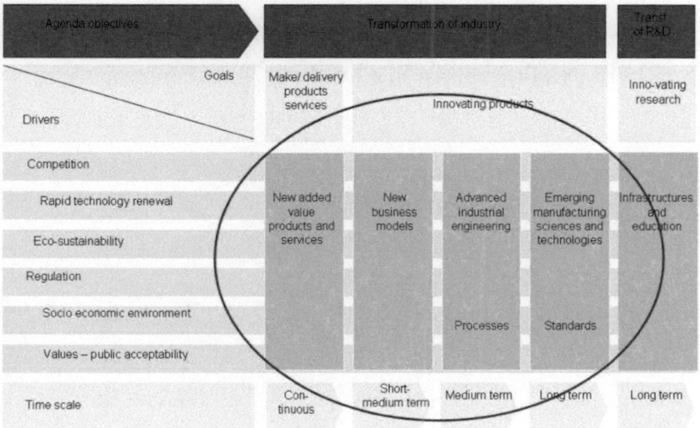

Abbildung 7-2 Die Manufuture „Strategic Research Agenda“ [MANU06]

Dies geschieht mit dem Ziel, die Produktivität und Wettbewerbsfähigkeit der europäischen Industrie in einem globalisierten Markt zu erhalten. Konzeptioneller Bestandteil dieses Ansatzes ist dabei die Etablierung von sogenannten „European Technology Platforms", die wiederum die Anpassung auf die jeweiligen Fragestellungen. Gerade für den Bereich der Hochtechnologien gilt die mittelfristige Überwindung interorganisationalen Barrieren neben den Fortschritten in der eigentlichen Technologieentwicklung dabei inzwischen als eine der Hauptherausforderungen. Die geforderte neue Qualität des Informations- und Wissensaustauschs vor allem mittelständischer Unternehmen ist bislang noch wenig untersucht, erfordert sie doch auch ein Umdenken in den Unternehmen weg vom Anbieter eines oder weniger Technologiekompetenzen hin zur echten Arbeitsteiligkeit auch in Vertrieb und Entwicklung von kompletten Systemen.

Die europäische Kommission hat die Problematik des bislang fehlenden Wissensmanagements speziell auch für die Nano- Mikrosystemtechnik erkannt und stellt in einem Roadmap-Entwurf für das spezifische Programm Nano Mikro Produktion im 7. Rahmenprogramm eine Vorgehensstrategie zum Aufbau einer Wissensbasierten Mikro und Nanoproduktion für die nächsten sieben Jahre vor [PEDE06].

7.3.3 Befragung südwestdeutscher Unternehmensnetzwerke im Makro-Maschinenbau zur Kooperationsqualität

Aufgrund der spezifischen Anforderungen der Mikrotechnologie an Aspekte der Entwicklung und des Marktzugangs liegt es nahe, zunächst in Erweiterung des Untersuchungsrahmens den Stand von Unternehmensnetzwerken aus dem Makrobereich zu analysieren, die dem Anspruch einer Kooperation mittelständischer Unternehmen genügen. Im Rahmen der vorliegenden Arbeit wurden im Jahr 2005 verschiedene Unternehmensnetzwerke hinsichtlich ihrer Einordnung zu Kooperationstypen befragt [SAL104]. Das Ergebnis ist in Abbildung 7-3 zusammengefasst:

Bewertungsgrößen \ Unternehmens-netzwerke ●	Mikro-WebFab	Virtuelle Fabrik Euregio Bodensee	ST.E.P.	Leipold	Putzmeister und Sika	Cytonet	PolyIC	Aerospace
Netzwerkzusammenstellung								
vollständig stabil	●	●	●	●	●	●	●	●
partiell stabil	●							
instabil								
Koordinationsrichtung								
hierarchisch	●	●	●	●	●	●	●	●
heterarchisch								
selbstorganisierend								
Kooperationsrichtung								
horizontal	●			●	●	●	●	●
vertikal	●	●	●					
diagonal								
Dauer								
strategisch	●	●	●	●	●	●		●
dynamisch							●	
kurzfristig								
Flexibilität								
hoch								
mittel	●							
gering		●	●	●	●	●	●	●
Bindungsintensität								
stark	●	●	●	●	●	●	●	●
mittel								
schwach								
Märkte								
hierarchisch		●	●	●				●
heterarchisch								
aufstrebend / spezialisiert	●				●	●	●	
Integrationsaufwand								
hoch	●	●	●	●	●	●	●	●
mittel								
gering								
Vertrauensbedarf								
hoch	●							
mittel				●		●	●	●
gering		●	●		●			
	Clan	Virtuelle Organisations-struktur	Virtuelle Organisations-struktur	Strategisches Netzwerk	Strategische Allianz	Joint Venture	Joint Venture	General-unternehmen

Abbildung 7-3 Einordnung von Unternehmensnetzwerken zu Kooperationstypen

7.3.4 Rechtsformen

Die Rechtsform einer Unternehmenskooperation stellt den formalen Rahmen für eine Zusammenarbeit dar. Die Wahl der Rechtsform wirkt sich operativ aufgrund der vorgegebenen Randbedingungen (z.B. kalkulatorischen Aspekten) direkt auf die Organisation und die zugehörigen Verwaltungsabläufe der Kooperation aus (z.B. Bilanzierung, Buchhaltung, Kalkulation).

Die direkte Auswahl einer geeigneten Rechtsformen (Abbildung 7-4) und deren Einfluss auf die Unternehmenskooperation spielen für die grundsätzliche Konzeption des IuW-Szenarios allerdings nur eine mittelbare Rolle, da sie letztlich nur ein Werkzeug zur Absicherung der für den gewählten Kooperationsgrad gewünschten Kooperationsstrukturen darstellen, über das Teile der

AKV in der Kooperation aus gesetzlicher Sicht abgegrenzt werden. Auf die Wechselwirkung der Rechtsformen mit der Ablauforganisation wird in [DICK06] näher eingegangen.

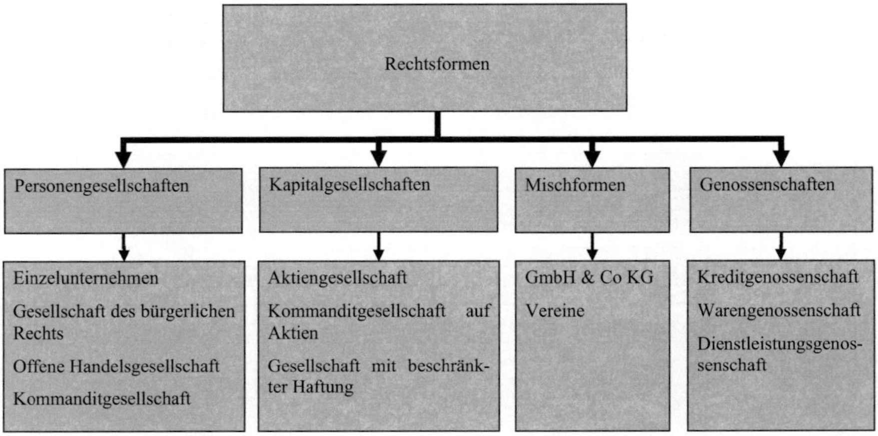

Abbildung 7-4 Rechtsformen für Unternehmenskooperationen

7.3.5 Prozesskategorien

Die Klassifizierung bezüglich der Organisationsebene erlaubt eine Betrachtung der verschiedenen vertikalen Ebenen in der Unternehmensorganisation [ENGE95].

Dabei sind durch Prozesszerlegung interorganisationale Prozesse auf Interfunktionale Prozesse, diese wiederum auf Interpersonale Prozesse und diese auf Stellenbezogene Prozesse zerlegbar (Tabelle 7-1).

Klasse	Beschreibung
Interorganisatorische Prozesse	Prozesse zwischen verschiedenen Organisationen
Interfunktionale Prozesse	Prozesse innerhalb einer Organisation aber zwischen verschiedenen Funktionsbereichen
Interpersonale Prozesse	Prozesse innerhalb eines Funktionsbereiches zwischen Mitarbeitern und Gruppen
Stellenbezogene Prozesse	Prozesse, die jeweils von einer Person vollständig bearbeitet werden kann

Tabelle 7-1 Prozesskategorien

Im Rahmen des kompletten Redesigns von ganzen Unternehmensprozessen (Kernprozessen) durch den BPR-Ansatz in Unternehmenskooperationen werden hauptsächlich interorganisationale und interfunktionale Prozesse betrachtet.

Eine solche Vorgehensweise ermöglicht die Beschreibung von Rollen ungeachtet der betrieblichen, oft personell zugeschnittenen Randbedingungen in den jeweils optimierten Organisationsstrukturen der Partnerunternehmen.

Klassifizierung bezüglich Wiederholungsgrad

Die Klassifizierung bezüglich des Widerholungsgrads erlaubt eine Gewichtung der Prozesse im Hinblick auf ihren Wiederholungsgrad (Tabelle 7-2).

Klasse	Beschreibung
Temporäre Prozesse	Prozesse mit geringem Wiederholungsgrad und hoher Varianz
Permanente Prozesse	Prozesse mit hoher Wiederholungsrate und geringer Varianz

Tabelle 7-2 Wirkungsgrad von Prozessen

Temporäre Prozesse haben eine hohe Varianz, d.h. eine große Anzahl möglicher Vorgehensweisen bzw. Abläufe und haben daher einen geringen Standardisierungsgrad. Temporäre Prozesse werden auch als Projekte bezeichnet.

Permanente Prozesse zeichnen sich dagegen durch eine niedrige Varianz und eine daraus resultierende hohe Standardisierung der Arbeitsabläufe aus. Permanente Prozesse werden auch als Routineprozesse bezeichnet.

Oft lassen sich temporäre Prozesse (niedrige Standardisierung) durch Prozesszerlegung in mehr oder weniger lose verknüpfte Ketten jeweils in sich stringente, permanente Prozesse (hohe Standardisierung) zerlegen, ein Ansatz, der im Konzept der Ablauforganisation der Unternehmenskooperationen noch Anwendung finden wird (Kapitel 3).

7.3.6 Alternative Vorgehensmodelle auf dem Gebiet der Softwareentwicklung

V-Modell

Das V-Modell ist der Entwicklungsstandard für IT-Systeme der deutschen Bundesbehörden. Das Modell ist sehr umfangreich und berücksichtigt neben dem (Software-) Entwicklungsprozess auch weitere Bereiche wie Projektmanagement, Qualitätsmanagement und Konfigurationsmanagement. Die Gesamtstruktur des V-Modells lässt sich zu der in Abbildung 7-5 vorgestellten Vorgehensweise zusammenfassen, wobei die Vorgehensweise von links oben nach rechts oben voranschreitet. Das Prinzip der Verfeinerung des Entwicklungsansatzes von Allgemein nach Speziell und von Design zur Implementierung ist auch in anderen Softwarearchitekturen wie zum Beispiel der Computer Integrated Manufacturing Referenzarchitektur CIMOSA [VERN96] zum Einsatz gekommen.

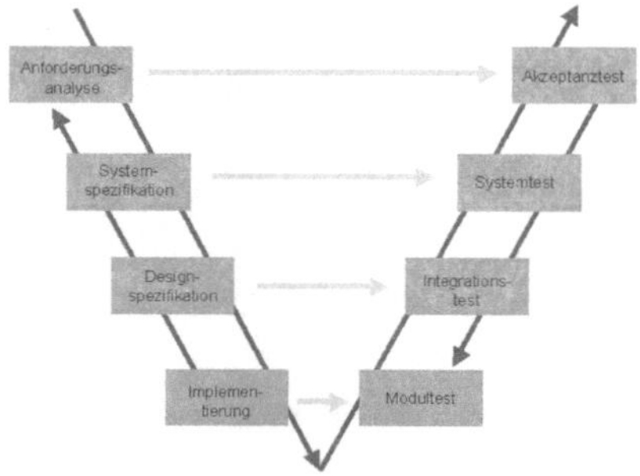

Abbildung 7-5 Das V-Modell der Softwareentwicklung

PRINCE 2 Modell

PRINCE 2 ist eine Projektmanagementmethode, deren Entwicklung ursprünglich von der englischen Regierung in Auftrag gegeben wurde. Inzwischen hat sie aber auch Verbreitung in vielen Unternehmen gefunden Der Vorteil liegt in einer sehr produktorientierten, geschäftsprozessorientierten Herangehensweise, die auch Aspekte des Qualitätsmanagements berücksichtigt (Abbildung 7-6). PRINCE 2 definiert sehr detailliert einen Projektmanagementansatz durch acht Kernprozesse mit jeweils bis zu acht Unterprozessen, sowie Werkzeugen zur Bearbeitung des Prozesses [GOVE02].

Auch auf dem Gebiet der verteilten (Makro-) Produktentwicklung wurden bereits Arbeiten vorgestellt, die sich mit Architekturen zur Unterstützung eines Produktentwicklungsprozesses, der Kostenabschätzung und deren Unterstützung durch betriebliche Standardsoftware beschäftigen [SCHK02].

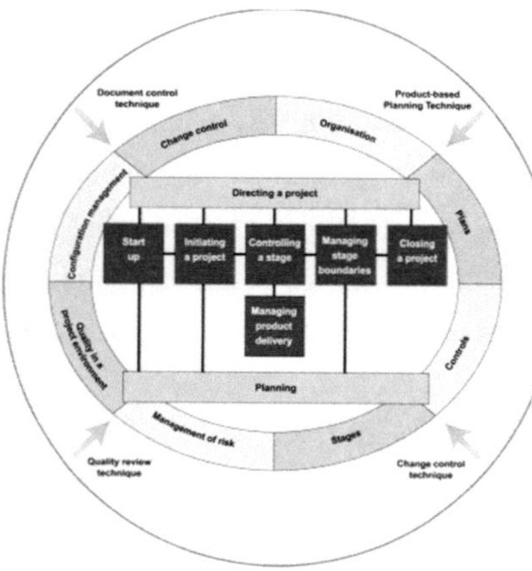

Abbildung 7-6 PRINCE2-Modell

"Supply-Chain Operations Reference"-Modell

Das *"Supply-Chain Operations Reference" (*SCOR) Modell wurde durch das Supply-Chain Council [SCCO02] als branchenübergreifendes Standardprozess-Referenzmodell für Supply Chain Management[23] entwickelt [GADA02]. Das Referenzmodell für überbetriebliche Logistikketten soll die Bildung von Zulieferketten erleichtern, bestehende Ketten analysieren und verbessern. Von einem Unternehmen ausgehend wird versucht, durchgängige und übergreifende Prozesse zu realisieren. Hierfür werden unter anderem Standardprozesse, Terminologien und auch Kennzahlen definiert, die gemeinsame Verwendung finden.

SCOR ist ein auf drei Ebenen aufgebautes Modell, wobei auf oberster (erster) Ebene fünf Prozesse definiert werden, die in den zwei folgenden Stufen weiter detailliert werden (Abbildung 7-7)

Die fünf unterschiedlichen Managementprozesse der ersten Ebene sind Plan (Planung), Source (Beschaffung), Make (Produktion), Deliver (Lieferung) und Return (Rückgabe). Hierbei wird nacheinander das Angebot auf die Nachfrage abgestimmt, die nötigen Ressourcen beschafft und die Waren nach ihrer Bearbeitung weitergeliefert. Im Falle, dass Waren zurückgegeben werden müssen tritt somit auch der fünfte Prozess, die Rückgabe, ein.

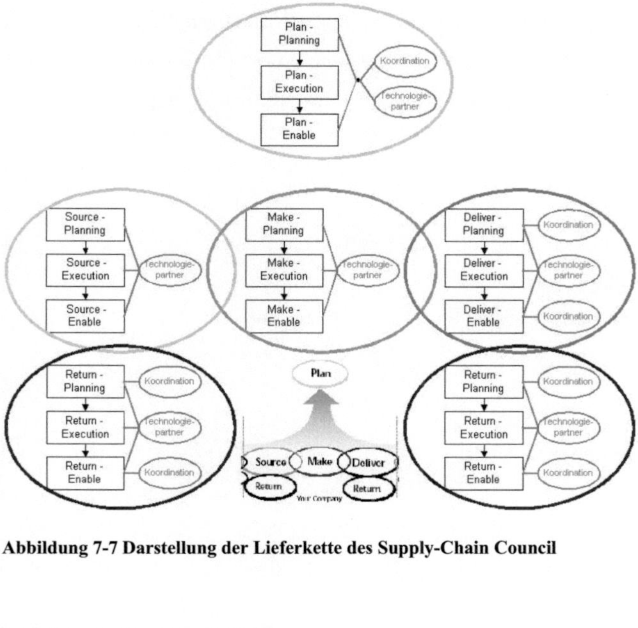

Abbildung 7-7 Darstellung der Lieferkette des Supply-Chain Council

[23]Bezeichnung für die computergestützte Abwicklung von Geschäftsprozessen zwischen Kunden und Lieferanten.

Auf zweiter Ebene werden in SCOR die Prozesstypen Planning (Planung), Execution (Ausführung) und Enable (Befähigung, Dokumentation, Schaffung von Grundlagen für nachfolgende Ausführungsprozesse) unterschieden. Mit ihnen werden die Managementprozesse der ersten Ebene in drei Phasen näher beschrieben. Kombiniert man diese Prozesstypen jeweils mit den Managementprozessen, so ergeben sich Prozesskategorien bzw. Prozessphasen, für die in der dritten Ebene von SCOR detaillierte Informationen bereitgestellt werden. In weiteren Stufen kann die Umsetzung der Prozesse näher beschrieben werden, dies gehört jedoch nicht mehr zum Umfang von SCOR.

7.3.7 Verteilung von Wissen im Unternehmen

Die Verstärkung der Wissensschaffung über mehrere Ebenen hinweg wird durch Wissensübertragung, die gezielte Förderung der Voraussetzungen und die kontinuierliche Schaffung von neuem Wissen erreicht. Wissen wird im Unternehmen dabei an den verschiedensten Stellen generiert.

Abbildung 7-8 zeigt das Ergebnis einer Befragung des Fraunhofer IZB 1998 bei 1000 Unternehmen in Deutschland [HEIS01]. Das Spektrum der Nennungen reicht vom Wissen über Märkte bis zum Fertigungswissen, wobei an erster Stelle der Nennungen die „Entwicklung von Produkten und Dienstleistungen" lag. Damit wird deutlich, dass das Entwicklungswissen in jedem Unternehmen einen wichtigen, für den dauerhaften Unternehmenserfolg darstellt.

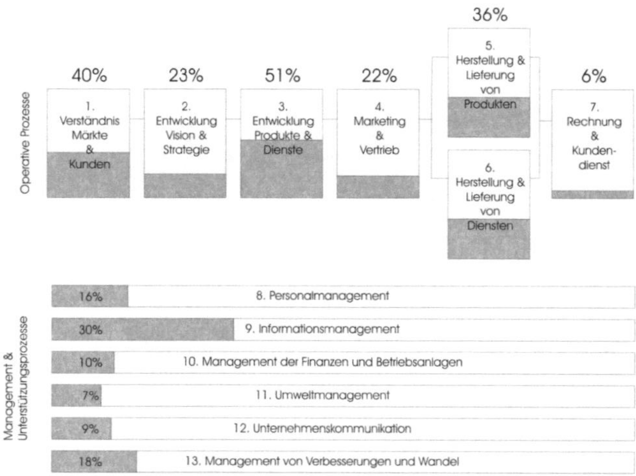

Abbildung 7-8 Wissensverteilung im Unternehmen [HEIS01]

Wissen durch Vernetzung von Informationen - Business Intelligence

Bezogen auf die IuW-Infrastruktur in der Unternehmenskooperation wird oft auch der Begriff der „Business Intelligence“ verwendet, dem der Gedanke der Integration der im Unternehmen vorhandenen Softwaresysteme mit dem Ziel der Schaffung von Synergien aus einer ganzheitlichen Betrachtung im Sinne von „Intelligenz“ zugrunde liegt [JENN01].

7.3.8 Verbundprojekte zum Thema Virtuelle Unternehmen

Nachfolgend werden einige der in den letzten Jahren auf diesem Gebiet durchgeführten, und im Rahmen wissenschaftlicher Begleitarbeiten besonders untersuchte Virtuelle Unternehmen aufgelistet und bewertet.

- KOMNET
  In diesem Verbundprojekt wurde ein Dienstleistungspaket erarbeitet und bereitgestellt, das insbesondere kleinen und mittelständischen Unternehmen das Agieren in Produktions- und Logistiknetzwerken erlaubt. Der KOMNET-Funktionsumfang lässt sich in einer dezentralen oder zentralen Lösung vollständig auf die einzelnen Partner eines Produktions-/Logistiknetzwerkes verteilen; ebenso ist aber, z. B. im Rahmen einer Konzentration auf die Kernkompetenzen, eine vollständige oder teilweise Verlagerung der einzelnen Geschäftsprozesse auf externe Dienstleister vorgesehen. KOMNET wurde im Rahmen eines Verbundes klein und mittelständischer Unternehmen aus der Luftfahrtindustrie gegründet. Basis für die Entwicklung war ein schon bei Projektbeginn bestehender relativ hoher Grad an Vertraulichkeit bei den Technologiepartnern [DANG98].

- VIPRO
  Die im Vorhaben erzielten Ergebnisse ermöglichen eine schnelle Vernetzung von räumlich verteilten Produktionssystemen, die ohne Einschränkung durch eine weit reichende Informationsbereitstellung für den Benutzer intuitiv beherrschbar sind. Dies wurde mit Hilfe von neu entwickelten, bereitgestellten Methoden und Werkzeugen zur Interaktion mit den Teilsystemen der Produktionssysteme sowie durch eine Bewertung der Vernetzung erreicht. Zudem wird die Planung, Inbetriebnahme und der laufende Betrieb von verteilten Produktionssystemen unterstützt. Die Arbeiten wurden nach Abschluss des Projekts im Rahmen eines Virtuellen Dienstleistungszentrums zusammengefasst [VIPR04].

- RP-NET.DE / Produktionsnetze

  Das RP-Net ist ein Netzwerk aus 43 Rapid Prototyping-Dienstleistern, die auf einer Internet-Plattform ihr komplettes Dienstleistungsspektrum anbieten. Gegenstand des Projekts war unter anderem die Realisierung eines integrierten Produktdaten- und Prozessmanagements in der virtuellen Fabrik. Zu untersuchen ist hierbei insbesondere, inwieweit der hier entwickelte Rapid Prototyping Ansatz zur Unterstützung der virtuellen Fertigentwicklung oder auch der Auftragsabwicklung/Auswahl von Technologiepartnern herangezogen werden kann. RP-Net ist ein für Technologiepartner offenes Marktplatz-Konzept, das grundsätzlich nach außen geöffnet ist [RPNE03].

- *IproNet*

  (Internetbasiertes Werkzeug zur unternehmensübergreifenden konfigurierbaren Unterstützung von produzierenden Unternehmen in Netzwerken)

  In dem Projekt iproNet sollen Methoden und internetbasierte Werkzeuge für die organisatorische und informationstechnische Beherrschung von partnerschaftlichen Produktionsnetzwerken entwickelt werden, mit denen Produktions-, Bestands- und Transportplanungssysteme gekoppelt und parallelisiert werden können. Der Ansatz berücksichtigt insbesondere, dass beiden Partnern unterschiedliche DV-Systeme eingesetzt werden, die flexibel ohne Änderungen an deren Systemkern effizient in das vorgeschlagene Lösungskonzept eingebunden werden sollen [IPRO04]

- *Kompetenznetzwerke*

  Aus einer Leituntersuchung des BMWI hervorgegangen, wurden in der Projektphase Verbesserungspotentiale, die durch Kooperations- und Wissensmanagement-Prozesse entlang der Wertschöpfungskette produzierender Unternehmen in Kompetenznetzwerken erreichbar sind, ermittelt. Mit dem Fokus auf dem Wertschöpfungs- und Wissenskreislauf wurde der gesamte Produktprozess an Hand von unterschiedlichen Netzwerktypen im Kontext des Umgangs mit Wissen und Innovation untersucht. Ergebnis des Projekts ist unter anderem der Aufbau des Portals Kompetenznetze.de, in dem Forschungsergebnisse auf dem Gebiet der Unternehmenskooperationen aber auch eine Auflistung deutscher Forschungs- und Industrienetzwerke aus verschiedensten Branchen präsentiert wird [KOMP06].

- *Virtuelles Entwicklungszentrum*

  Ziel des Verbundprojekts war es, ein auf Dauer angelegtes Kooperationsmodell gemeinsamer Entwicklungsprojekte von Wettbewerbern der Faltschachtelindustrie zu entwickeln. Ergebnis des Projekts war es die in diesem Rahmen entwickelten Methoden, wie

Schulungsmaßnahmen und Checklisten für andere interessierte Unternehmen zugänglich machen. Interessant ist dabei, inwieweit die erarbeiteten Unterlagen zum Teilaspekt „Kooperation von Wettbewerbern“ als Vorlage für den Wettbewerb der Technologiepartner innerhalb des virtuellen Unternehmens herangezogen werden können.

- *iVip*

  Als einziger ganzheitlicher Ansatz in der Realisierungsphase zur vollständigen Erfassung aller Aspekte der Abbildung von Prozessen des Produktenstehungs- und Produktfertigungsprozesses ist das BMBF Verbundprojekt iVip bekannt. Das Projekt hatte zum Ziel, das Rahmenwerk für einen informationstechnisch durchgängigen Produktentstehungsprozess zu schaffen. Ziel ist hier ebenfalls ein Forschungs-, Entwicklungs- und Vertriebsnetzwerk, so dass iVip dem Grundgedanken einer integrierenden Plattform sehr nahe kommt. Die Zielsetzung des Projekts lässt aber auf eine Ausrichtung auf Makro-Fertigungstechnologien schließen bzw. liegt der Fokus auf der Fertigung komplexer Baugruppen. Zudem ist die Zielsetzung stark auf die Anforderungen der am Projekt teilnehmenden Großindustrie ausgerichtet [IVIP02].

7.3.9 Organisational Learning

Wissensmanagement beinhaltet noch einen weiteren unternehmensrelevanten Aspekt, der gerade in der Mikrosystemtechnik für Unternehmen ein großes Problem darstellt [IVAM04] Das Lernen -im Sinne des sich Weiter Qualifizierens- jedes Einzelnen in einer Organisation entscheidet nicht nur im naheliegenden Bereich der Entwicklung sondern vor allem auch im Bereich der Fertigung über Qualität und Reproduzierbarkeit der Ergebnisse

Der Begriff der „lernenden Organisation“ wird in der Forschung von den Fachgebieten Unternehmensentwicklung bzw. der Arbeitsorganisation geprägt. Begriff prägend war hier Peter Senge, der am MIT erstmals den Begriff verwendete [SENG94] Abgeleitet hiervon können zwei Lernarten im Unternehmen unterschieden werden

Als „lernende Organisation“ wird ein Unternehmen bezeichnet, das in der Lage ist, den sich ständig verändernden Umweltanforderungen durch geeignete Anpassungen im Inneren der Organisation zu begegnen. In einer lernenden Organisation sind die Menschen in der Lage, sich ständig weiterzuentwickeln. Insbesondere sind Formen der Arbeitsorganisation nicht starr und endgültig, sondern so flexibel, dass die angebotenen Produkte oder Dienstleistungen ständig optimiert werden können.

Elemente des organisationalen Lernens sind:

- Personal Mastery (~innere Selbstführung)
- Denkmodelle,
- Gemeinsame Visionen,
- Teamlernen und
- Systemdenken.

Organisationales Lernen ist geprägt durch ein Informations- und Wissensmanagement, das es der Organisation erlaubt, das kollektiv erzeugte Systemwissen zu erfassen, wiederverwertbar zu machen und somit flexibel auf sich ändernde Anforderungen des Marktes zu reagieren.

Aus der Beantwortung von Fragestellungen, wie der Prozess im Unternehmen zur Intensivierung der Zusammenarbeit zwischen den Partnern in einer Unternehmenskooperation, aber auch an der Schnittstelle zum Kunden eingesetzt werden kann, lassen sich Rückschlüsse auf die Art und Detaillierung des Wissenstransfers ziehen, der als eigenständiger Begleitprozess des ganzheitlichen Wissensmanagements die Anwendbarkeit und Intuitivität der Lösungen sicherstellen muss[JAEK06].

7.3.10 Explizites versus implizites Wissen – die Wissensspirale

Hayek lenkte als einer der ersten die Aufmerksamkeit auf die Begriffe implizites bzw. kontextspezifisches Wissen. und explizites Wissen (z.B. naturwissenschaftliches Wissen in Form allgemeiner Regeln) [POLA58].

Wissen kann explizierbar sein bzw. werden, wenn es aus Informationen besteht, die kategorisierbar, verbalisierbar, abrufbar und damit auch speicherbar sind. Solches Wissen ist z.B. in technischen Handbüchern und Verfahrens-/Qualitätsdokumentationen enthalten und lässt sich formal, das heißt in grammatikalischen Sätzen, mathematischen Ausdrücken, technischen Daten und dergleichen artikulieren. Diese Form des Wissens kann problemlos von einem Menschen zum anderen weitergegeben werden, aber auch genauso problemlos mit Datenverarbeitungswerkzeugen bearbeitet, elektronisch weitergegeben und in Datenbanken abgelegt und wieder abgerufen werden.

Zeitliche und räumliche Umstände, deren Veränderung den relativen Wissensvorsprung des Individuums ständig neu festlegen macht aus dem expliziten Wissen implizites Wissen. Unter „implizitem Wissen“ wird dabei solches Wissen definiert, das nicht bewusst angeeignet wird. Oft zeigt sich das implizite Wissen nur in habitualisierten (gewohnheitsmäßigen) Vorgehensweisen, die intuitiv und kontextsensitiv angewandt werden. Solche „intuitive“ Handlungen als

Wissen gar nicht mehr bewusst und entziehen sich daher auch dem formalen sprachlichen Ausdruck. Denn das implizite Wissen ist tief verankert in der Tätigkeit und der Erfahrung des einzelnen sowie in seinen Idealen, Werten und Gefühlen. Schwer fassbare Faktoren wie persönliche Überzeugungen, Perspektiven, Ahnungen, Einfälle und Intuition fallen in diese Wissenskategorie. Implizites Wissen ist somit persönliches Wissen.

Damit ist das explizite Wissen nur die „Spitze eines Eisbergs“, das implizit vorhandene Wissen nimmt einen weit größeren und oft auch wichtigeren Platz ein.

Das implizite Wissen kennt dabei zwei Dimensionen: Zum einen 'technische' Fertigkeiten, die mit dem Begriff "Know-How" recht gut wiedergegeben werden können. Und zum anderen kognitive (also auf Erkenntnissen beruhende) Fertigkeiten, die unsere Wirklichkeitsauffassung (was ist) und unsere Zukunftsvision (was sein sollte) widerspiegelt.

Der subjektive und intuitive Charakter des impliziten Wissens steht einer direkten systematischen und logischen Bearbeitung und Weitergabe von erworbenem Wissen im Wege. Es kann nur vage, z.B. durch Metaphern, Analogien oder Modelle explizit gemacht werden – Wissen wird „geschaffen“. Tabelle 7-3 Implizites und explizites Wissen grenzt das implizite Wissen gegen das explizite Wissen ab:

Implizites Wissen (subjektiv)	**Explizites Wissen (objektiv)**
Erfahrungswissen (Körper)	Verstandeswissen (Geist)
Gleichzeitiges Wissen (hier und jetzt)	Sequentielles Wissen (da und damals)
Analoges Wissen (Praxis)	Digitales Wissen (Theorie)

Tabelle 7-3 Implizites und explizites Wissen

7.3.11 Anbieter integrierter Software-Produktentwicklungsumgebungen im Bereich der Mikroelektronik und MEMS

- CoventorWare

  Die MEMS Software CoventorWare der Firma Coventor ist ein in der Silizium MST eingeführtes Softwareprodukt für die CAD/CAM Planung von mechanischen/elektronischen Mikrosystemen in den Feldern RF Mems, Mikrofluidik, Sensordesign, und optische MEMS, die den Anforderungen an ein fertigungsorientiertes „Wissensmanagement“ schon recht gut genügt. Hauptrichtung des Werkzeugs ist die Modellierung, Simulation und Fertigungsplanung von Si-basierten Mikrosystemen anhand von geometrischen Grundformen. In einem Whitepaper stellt Coventor entsprechende Ansätze mit dem Ziel einer Standardisierung vor [COVE03]. In diesem Whitepaper wird auf die Standardisierung von MEMS Materialien unter dem Aspekt der Geometrie, Primärmaterialeigenschaften und Nachhaltigkeitseigenschaften eingegangen,

- Intellisuite
  Die Software Intellisuite der Firma Intellisense [INTE06] basiert im Wesentlichen auf Bauteilbibliotheken, Bibliotheken zu Gestaltungsrichtlinien in Kombination mit analytischen Ansätzen zur technischen und ökonomischen Bewertung von MEMS - Prozessen. Hinzu kommt noch ein Ansatz zur Projektvorgehensmethodik, der auf dem bereits vorgestellten „Pretzel"-Modell basiert (Kap 2.3).

- SoftMEMS
  Auch das dritte Softwarewerkzeug SoftMEMS der gleichnamigen Firma [SOFT06] (ehemals Memscap) zur Modellierung und Optimierung von MEMS Bauteilen basiert auf der Kombination eines CAD/CAM Ansatzes für MEMS. Schwerpunkt sind bei diesem Programm Mikroelektronische Anwendungen bis hin zum Packaging (Verpackung) mikroelelektronischer Komponenten.

7.3.12 Kommunikation und Kommunikationssysteme

Es werden folgende Typen von Kommunikation unterschieden [NIED04].:

- Klassifizierung nach Zeit / Klassifizierung nach Raum
- Synchrone Kommunikation / Asynchrone Kommunikation

Klassifizierung nach Zeit

- *Synchrone Kommunikation* ist Kommunikation in „Echtzeit". Elektronische Informationen werden in einer Gruppe gleichzeitig ausgetauscht, verwaltet und gemeinsam bearbeitet.
  Allen Mitgliedern stehen alle elektronischen Informationen sofort und gleichzeitig zur Verfügung. Ändert z.B. ein Mitglied eine Information, wird diese Änderung allen Mitgliedern sofort und gleichzeitig bekannt gegeben.
  Es ist mittels synchroner Kommunikation den einzelnen Mitgliedern also möglich, gemeinsam und zeitgleich an ein und derselben Information zu arbeiten.
  Ein Beispiel für die internetbasierte synchrone Kommunikation ist ein Internet Relay Chat (IRC) Client-Server System. Die von einem IRC-Clienten geschriebenen (gesendeten) Nachrichten werden sofort zeitgleich von allen anderen IRC-Clienten gelesen (empfangen). Diese können somit sofort auf die empfangenen Nachrichten reagieren.

- *Asynchrone Kommunikation* beschreibt im Gegensatz dazu die Kommunikation, die nicht in Echtzeit stattfindet, d.h. bei der keine direkte Interaktion zwischen den kommunizierenden Parteien stattfindet.
  Zwar stehen auch hier alle elektronischen Informationen allen Mitgliedern einer Gruppe zur Verfügung, jedoch findet die Kommunikation mit einer beliebigen Zeitverzögerung statt. Ändert z.B. ein Mitglied eine Information, wird die geänderte Information erst nach einer Zeitverzögerung den anderen Mitgliedern bekannt.
  Ein Beispiel für die Verwendung asynchroner Kommunikation sind die Newsgroups des Usenets (s.[ANDR93]). Es wird ein Artikel in eine Newsgroup geschrieben. Erst nachdem der Schreibvorgang vollständig beendet ist und der Artikel in die Newsgroup gestellt wurde, erscheint er dort und kann dann von anderen Mitgliedern der Newsgroup gelesen werden.
  Die beiden voranstehend genannten Typen werden in einer Unternehmenskooperation einzeln benutzt. Oft werden die Vorteile beider Kommunikationsarbeiten miteinander verknüpft.

- Die synchrone Kommunikation kann dann verwendet werden, wenn eine Zeitverzögerung im Informationsfluss nicht tolerabel ist, wie z.B. in einer Echtzeitkonferenz via Internet.

Die asynchrone Kommunikation bietet sich an, wenn Mitglieder einer Gruppe z.B. gemeinsam an einem Arbeitsdokument arbeiten, dabei aber nicht in Echtzeit miteinander kommunizieren müssen.

Klassifizierung nach Raum

Die verteilte Produktentwicklung ist ein kommunikationsintensiver Prozess. Entgegen vieler anderer Abläufe ist hier das Maß an Virtualisierungsmöglichkeiten begrenzt.

Bei komplexen Aufgaben wie dem Projektanstoß werden fast ausschließlich Face-to-Face-Konversationen genutzt. Bei zeitunkritischen, interdisziplinären, klar definierten technischen Problemen können zum Beispiel Videokonferenzräume eingesetzt werden. Abbildung 7-9 zeigt Beispiele für diese Unterscheidung nach Zeit und Raum:

Zeit → / Ort ↓	**gleichzeitig**	**ungleichzeitig**
gemeinsam	trad. Konferenz	Zeichnung
getrennt	Telefonkonferenz	E-Mail

Ort

Abbildung 7-9 Klassifizierung nach Raum und Zeit

Kommunikationsrichtungen

Die Kommunikation der Mitglieder einer oder mehrerer Gruppen kann verschiedene Richtungen verwenden. Es kann sowohl einen als auch mehrere Sender und einen oder mehrere Empfänger einer elektronischen Information geben.

Die einzelnen Kommunikationsrichtungen lassen sich dann entweder als uni- oder als bidirektional bezeichnen. Unidirektional bezeichnet hierbei die Funktionalität des *Nur-Empfangen* oder *Nur-Senden*, während Bidirektionalität die Funktionalität des Sendens und Empfangens beschreibt. Die Kommunikationsrichtungen gliedern sich in die folgenden vier Möglichkeiten:

- 1:1

  Es gibt genau einen Sender und einen Empfänger der elektronischen Information. Als Beispiel ist hier eine Echtzeit-Online Videokonferenz mit zwei Teilnehmern vorstellbar, wobei beide Teilnehmer im Wechsel als Sender und Empfänger arbeiten. Ein weiteres Beispiel ist ein E-Mail-System, wo genau ein Teilnehmer eine Nachricht an genau einen Teilnehmer sendet.

- 1:n

  Es gibt genau einen Sender, aber n verschiedene Empfänger der elektronischen Information. Ein Beispiel ist die Versendung einer Nachricht an alle Mitglieder einer Gruppe, wie das in Bulletin Board Systemen möglich ist.

- m:n

  Es gibt m verschiedene Sender und n verschiedene Empfänger der elektronischen Informationen. Ein Beispiel sind die verschiedenen Newsgroups, die n Leser und m Schreiber von Artikeln haben.

- m:1

  Es gibt m verschiedene Sender, aber nur genau einen Empfänger der elektronischen Informationen. Ein System mit dieser Kommunikationsrichtung ist nicht sinnvoll; es kann nur als eine Untermenge der obigen Systeme realisiert werden. Aus diesem Grund gibt es kein praktisches System, welches diese Kommunikationsrichtung ausschließlich verwendet.

Abbildung 7-10 zeigt Beispiele für diese Unterscheidung nach Richtung und Art:

		Richtung		
		1:1	1:n	m:n
Art	synchron	Telefongespräch	Fernsehanlage	Telefonkonferenz
	asynchron	E-Mail	Mitteilung	Newsgroups

Abbildung 7-10 Kommunikation nach Richtung und Art

Kommunikation bildet die Basis einer erfolgreichen Unternehmenskooperation. Erweitert um eine bedarfsgerechte Auswahl von Informationswerkzeugen wird daraus eine effiziente Kooperation.

7.3.13 Methoden und Protokolle zum Datenaustausch

Anhang 7.3.13 gibt einen Überblick über aktuelle Technologien und Methoden im Bereich des Datenaustauschs

- Remote Data Access (RDA)

  Unter dem Begriff RDA wird ein Datenprotokoll verstanden, mit dem der Zugriff auf eine unabhängig vom jeweiligen Anwendungssystem geführte Datenhaltung ermöglicht wird. Dabei bedient sich der RDA einer standardisierten Abfragesprache wie der Structured Query Language (SQL). Die bekannteste Form des RDA stellt die Open Database Connectivity Schnittstelle (ODBC) (siehe 2.2 Datenzugriff) dar.

- Remote Procedure Call (RPC)

  Diese Technik bildet die Grundlage aller Client-Server-Systeme, mit deren Hilfe Funktionen aus anderen Programmsystemen heraus aufgerufen werden können. Dabei erfolgt ein RPC auf einem Client(-Computer), der auf einem Server(-Computer) ausgeführt wird und somit über ein Netzwerk erfolgen kann - im Gegensatz zu einer Funktion, die dynamisch in eine lokale Programmbibliothek gebunden ist. Durch RPC ist eine synchrone Kommunikation möglich.

- Distributed Transaction Processing (DTP)

  Das Distributed Transaction Processing ist mit dem RPC vergleichbar, allerdings werden hierbei vollständige Transaktionen betrachtet. Bei Transaktionen in verteilten Anwendungsumgebungen müssen komplexe Anforderungen erfüllt werden wie z. B. das Einhalten des ACID-Paradigmas [KEMP01] (Atomicity, Consitency, Isolation und Durability), das die wesentlichen Eigenschaften des Transaktionskonzeptes beschreibt.

- DCOM und RMI

  Technologien wie DCOM oder Remote Method Invocation (RMI), die einen ähnlichen Integrationsansatz verfolgen, können sich aber im heterogenen Anwendungsumfeld durch ihren eingeschränkten Einsatz (fehlende Standardisierung) nicht als Technologie für unternehmensweite und –übergreifende Integration behaupten. Während RMI mit der Programmiersprache Java gekoppelt ist, kann DCOM fast nur auf Windows-Systemen eingesetzt werden [KLAG03].

- Object Middleware

  Bei der Object Middleware rufen Clients Funktionen über Objekte auf. Entsprechende Standards wie die Common Object Request Broker Architecture (CORBA) (siehe 2.2.3 Datenzugriff) berücksichtigen die konstituierenden Prinzipien der Objekttechnologie (Kapselung, Polymorphismus und Vererbung) und sehen die Implementierung der Kommunikation über einen sog. Object Request Broker (ORB) vor.

- Message Oriented Middleware (MOM)

  MOM basiert auf dem Austausch von Nachrichten. Während bei RPC nur eine synchrone Kommunikation möglich ist, kann mit Hilfe der MOM-Technik auch asynchrone Kommunikation realisiert werden. Hierzu werden sog. Message Queues aufgebaut, die auch beim Ausfall eines Netzwerkes die Verarbeitung garantieren. Weiterhin wird durch die Asynchronität die aufrufende Anwendung bis zum Empfang der Nachricht nicht blockiert, wenn die MOM-Schnittstelle [KAIB02] aufgerufen wird.

- Component Middleware

  Komponentenorientierte Middleware berücksichtigt sowohl objektorientierte Konzepte als auch Internetstandards. Dabei können die Komponenten, die integriert werden, durchaus Standardsoftware oder Altsysteme sein, die in nicht-objektorientierten Sprachen entwickelt wurden. Die zwei bekanntesten Architekturvarianten in diesem Bereich sind die Implementierungen der Enterprise Java Beans sowie das Distributed Component Object Model (DCOM/COM) von Microsoft (siehe 2.2.3 Datenzugriff).

- Datenkopplung von Datenbanken

  Bei der Datenintegrität wird jedoch nicht ausgeschlossen, dass die einzelnen Systeme zusätzlich eine lokale Datenbank nutzen. Wird ein flexibler Zugriff auf eine Vielzahl von Datenbanken durch die Verwendung eines einheitlichen konzeptuellen Datenschemas im Sinne einer virtuellen Datenbank realisiert, so spricht man von föderierten Datenbanken. Doch während bei der echten Integration Mechanismen zur Transaktionsverwaltung, Mehrbenutzersynchronisation und Zugriffskontrolle mehr gefragt sind, müssen bei der Datenkopplung folgende Fragen bezüglich der Schnittstelle geklärt werden [FISC99]:

- „Welche Datenformate können exportiert bzw. importiert werden?
- Muss eine Umsetzung von Datenformaten erfolgen und – wenn ja – wie wird die Konvertierung vorgenommen?
- Wie erfolgt der Datentransport von der Export- zur Importschnittstelle (gemeinsames Dateisystem, Netzwerk, Datenträger)?

- Sind Schutzvorkehrungen für die Daten zu treffen (Schutz vor unbefugtem Zugriff durch Verschlüsselung)?“
- Die Datenkopplung hat gegenüber der echten Integration einen wesentlichen Nachteil: müssen mehr als zwei DV-Applikationen miteinander gekoppelt werden, so sind bei n Applikationen n(n-1) Schnittstellen notwendig, die aufgebaut, verwaltet und bei jeder Änderung angepasst werden müssen (chaotische Schnittstellenlandschaft). Ein solches „Schnittstellensystem“ kann dabei durch ein verteiltes Datenverwaltungssystem oder durch eine sog. zentrale Austauschplattform unterstützt werden.

7.4 Ergänzende Softwarewerkezuge für den MikroWebFab Prototyp

Im Rahmen der vorliegenden Arbeit wurden in Kapitel 0 insbesondere die Werkzeuge vorgestellt, die sowohl der Anforderung einer verteilten Kooperation als auch den Anforderungen eines Mikrosystemtechnik-Netzwerks genügen. Im Rahmen des MikroWebFab Prototyps wurden darüber hinaus noch folgende Werkzeuge seitens der Koordination genutzt.

7.4.1 Mindmaps

Insbesondere in einer verteilten Zusammenarbeit ist darauf zu achten, dass auch lose verknüpfte Informationen klar und übersichtlich aufbereitet zur Verfügung stehen. Netzartige Strukturen haben sich dazu seit einigen Jahren durchgesetzt. Dazu gehören neben der textorientierten Darstellung (z.B. in Form von Hyperlinks) vor allem grafische Darstellungen von einfachen inhaltlichen Zusammenhängen zwischen Informationen bzw. Informationsobjekten. An die Knoten der Netzstrukturen können dabei einzelne Daten, Textnotizen, Grafiken oder Hyperlinks angehängt werden. Anwendung finden diese Werkzeuge zur Strukturierung z.B. entlang der Qualitätsdokumentation (Abbildung 7-10).

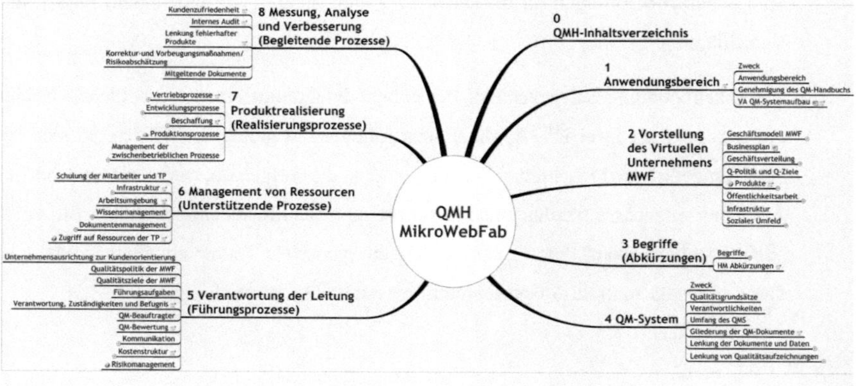

Abbildung 7-11 Mindmap zum Qualitätsmanagementsystem der MikroWebFab

Bei der Beschreibung komplexerer technologischer Zusammenhänge in der Mikrosystemtechnik oder aber auch der geschäftsprozessorientierten Erfassung von Informationen zur Dokumentation von Geschäftsprozessen sind solche zweidimensionalen Darstellungen allerdings nicht ausreichend.

7.4.2 Modellierung von Fertigungsprozessen mit ARIS

Die Modellierung von Fertigungsprozessen erleichtert die Analyse von betriebswirtschaftlichen Schwachstellen bzw. die Dokumentation von technologischen Abhängigkeiten. Das im Prototyp eingesetzte ARIS Toolset ermöglicht die vollständige Beschreibung von Unternehmensprozessen mit Hilfe von Vorgängen, Ereignissen, Zuständen, Bearbeitern, Organisationseinheiten und Ressourcen.

ARIS basiert auf den von Scheer [SCHE02] entwickelten ereignisgesteuerten Prozessketten auf. Bei ereignisgesteuerten Prozessketten werden Prozessschritte als Abfolge von Funktionen dargestellt, die sich zum Beispiel durch Funktionsbäume gliedern lassen. Ereignisse sind dabei entweder Vorbedingungen von Funktionen oder Konsequenzen aus diesen. Funktionsbäume realisieren dabei die hierarchische Gliederung einer betriebswirtschaftlichen (fachlichen) Aufgabe. So lassen sich mit Hilfe eines Funktionsbaumes im ARIS Toolset komplexe Funktionen bis auf Elementarfunktionen, die wirtschaftlich nicht mehr sinnvoll zerlegbar sind, untergliedern. Hierbei wird zwischen objekt-, prozess- und verrichtungsorientierten Funktionsbäumen unterschieden. Funktionen, die unterschiedliche Verrichtungen beschreiben, aber alle am gleichen Objekt ausgeführt werden, können nach dem objektorientierten Prinzip angeordnet werden. Ist eine Funktion den anderen in einem Prozess übergeordnet und unabhängig von einem zu bearbeitenden Objekt, so spricht man vom prozessorientierten Funktionsbaum. Übergeordnete verrichtungsorientierte Funktionen setzen sich aus der gleichen Verrichtung zusammen, jedoch immer an anderen Objekten (z. B. Auftrag ändern, Produktionsplan ändern oder Personaleinsatzplan ändern).

Ereignisse (visualisiert durch Sechsecke) zeigen das Ergebnis der Zustandsänderung von Informationsobjekten auf. Sie können Funktionen auslösen, aber auch Ergebnisse von solchen sein. Ereignisse haben keine Entscheidungskompetenz und keinen Schaltmechanismus, weshalb für komplexere Aufgabenstellungen logische Operatoren notwendig sind.

ARIS Konfiguration im MikroWebFab Szenario

Im ProWiDa Gesamtszenario übernimmt ARIS die Funktion der Modellierung der Fertigungsprozesse. Auch in ARIS ist dazu zunächst eine Strukturierung der in Form von Funktionen modellierten Verfahren nötig. Die folgende Abbildung 7-12 zeigt beispielhaft den Funktionsbaum der Fertigungsverfahren der Hauptgruppe Beschichten gemäß der dem ProWiDa Szenario zugrunde liegenden E DIN 8580.

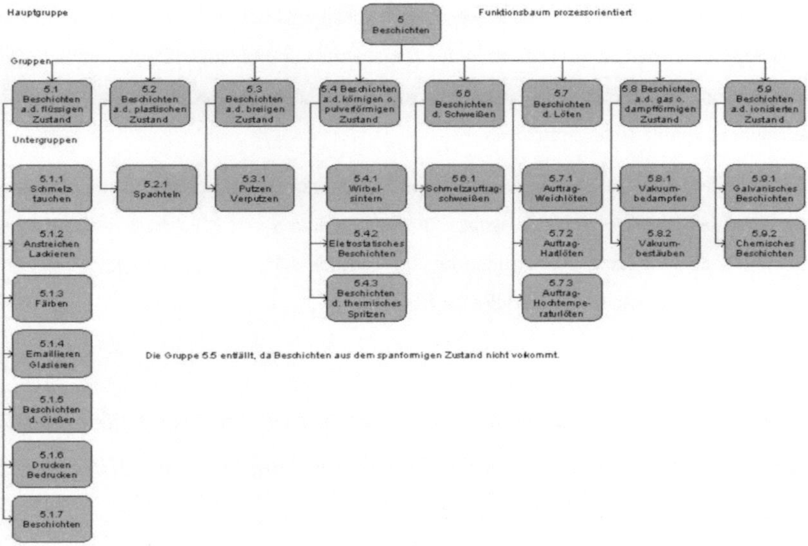

Abbildung 7-12 Implementierung eines an die DIN 8560 angelehnten, prozessorientierten Funktionsbaum im ARIS Toolset

Die eigentliche Funktion von ARIS besteht aber in der Speicherung des MST Prozesswissens durch die Modellierung der MST-Prozessketten. Abbildung 7-13 zeigt schematisch ein Beispiel für die Modellierung von Fügealternativen (XOR) zur Deckelung während der Herstellung eines mikrofluidischen Chips mit Hilfe der EPK-Methodik.

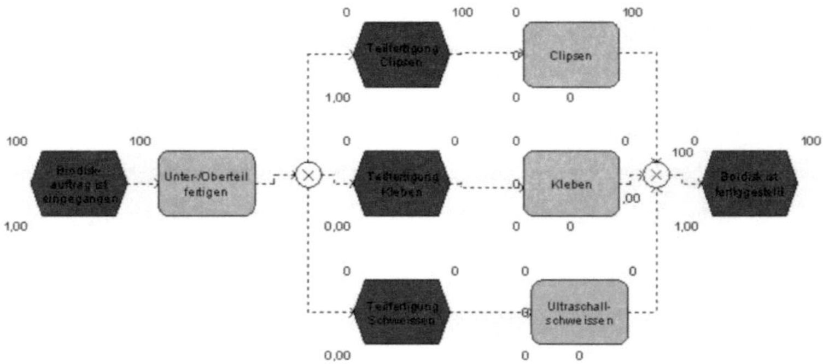

Abbildung 7-13 Modellierung von Verfahrensvarianten des Deckelungs-Prozessschritts in ARIS

Deutliche Einschränkungen ergeben sich aufgrund der betriebswirtschaftlichen Ausrichtung des Werkzeugs bei der Modellierung und Simulation von technischen Abläufen.

So ist es zum Beispiel aufgrund der Limitierung des Systems auf die Abfrage von zehn Regeln nur eingeschränkt möglich, zusätzliche technische Abhängigkeiten zwischen den Prozessschritten zu hinterlegen. Auch ist die Definition von Regeln nur mit großem Aufwand möglich. Daher findet ARIS im MikroWebFab Szenario primär Anwendung als Modellierungswerkzeug zur Dokumentation von Fertigungsprozessen.

Für die Modellierung von Prozessalternativen im Sinne einer Dokumentation von Verfahrensalternativen ist das Konzept somit geeignet. Für die Simulation von Mikrosystem-Prozessketten sind zukünftig aber Ansätze erforderlich, die eine deutlich darüber hinausgehende Analyse der prozessschrittübergreifenden Abhängigkeiten benötigen.

7.5 Prototpyische Umsetzung einer verteilten Auftragssteuerung für mittelständische Unternehmensnetzwerke in der Betriebsphase mit Hilfe der INFOR.COM-Applikationsserverfarm

Im Rahmen des Verbundprojekts MikroWebFab wurde aufgrund der in dieser Arbeit vorgestellten Anforderungen prototypisch ein Auftragssteuerungskonzept realisiert, das für die Start- und Aufbauphase der Kooperation eine weitgehend autonome Planung und Steuerung der Produktionsprozesse vorsieht. Damit ist jedes Partnerunternehmen selbst dafür verantwortlich, die terminliche Abwicklung im Rahmen der vereinbarten Lieferterminzusagen einzuhalten.

Für die Unternehmenskooperation sind bei der konzeptionellen Bearbeitung daher zunächst wichtige auf die Konfiguration des Gesamtsystems bezogene Fragestellungen zu klären:

- Welche Kapazitäten und Ressourcen in den Unternehmen sind für die Kooperation verfügbar (grundsätzliche Verfügbarkeit der Betriebsmittel, Ressourcen- und Kapazitätsplanung)? Stellen die Unternehmen nur einen geringen Teil ihrer Fertigungskapazitäten zur Verfügung?
- Wie groß ist die Produktpalette? Existieren wie im Fall des angenommenen Geschäftsmodells nur Sonderanfertigungen, so kann auf einen ausgeprägten Abgleich eines gemeinsamen Lager- und Warenwirtschaftssystems verzichtet werden

In diesem Kontext stellen sich Fragen zur Ermittlung des Mengengerüsts (Anzahl der Aufträge pro Planungsperiode, zulässige Auftragstypen, etc.)

- Wieviele Standorte und Lagerplätze gibt es?
- Welche Planungs- und Steuerungsstrategien kommen zum Einsatz?

Zur Unterstützung der Skalierbarkeit wurde von der Firma Infor Business Solutions auf der Basis einer Applikationsserverlösung das ERP-System infor.com 6.1 an die Bedürfnisse der Unternehmenskooperation angepasst.

Bei dieser Lösung können flexibel -zentral auf einem Server installierte oder auch dezentral bei den Partnern installierte Instanzen der Software so miteinander verknüpft werden, dass ein reibungsloser Austausch relevanter Daten mit dem Leitsystem gegeben ist.

Jeder Technologiepartner besitzt eine eigene Instanz des ERP-Systems, die zusammen mit den Instanzen der anderen Technologiepartner und einer zentralen Instanz auf einem Applikationsserver installiert ist. Die Technologie-Instanzen tauschen auftragsbezogene Daten, wie Angebote, Bestellungen, Liefernachweise und Fertigungsstati über das Modul infor.connect aus, das auf der Basis einer *Datenbank zu Datenbank* Kommunikation arbeitet [ARLT03] (Abbildung 7-14). Je nach Entwicklungsphase der Kooperation ist dabei eine Skalierung der Integrationsstufe bei den Partnerunternehmen von der manuellen Eingabe von auftragsbezogenen Daten bis hin zum vollständigen Datenaustausch mit den lokalen ERP-System der Partner bzw. dessen Ersatz durch eine einheitliche Software denkbar, wenn auch aus Kostengründen unwahrscheinlich.

Mit dem Erreichen einer Mindestauftragsmenge, die eine Automatisierung auch der Fertigungsdatenerfassung rechtfertigt, ist eine weitgehende Automatisierung der Produktionsdatenerfassung und der Erfassung der Warenströme möglich, wie sie zum Beispiel von Infor bei der Kopplung mit MES Systemen angeboten wird [HUTT03].

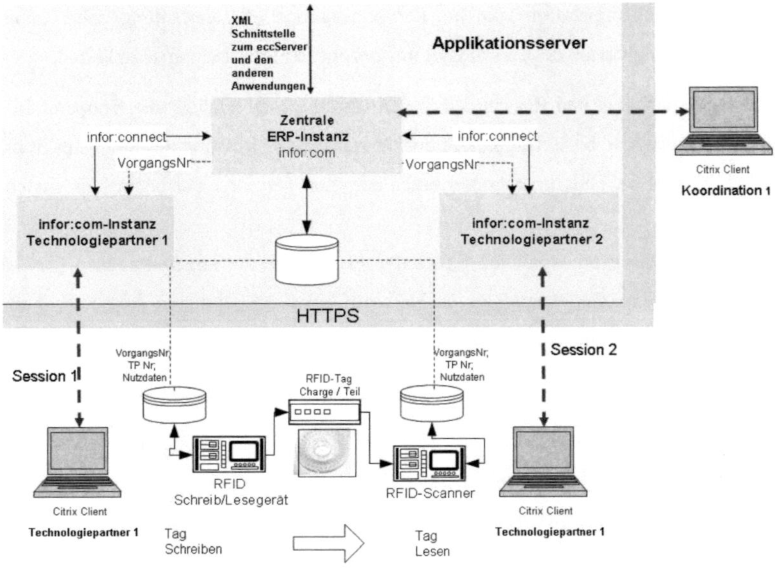

Abbildung 7-14 Bestell- und Fertigungsdatenaustausch im infor. com MikroWebFab-Prototyp

Die Aufgaben des MES im Kontext der unternehmensübergreifenden Fertigung sind die unternehmensübergreifende Übermittlung und Rückmeldung von folgenden Daten

- Betriebsdaten
- Maschinendaten
- Qualitätsmanagements,
- Los/Chargenrückverfolgung,
- Materialflussdaten zu den Produkte in verschiedenen Fertigungszuständen zwischen den Partnern,
- Daten zur Leistungsanalyse.

Im Bedarfsfall kommen noch die Prüfdaten der Warenausgangsprüfung bzw. Wareneingangsprüfung hinzu.

Über Import-/Exportschnittstellen tauscht das Gesamtsystem zudem Daten mit den anderen MikroWebFab Teilsystemen aus. Insbesondere erfolgt die bereits angesprochene Synchronisation der infor.com Ressourcenlisten mit den Kompetenzen der ProWiDa.

Auch erfüllt das System die konzeptionelle Anforderung an eine Wareneingangs- und Warenausgangserfassung über lokal installierte Betriebsdatenerfassungsgeräte und die Rückmeldung der entsprechenden Daten an die zentrale ERP Instanz (Abbildung 7-14, vgl. auch Kapitel 4.2).

8 Literaturverzeichnis

[ALRO03] N.N.; Aktionsgemeinschaft luft- und raumfahrtorientierter Unternehmen in Deutschland e.V.; http://www.alround.de; (24.09.2008)

[ANDR93] ANDREESSEN, M.; Annotations and Usenet News, Suggests distribution of annotations via NNTP; 1993

[ARLT03] ARLT, R., STELDERMANN, U.; Virtuelle Unternehmen für die Mikrosystemtechnik; in: Zeitschrift für wirtschaftlichen Fabrikbetrieb 98 (2003) 12, S. 672-675; Hanser Verlag, 2003

[ARLT04] ARLT, R.; Auftragsabwicklung in virtuellen Unternehmen; Abschlussseminar des BMBF Verbundprojekts MikroWebFab; Karlsruhe; 28.10.2004

[BACH97] BACHMANN, R., LANE, C.; Vertrauen und Macht in zwischenbetrieblichen Kooperationen: zur Rolle von Wirtschaftsrecht und Wirtschaftsverbänden in Deutschland und Großbritannien, in: Sydow, Jörg (Hrsg.), Management von Netzwerkorganisationen, S. 73-105; Gabler Verlag; 2001

[BECH05] BECHLER, Klaus J.; LANGE. Dietmar (Hrsg.) DIN Normen im Projektmanagement, BDU Servicegesellschaft für Unternehmensberater mbH, Bonn, Eigenverlag; 2005

[BERZ96] BERZTISS, A.; Software Method for Business Reengineering; Springer Verlag New York; 1996

[BINN04] BINNIG, C.; Konzept und Realisierung für die Erweiterung des Prozessdatensystems ProWiDa um eine flexible Anzahl von Hierarchiebäumen zur Ablage der Fertigungsdaten; Master Thesis; FH Karlsruhe; 2004

[BOEH88] BOEHM, B.W.; A Spiral Model of Software Development and Enhancement. Vol.21, Ausg. 5, Mai 1988, pp 61-72; IEEE Computer, 1988

[BMBF06] N.N.; Bundesministerium für Bildung und Forschung (BMBF), Hightech Strategie für Deutschland, Strategiepapier; 2008; http://www.bmbf.de/pub/bmbf_hts_lang.pdf (20.09. 2008)

[BPMI06] N.N.; The Business Process Management Inititative, Internetauftritt http://www.bpmi.org/ (20.09.2008)

[BROS98] BROSZIEWSKI, A.; MAEDER, C. (Hrsg.); Organisation und Profession. Dokumentation des 2. Workshops des Arbeitskreises "Professionelles Handeln" 24.-25. Oktober 1997; Rorschach-St.Gallen S. 1-15; 1998

[BRÜT99] BRÜTSCH, D.; Virtuelle Unternehmen; vdf Hochschulverlag AG an der ETH Zürich, 1999

[BUCH97] BUCHBERGER, U.; MIDAS- Ein wissensbasiertes System zur Unterstützung des fertigungsgerechten Entwurfs von LIGA-Mikrostrukturen; FZKA 5843 Wissenschaftliche Berichte; 1997

[BURK99] BURKHARDT, R.; UML-Unified Modeling Language, 2. Auflage; Addison-Wesley; 1999

[BUZA02] BUZAN, T., BUZAN, B.; Das Mind-Map-Buch - Die beste Methode zur Steigerung ihres geistigen Potentials; Moderne Verlagsges.; 2002,

[CHAL06] CHÁLONS, C.; SOA, der Tod von ERP?; in: Scheer Magazin 04-2006, S15ff.; IDS Scheer AG Eigenverlag,;2006

[CHRO92] CHROUST, G.; Software-Entwicklungsumgebungen -- Synthese und Integration Informatik-Spektrum, 15:7:165--174.

[COVE03] BOUWSTRA, S., DA SILVA, M.; SCHRÖPFER, G.; White paper Towards Standardization of MEMS Materials Characterization; Conventor Inc.; 2003

[DANG98] DANGLMAIR, W.; KOMNET Kommunikationsplattform für KMU-; HNI-Verlagsschriftenreihe; 1. Aufl.; 1998

[DICK94] DICKERHOF, M.; Rapid Prototype einer automatisierten Prozesssteuerung, Diplomarbeit Universität Karlsruhe; 1994

[DICK04] DICKERHOF, M., BINNIG, C., GENGENBACH, U.; Doing the next step- From a process related documentation to process knowledge management in non silicon Microsystems Technology; Proceedings COMS2004 Edmonton, CAN; 2004

[DICK06] DICKERHOF, M.; GENGENBACH, U.; Kooperationen flexibel und einfach gestalten, Hanser Verlag; 2006

[DICK08] DICKERHOF, M.; KUSCHE, O.; KIMMIG, D.; SCHMIDT, A. An ontology-based approach to supporting development and production of microsystems. Cordeiro, J. [Hrsg.] Proc.of the 4th Internat.Conf.on Web Information Systems and Technologies, Funchal, P, May 4-7, 2008 Vol.2 S.512-16

[DREY02] DREYER, C.; Citrix Metaframe und Windows Termina Services, MITP Verlag; 2003

[EHRF01] EHRFELD, M.: Handbuch Mikrotechnik, Leipzig, Fachbuchverlag; 2001

[ENDL04] ENDL, R.; Regelbasierte Entwicklung betrieblicher Informationssysteme; Dissertation Universität Bern CH, 2004 http://www.stub.unibe.ch/download/ eldiss/04endl_r.pdf; (15.08.2006)

[EDIN02] N.N.; DIN, Fertigungsverfahren, Entwurf DIN 8580 Fertigungsverfahren, Berlin; 2002

[EDIN08] N.N.; DIN, Integration von Unternehmensführungs- und Leitsystemen ; Teil 1: Modelle und Terminologie (IEC 62264-1:2003); Deutsche Fassung EN 62264-1; 2008

[ENGE 95] ENGELMANN, T.; Business Process reengineering; Grundlagen-Gestaltungsempfehlungen-Vorgehensmodell; DUV Gabler; 1995

[ESPE02] MARCOS, E., CAVERO, J.M.. Hierarchies in Object Oriented Conceptual Modeling, Lecture Notes in Computer Science: Advances in Object-Oriented Information Systems; Springer Verlag, Volume 2426/2002

[FAIS98] FAISST, W.; Die Unterstützung Virtueller Unternehmen durch Informations- und Kommunikationssysteme: eine lebenszyklusorientierte Analyse; Dissertation, Friedrich-Alexander-Universität Erlangen-Nürnberg, Selbstverlag, Karlsruhe; 1998

[FIED87] FIEDLER, F.E.; New Approaches to Effective Leadership: Cognitive Resources and Organizational Performance; John Wiley & Sons Inc.; 1987

[FISC02] FISCHER, J., HEROLD, W., DANGELMAIR, W., NASTANSKY, L., SUHL, L.: Bausteine der Wirtschaftsinformatik, 3. Auflage Berlin; 2002

[FISC99] FISCHER, J.; Informationswirtschaft: Anwendungsmanagement, München, Wien; 1999

[FLAS06] FLASSBESCK, H.; Was ist Wettbewerb, Wirtschaft und Markt. Das ostdeutsche Wirtschaftsmagazin; 6/2006.

[FRAN02] FRANK, U.; Multiperpective Enterprise modeling - Conceptual Framework and Modeling Languages; in Proceedings of the Hawaii International Conference on System Sciences (HICSS-35): Honolulu USA; 2002.

[FRIE00] FRIEDMANN, B., KAHN, P.H., HOWE, D. C.; Trust online, in: Communications of the ACM Press, New York, December 2000, Vol. 43 No. 12, pp:34-40; 2000

[FORS06] FORST, J., OSTERLOH, M.; Prozessmanagement als Kernkompetenz; 5. Überarb. Aufl., Gabler Verlag; 2006

[FUES01] FÜSER, K.; Modernes Management, 3.Auflage; Hanser Verlag; 2001

[GART00] GARTNER, P., WUTTKE, T.; Projektmanagement. A Guide to the Project Management Body of Knowledge. Deutsche Übersetzung der Originalausgabe des PMI Standards Comittee USA. Rhombos-Verlag, 2000

[GENG02] GENGENBACH, U.; Entweder bekommen all einen Auftrag oder keiner; Beitrag in Spektrum der Wissenschaft, 2006, Ausgabe Oktober, S.84-85

[GOVE02] N.N.; Of Government Commerce, Office: Managing Successful Projects with Prince2, 3rd Ed. OGC; 2002

[HEIS01] HEISIG, P.; in Report Wissensmanagement Hrsg.: C. H. Antoni, T. Sommerlatte, 4. Auflage 2001; Symposion Verlag

[HERN06] HERRNSDORF, J.; MST 2006 A success story including traps; Working Group Micro- and NanoManufacturing Meeting; Brüssel; (14.09.2006)

[HUBE96] HUBER, M.; Ein mehrstufiger, dynamischer Planungsansatz für die Mikrosystemfertigung
Fortschritt-Berichte VDI : Reihe 2, Fertigungstechnik ; VDI-Verlag; 1997

[HUTT03] HUTTNER, W; Durchgängige Betrachtung der Lieferkette durch MES; in : Industrie Management 19; S.56-59; GITO-Verlag; 2003

[INFO01] N.N.; Infonection - Wissenskommunikation in Unternehmen; Whitepaper V1.0; Infoman GmbH; 2001

[INTE06] N.N.; Firma Intellisense; Internetauftritt zur Softwarearchitektur; http://www.intellisensesoftware.com/intellisuite/Architecture2.html (4.12.2006)

[IVAM04] N.N.; IVAM Innoquam Bedarfsanalyse – Ergebnisse der Umfrage unter 311 Unternehmen der Mikrotechnik zum Thema Mitarbeiter Schulungsbedarf http://www.innoquam.ivam.de/projektinfo.html; 2004 (24.09.2008)

[IPRO04] N.N.; Forschungszentrum Informatik; Online Auszug aus dem Projektabschlussbericht zum BMBF Verbundprojekt IPRONET http://www.fzi.de/pde/projekte.php?id=209 (20.12.2006)

[IVIP02] N.N.; DZ-ViPro Tagungsunterlagen zum Thementag Standortübergreifende Produktentwicklung, Fraunhofer IPK, am 11. November 2002; Berlin

[JAEK06] JÄKEL, L., KERLEN, C., PFEIFFER, I, WESSELS, J.; Lernformen für den Einsatz in kleinen und mittleren Unternehmen; Bericht im Rahmen des Forschungs- und Entwicklungsprogramms„Lernkultur Kompetenzentwicklung“; Arbeitsgemeinschaft Betriebliche Weiterbildungsforschung e. V.; 2006

[JENN01] JENNE, F.; PDM-basiertes Entwicklungsmonitoring - Ein Beitrag zur Planung und Steuerung von Entwicklungsprozessen, Shaker Verlag GmbH; 2001

[JEUS04] JEUSFELD, M.; Integration Product Catalogs via Muli Language Ontologies, in Hasselbring, Wilhelm; Reichert, Manfred (Hrsg.): Proceeding EAI-Workshop 2004, Tagungsband des GI-/GMDS-Workshops EAI‘04, OFFIS, Oldenburg, 12.-13. Februar 2004, GITO Verlag, Berlin; 2004.

[KAIB02] KAIB, M.; Enterprise Application Integration, 1. Auflage, Wiesbaden; 2002

[KAPL91] KAPLAN, R. B., MURDOCK, L.; Core process redesign, McKinsey Quarterly,Issue 2, 27-54; 1991

[KEMP01] KEMPER, A., EICKLER, A.; Datenbanksysteme, 4. überarbeitete und erweiterte Auflage, Oldenbourg; 2001

[KLAG03] KLAGE, D.; Webservices basieren auf klar definierten Standards.In Computer Zeitung, Nr. 30 21 Juli 2003, S.19.

[KLIN06] KLINK, M., WEILKIENS, T; Licht im Sprachendschungel in Zeitschrift Objektspektrum 2006 Ausg.5, S.15-18

[KLUE06] KLUECKMANN, J.; On the Way to SOA, Aris Expert paper www.ids-scheer.com/sixcms/media.php/2646/ARIS_Expert_Paper_-_Way_to_SOA_Klueckmann_2006-09_en.pdf (18.12.2006)

[KOEH06] KOEHLER, P.T.; PRINCE2 Das Projektmanagement-Framework; Springer-Verlag; 2006

[KOPP98] KOPPENHÖFER, C., JOHANNSEN, A., KRCMAR, H.; Bedarf und Szenarien für die Telekooperation in der verteilten Produktenentwicklung

Zeitschrift Industrie Management, Heft 3, 14. Jahrgang 1998, S 16-19

[KOMP06] N.N.; Kompetenznetzwerke; Internetauftritt BMWI, http://www.kompetenz netze.de (4.12.2006)

[KOSA93] KOSANKE, K; ESPRIT Consortium AMICE (Eds), 2nd, revised and extended edition, Research Report, ESPRIT Project 688/5288 Springer-Verlag; 1993

[KOSI68] KOSIOL, E.; Einführung in die Betriebswirtschaftslehre, Gabler-Verlag; 1968

[KOLV02] KOLVENBACH, T; GENGENBACH, U.; DICKERHOF, M.; SCHALLER. T; Ergebnisse der Ist-Analyse zum Stand der fertigungstechnischen, organisationalen und informationstechnischen Randbedingungen, sowie von Einzel-Interviews mit den Projektpartnern des BMBF Verbundprojekts MikroWebFab zur Kooperation anhand zweier Interview-Leitfäden, nicht veröffentlichter interner Projektbericht; 2002

[KRAB95] KRABS, M.; KIENDL, H.; Anwendungsfelder der automatischen Regelgenerierung mit dem ROSA-Verfahren, Zeitschrift Automatisierungstechnik, vol.43,n.6, S.269-276

[KRUC00] KRUCHTEN, P.; The Rational Unified Process: An Introduction ; Addison-Wesley Professional; 2 Auflage; 2000

[LESM92] LESSMÖLLMANN C.; Fertigungsgerechte Gestaltung von Mikrostrukturen für die LIGA-Technik, Dissertation Universität Karlsruhe; 1992

[LINS95] LINSS, H.; Integrationsabhängige Nutzeffekte der Informationsverarbeitung; Vorgehensmodell und empirische Ergebnisse, Wiesbaden; 1995

[LOHS05] LOHSE, N., HIERANI, H. RATCHEV, S.; Equipment ontology for modular reconfigurable assembly systems, International Journal of Flexible Manufacturing Systems; Springer Netherlands; 2005

[MANU06] N.N.; Manufuture Platform; Manufuture Strategic Research Agenda, Report of the High-Level Group; 2006

[MARZ05] MARZ, J., ALBERS, A. (Hsg.); Mikrospezifischer Produktentwicklungsprozess (uPEP) für werkzeuggebundene Mikrotechniken, IPEK Forschungsberichte; 2005

[MUEL99] MÜLLER, C.; Der virtuelle Projektraum; Dissertation Universität Karlsruhe; 1999

[MUEL06] MÜLLER, C.; Grundlagen der Wirtschaftsinformatik, Einführungsseminar FHTW Berlin http://www.it-infothek.de/fhtw/grund_wi_01.html (17.07.2006)

[MULL06] MÜLLER, D.; Infor öffnet die Black Box; in: ZDNet IT Business (28.11.2006)

[MWF04] DICKERHOF et al; Informationsmanagement in der MikroWebFab, Ergebnispräsentation zum öffentlichen Abschlusskolloquium des BMBF

Verbundprojekt MikroWebFab; 28.10.2004

[NIED04] NIEDERHAUS, C.; Interne Kommunikation schnell und effektiv: Vertrauen und Zusammenarbeit gezielt aufbauen, BusinessVillage Verlag; 2004

[NIED07] NIEDERMAIER, M.; Entwicklung und prototypische Implementierung eines Konzepts zur Modellierung und Simulation von prozessschrittübergreifenden Aspekten der Mikrosystemtechnik auf der Basis von Technologieontologien; Diplomarbeit Universität Karlsruhe; 2007

[NGT04] NAU, D., GHALLAB, M., TRAVERSO, P.: Automated Planning: Theory & Practice. San Francisco, CA, USA : Morgan Kaufmann Publishers Inc.; 2004

[NONA95] NONAKA, I., TAKEUCHI, H. (1995); The Knowledge-Creating Company, Oxford, University Press, New York; 1995

[NORT98] N.N.; Nortel, supported by University of Newcastle upon Tyne: Workflow Management Facility Specification, OMG Document Number bom/98-03-01; 1998.

[OASI06] N.N.; Organisation for the Advancement of structured Information; Internetauftritt: www.oasis-open.org (4.12.2006)

[OMG06] N.N.; The Object Management Group; Internettauftritt; http://www.omg.org (4.12.2006)

[ORTL06] ORTLOFF, D.; Product Engineering for silicon based MEMS IP; Diss. Universität Siegen; 2006

[PARU03] PARUSEL, A.; Konzept und prototypische Implementierung einer Schnittstelle zum Austausch von fertigungsrelevanten Daten in einem Software-Werkzeugkasten zur Unterstützung von Machbarkeitsabschätzungen in einem virtuellen Unternehmen der Mikrosystemtechnik; Diplomarbeit; Fachhochschule Pforzheim; 2003

[PAHL06] PAHL, G., BEITZ, W., FELDHUSEN, J.; Konstruktionslehre; Springer, 6. Auflage; 2006

[PEDE06] PEDERSEN, H.; Exploiting the convergence of technologies - Implementation opportunities in FP7; Manufuture Conference 2006, Tampere; 2006; http://manufuture2006.fi (14.11.2006)

[PEHL05] PEHL, Th., LAQUA, I.; Marktüberblick: Was leisten MES-Systeme ? in: CIM aktuell 01/05 http://www.cim-aachen.de/showpub.php?show=read_mes05.htm (17.12.2006)

[PICO93] PICOT. A., SCHEER, A.W. (Hrsg); in Organisationsstrukturen der Wirtschaft und ihre Anforderungen an die Informations- und Kommunikationstechnik, in: Handbuch Informationsmanagement, Aufgaben - Konzepte – Praxislösungen; Gabler-Verlag; 1993

[POHL98] POHL, W., WINAND, U.,; Die Vertrauensproblematik in elektronischen Netzwerken. In: Link, Jörg (Hrsg.): Wettbewerbsvorteile durch Online

Marketing.; Springer-Verlag; 1998.

[POLA58] POLANY, M.; Personal Knowledge. Towards a Post Critical Philosophy; Routledge-Verlag; 1958

[PROM04] N.N.; EU-Projekt Promenade; Projektpräsentation http://www.patent-dfmm.org/site/events/may2005/s1_5.pdf (17.12.2006)

[PRIE04] PRIEBE, A.; Innovative Softwareunterstützung für die Wissensvermittlung in Ingenieurwissenschaften; Dissertation Universität Siegen; 2004

[RAYT01] RAY, E.T.; Learning XML; O'Reilly & Associates; 2001

[RAUH03] RAUTENSTRAUCH, C., SCHULZE, T.; Informatik für Wirtschaftswissenschaftler und Wirtschaftsinformatiker, Springer Verlag;; 2003

[RICH06] RICHARDSON, SALOMON, P. and EL-FATATRY, A.; MNT Needs Methodologies and Software Tools, in MST News 02/06, VDIVDE-IT

[ROBE91] ROBEY, D.; Designing Organizations, Publisher: McGraw-Hill Education Verlag, 1991.

[ROSE82] ROSENSTENGEL, B., WINAND, U. Petrinetze; eine anwendungsorientierte Einführung, Vieweg Verlag, 1982

[RPNE04] N.N.; Portal des Rapid Prototyping Netzwerks RP-NET; http://www.produktionsnetz.de/ (4.12.2006)

[RUHM01] RIH, W.R., MAGINNIS, F.X., BROWN, W.J.; Enterprise Application Integration. A Wiley Tech Brief.: How to Successfully Plan for EAI; Wiley and Sons Verlag; 2001

[SAL104] SALUR, Y.; Studie zu gemeinsam produzierenden und entwickelnden Virtuellen Unternehmen bzw. Unternehmensnetzwerken; Studienarbeit; Berufsakademie Karlsruhe; 2004

[SAL204] SALUR, Y.; Evaluation eines Konzepts für die Aufbauorganisation eines gemeinsam produzierenden und entwickelnden Netzwerks der Mikrosystemtechnik; Diplomarbeit; Berufsakademie Karlsruhe; 2004

[SCCO02] N.N.; Supply-Chain Council; Supply-Chain Operations Reference-model: Overview of SCOR Version 5.0; Pittsburgh, 2002; URL: http://www.supply-chain.org; (29.08.2008)

[SCHO99] SCHOLZ-REITER, B., JAKOBZA, J; Supply Chain Management - Überblick und Konzeption in HMD-Theorie und Praxis der Wirtschaftsinformatik.Heft 207; April 1999

[SCHE92] SCHEER, A.W. et al; Semantische Prozessmodellierung auf der Grundlage ereignisgesteuerter Prozessketten (EPK); Veröffentlichung des Instituts für Wirtschaftsinformatik(IWI), Universität des Saarlandes, Heft89; 1992

[SCHE01] SCHEER, A.W.; ARIS. Vom Geschäftsprozess zum Anwendungssystem; Springer Verlag; 2001

[SCHE02] SCHEER, A.W.; Wirtschaftsinformatik, 7. Auflage, Springer Verlag 1997;

S91ff,

[SCHK02] SCHEFZIK, M.; Entwicklung eines Bewertungsschemas zur Wirtschaftlichkeit in der virtuellen Produktentwicklung; Diplomarbeit TH Darmstadt; 2002

[SCHL02] SCHULTE-ZURHAUSEN, M.; Organisation; 3. Auflage, Vahlen-Verlag; 2002

[SCHN99] SCHNETZER, R.; Business Process Reengineering; Gabler Verlag; 1999

[SCHM04] SCHUMER, C.; Design Flow - Management mit Web Services in der Mikrotechnik, Dissertation. Uni Siegen; 2004

[SCHP02] SCHELP, J.; Enterprise Portals and Enterprise Application Integration, HMD-Praxis der Wirtschaftsinformatik Heft 225, Juni 2002

[SCHU98] SCHUH, G., Millarg, K., Göransson, A.; Virtuelle Fabrik. Neue Marktchancen durch dynamische Netzwerke; Hanser Verlag; 1998

[SCHU99] SCUH, G.; Nagel/K., Erben/Piller, F. (Hrsg); Fachbeitrag in Produktionswirtschaft 2000 - Perspektiven für die Fabrik der Zukunft ; Gabler Verlag 1999

[SCHO94] SCHOLZ, C.; Die virtuelle Organisation als Strukturkonzept der Zukunft; Arbeitspapier Nr. 30 der Universität des Saarlandes; Saarbrücken, 1994; in: Brütsch, David: Virtuelle Unternehmen; vdf Hochschulverlag AG an der ETH Zürich; 1999

[SENG94] SENGE, P.; The Fifth Discipline: The Art and Practice of the Learning Organization, 1st edition, Doubleday Books; 1994

[SIMO99] SIMON, K.A.; Organisational Change and Information Technology, Dissertation Universität Göteborg, SE; 1999

[SMOL06] SMOLNIK, S.; Wissensmanagement mit Topic Maps in kollaborativen Umgebungen: Identifikation, Explikation und Visualisierung von semantischen Netzwerken in organisationalen Gedächtnissen; 1. Auflage, Shaker Verlag; 2006

[SOFM06] N.N.; SOFTMEMS; Homepage der Firma ; http://www.softmems.com/ (22.09.2008)

[STAA04] STAAB, S., STUDER, R. (Hrsg.); Handbook on Ontologies; Springer Verlag, 2004

[STEP03] STEIN Experten Pool GmbH: Homepage; http://www.st-e-p.de (24.09.2008)

[STUC04] STUCKY, W.; Vorstellung der Standardsoftware Income; in: Vorlesungsscript „Programmierung kommerzieller Systeme“ WS2005/2005 Universität Karlsruhe; http://www.aifb.uni-karlsruhe.de/Lehre/Winter2004-05/proksyEBSS/Vorlesung/ProKSyEBSS02_4.pdf

[SYDO06] SYDOW, J.; Management von Netzwerkorganisationen, Beiträge aus der Managementforschung 4. Auflage; Gabler Verlag; 2006

[TSCH99] TSCHULENA, G.; Mikrosystemtechnik. Grundlagen Praxis Trends; Hüthig Verlag; 1999

[TROS06] TROSTEL, B.; Study on requirements to establish a European SME Development & Production Network; interne Studie des EU-Projekts PolyMicro; 2006

[VERN96] VERNADAT, F.; Enterprise Modeling and Integration; Chapman & Hall Verlag; 1996

[VIPR04] N.N.; Portal des Dienstleistungszentrum Virtuelle Produktion http://www.iao.fraunhofer.de/d/projekte/ppvipro.hbs (04.12.2006)

[WAGE02] WAGENER, A., POPP, J.; HAHN, K. ; BRÜCK, R.; PDML - A XML-Based Process Description Language ; In: Uwe F. Baake ; Joachim Herbst ; Steffen Schwarz (Hrsg.) : Concurrent Engineering: System Integration for Profit; 9th European Concurrent Engineering Conference 9th European ConcurModena/Italien 15.-17.04.2002. Gent : SCS Europe, 2002, S. 80-82

[WAGE03] WAGENER, A. HAHN, K.; Considerations for MEMS physical design states, Sophia Antipolis Microelectronics Forum, France, http://www.same-confe-rence.org/same_2003/images/documents/tutorials/Tutorial_3_MEMS_P2.pdf

[WEIS02] WEISS, P., LÄNGSFELD, M.; Studie Virtuelle Unternehmen, Forschungszentrum Informatik (FZI), Karlsruhe, 2002; http://wwwold.fzi.de/v1/vfw/studie_vo_2000/studie_vo_2000.html, (05.07.2004)

[WESS05] WESSBERG, M.; Introducing the IBM Rational Unified Process essentials by analogy; in: IBM Developer Works; http://www-128.ibm.com/developerworks/rational/library/05/ wessberg/ (13.11.2005)

[WFMC06] N.N.; Workflow Management Coalition, http://www.wfmc.org, (04.12.2006)

[WICH05] WICHT, H., BOUCHAUD, J.; The World Market For Microsystems and MEMS 2005-2009 in Micro Systems Technology 2005, CD-ROM, München; 2005

[WINK01] WINKELER, T., RAUPACH, E., WETPHAL, L.; Enterprise Application Integration als Pflicht vor der Business Kür in: Information Management Consulting Nr. 1;2001, 16.Jg.; S7-16

[WONM00] WON, M., LEMKEN, B.; Pipek, V.; Vertrauensmanagement im Kontext virtueller Organisationen. In. Berufsbildung, 54 (64) S. 35-37

[WOOD06] WOODS, D., MATTERN, T.; Enterprise SOA- Designing IT for Business Innovation; O´Reilly Verlag; 2006

[ZEID00] ZEIDNER, L. WOOD, R.; The Collaborative Innovation (CI) Process, Trizcon2000 http://www.triz-journal.com/archives/2000/06/a/index.htm (20.11.2006)

[ZENG05] ZENGERLE, R.; Vorlesungsscript Reinraum & Vakuumtechnik 2005; Universität Freiburg, http://www.imtek.de/anwendungen/content/ upload/vorlesung/2005/ mst_t&p_03__reinraum_&_vakuumtechnik_(teil_1_vom_16.11.2005).pdf (18.09.2008)

[ZIMM03] ZIMMERMANN, F.; Vertrauen in virtuellen Unternehmen; Eul-Verlag; 2003

Bereits veröffentlicht wurden in der Schriftenreihe des Instituts für Angewandte Informatik / Automatisierungstechnik im Universitätsverlag Karlsruhe:

Nr. 1: BECK, S.: Ein Konzept zur automatischen Lösung von Entscheidungsproblemen bei Unsicherheit mittels der Theorie der unscharfen Mengen und der Evidenztheorie, 2005

Nr. 2: MARTIN, J.: Ein Beitrag zur Integration von Sensoren in eine anthropomorphe künstliche Hand mit flexiblen Fluidaktoren, 2004

Nr. 3: TRAICHEL, A.: Neue Verfahren zur Modellierung nichtlinearer thermodynamischer Prozesse in einem Druckbehälter mit siedendem Wasser-Dampf Gemisch bei negativen Drucktransienten, 2005

Nr. 4: LOOSE, T.: Konzept für eine modellgestützte Diagnostik mittels Data Mining am Beispiel der Bewegungsanalyse, 2004

Nr. 5: MATTHES, J.: Eine neue Methode zur Quellenlokalisierung auf der Basis räumlich verteilter, punktweiser Konzentrationsmessungen, 2004

Nr. 6: MIKUT, R.; REISCHL, M.: Proceedings – 14. Workshop Fuzzy-Systeme und Computational Intelligence: Dortmund, 10. - 12. November 2004, 2004

Nr. 7: ZIPSER, S.: Beitrag zur modellbasierten Regelung von Verbrennungsprozessen, 2004

Nr. 8: STADLER, A.: Ein Beitrag zur Ableitung regelbasierter Modelle aus Zeitreihen, 2005

Nr. 9: MIKUT, R.; REISCHL, M.: Proceedings – 15. Workshop Computational Intelligence: Dortmund, 16. - 18. November 2005, 2005

Nr. 10: BÄR, M.: µFEMOS – Mikro-Fertigungstechniken für hybride mikrooptische Sensoren, 2005

Nr. 11: SCHAUDEL, F.: Entropie- und Störungssensitivität als neues Kriterium zum Vergleich verschiedener Entscheidungskalküle, 2006

Nr. 12: SCHABLOWSKI-TRAUTMANN, M.: Konzept zur Analyse der Lokomotion auf dem Laufband bei inkompletter Querschnittlähmung mit Verfahren der nichtlinearen Dynamik, 2006

Nr. 13: REISCHL, M.: Ein Verfahren zum automatischen Entwurf von Mensch-Maschine-Schnittstellen am Beispiel myoelektrischer Handprothesen, 2006

Nr. 14: KOKER, T.: Konzeption und Realisierung einer neuen Prozesskette zur Integration von Kohlenstoff-Nanoröhren über Handhabung in technische Anwendungen, 2007

Nr. 15: MIKUT, R.; REISCHL, M.: Proceedings – 16. Workshop Computational Intelligence: Dortmund, 29. November - 1. Dezember 2006

Nr. 16: LI, S.: Entwicklung eines Verfahrens zur Automatisierung der CAD/CAM-Kette in der Einzelfertigung am Beispiel von Mauerwerksteinen, 2007

Nr. 17: BERGEMANN, M.: Neues mechatronisches System für die Wiederherstellung der Akkommodationsfähigkeit des menschlichen Auges, 2007

Nr. 18: HEINTZ, R.: Neues Verfahren zur invarianten Objekterkennung und -lokalisierung auf der Basis lokaler Merkmale, 2007

Nr. 19: RUCHTER, M.: A New Concept for Mobile Environmental Education, 2007

Nr. 20: MIKUT, R.; REISCHL, M.: Proceedings – 17. Workshop Computational Intelligence: Dortmund, 5. - 7. Dezember 2007

Nr. 21: LEHMANN, A.: Neues Konzept zur Planung, Ausführung und Überwachung von Roboteraufgaben mit hierarchischen Petri-Netzen, 2008

Nr. 22: MIKUT, R.: Data Mining in der Medizin und Medizintechnik, 2008

Nr. 23: KLINK, S.: Neues System zur Erfassung des Akkommodationsbedarfs im menschlichen Auge, 2008

Nr. 24: MIKUT, R.; REISCHL, M.: Proceedings – 18. Workshop Computational Intelligence: Dortmund, 3. - 5. Dezember 2008

Nr. 25: WANG, L.: Virtual environments for grid computing, 2009

Nr. 26: Burmeister, O.: Entwicklung von Klassifikatoren zur Analyse und Interpretation zeitvarianter Signale und deren Anwendung auf Biosignale, 2009

Nr. 27: Dickerhof, M.: Ein neues Konzept für das bedarfsgerechte Informations- und Wissensmanagement in Unternehmenskooperationen der Multimaterial-Mikrosystemtechnik, 2009

Die Schriften sind als PDF frei verfügbar, eine Nachbestellung der Printversion ist möglich. Nähere Informationen unter www.uvka.de.